高等学校土木工程学科专业指导委员会
规划教材配套用书

理论力学学习指导

温建明　韦　林　编

中国建筑工业出版社

图书在版编目(CIP)数据

理论力学学习指导/温建明，韦林编. —北京：中国建筑工业出版社，2012.12

(高等学校土木工程学科专业指导委员会规划教材配套用书)

ISBN 978-7-112-14939-1

Ⅰ.①理… Ⅱ.①温…②韦… Ⅲ.①理论力学-高等学校-教学参考资料 Ⅳ.①O31

中国版本图书馆CIP数据核字(2012)第284833号

本书是普通高等教育土建学科专业“十二五”规划教材高等学校土木工程学科专业指导委员会规划教材《理论力学》的配套学习指导书，根据理论力学的三大内容：静力学、运动学和动力学，总结归纳各知识点所需掌握的概念、定理和公式，并通过一定量的例题加以巩固。同时将原教材的阶段测验进行详细解答。本书旨在指导学生更好地掌握理论力学的知识点，提高学生利用所学知识解决问题的能力。书中通过典型例题，阐述解题的正确思路、分析方法和计算方法，再通过例题中的相关讨论，达到举一反三和开拓思路的目的。所列习题类型多样，覆盖各部分的知识点，可使读者得到全面系统的复习与提高。

本书可作为高等学校土木工程专业(含建筑工程、道路与桥梁工程、地下工程、铁道工程等方向)的理论力学的学习指导书，同时可供工程技术人员学习参考。

* * *

责任编辑：王 跃 吉万旺
责任设计：陈 旭
责任校对：王誉欣 赵 颖

高等学校土木工程学科专业指导委员会规划教材配套用书
理论力学学习指导
温建明 韦 林 编
*
中国建筑工业出版社出版、发行(北京西郊百万庄)
各地新华书店、建筑书店经销
北京天成排版公司制版
廊坊市海涛印刷有限公司印刷
*
开本：787×1092毫米 1/16 印张：10 字数：209千字
2013年6月第一版 2013年6月第一次印刷
定价：**22.00**元
ISBN 978-7-112-14939-1
(23007)

前　言

理论力学是现代工程技术的重要理论基础，它在工科院校中是一门重要的技术基础课程，是后续课程的基础。由于该课程的特殊性，学生在学习中通常认为该课程的教学内容很容易懂，但在习题求解过程中有时却往往无从下手，完成作业耗费的时间较多，因此理论力学被认为是一门较难学习的课程。为帮助学生解决这个困难，我们根据长期的教学经验编写了这本理论力学的教学指导书，希望通过一定例题的指导和讨论，使学生能够巩固和掌握课程中的知识点，并能够不断提高分析问题和解决问题的能力。

参加本学习指导书编写的有温建明(第1～5章)，韦林(第6章)，由温建明负责全书统稿。

本书的编写得到了同济大学基础力学教学研究部全体教师的支持，本书由韦林教授、王斌耀教授审阅，他们对本书内容提出了许多宝贵意见，在此一并表示感谢。

由于编者水平有限，书中错误在所难免，恳请读者指正。

目　录

1 静 力 学

1.1 理论知识点概要

静力学的研究对象是刚体，所谓刚体，就是指在外力的作用下不发生变形的物体。刚体静力学的主要任务：(1)力系的简化；(2)力系的平衡。

1.1.1 静力学基本知识

1. 力的概念

力是物体之间的相互作用，它不能脱离物体而存在；力对物体的作用效应完全决定于力的三要素——力的大小、方向和作用点。

2. 静力学公理

两力平衡公理、力的平行四边形公理、加减平衡力系公理、作用与反作用公理、力的可传性原理、三力平衡汇交定理是研究静力学的理论基础。在讨论物体受力分析、力系的简化和平衡等问题时要用到这些公理。

3. 约束和约束反力

在静力学里，当力能主动地使刚体运动或使刚体有运动趋势时，这种力称为主动力。例如，刚体的重力、水压力、风力，等等，在工程上称为荷载。通常，主动力可以是已知的。

约束是阻碍物体运动的限制物，以阻碍刚体运动的被动力称为约束反力，简称约束力。约束力的方向总是与约束所能阻碍刚体运动的方向相反，其作用点就是约束与被约束物体之间的接触点。约束的基本类型和约束力如表 1-1～表 1-4 所示。

约束力的未知量只有一个的约束　　表 1-1

约束类型	图例	受力图	说明
柔索约束	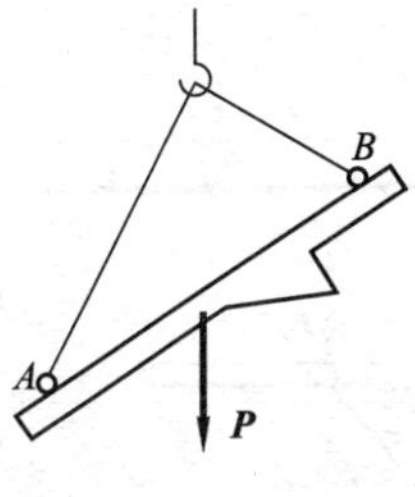 A B P	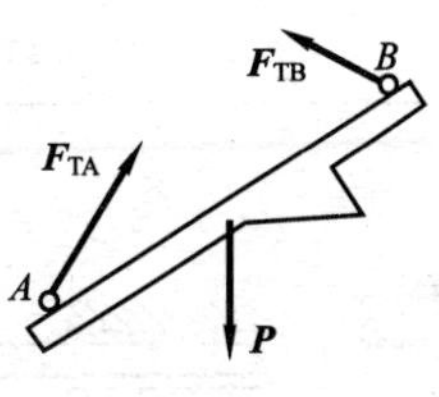 F_{TA} F_{TB} A B P	约束力沿着柔索的中心线且背离被约束物体

续表

约束类型	图例	受力图	说明
光滑接触面约束		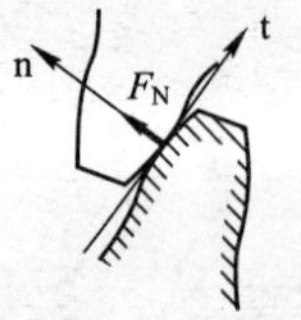 n, F_N, t	约束力沿接触面的公法线并指向被约束物体
可动铰支座约束	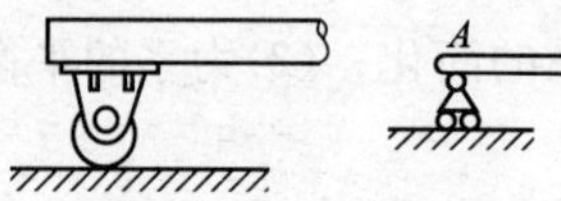 A	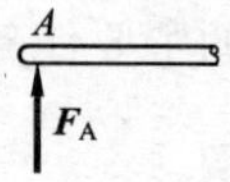 A, F_A	约束力垂直于支承面，指向可假定
链杆约束	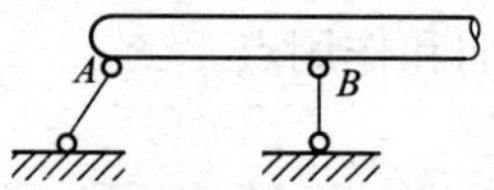 A, B	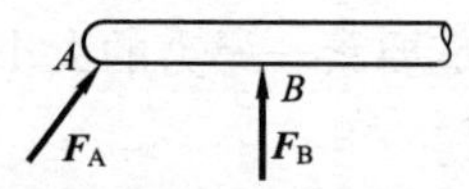 A, B, F_A, F_B	约束力沿着链杆中心线，指向可以假定

约束力的未知量有两个的约束 表 1-2

约束类型	图例	受力图	说明
铰链约束	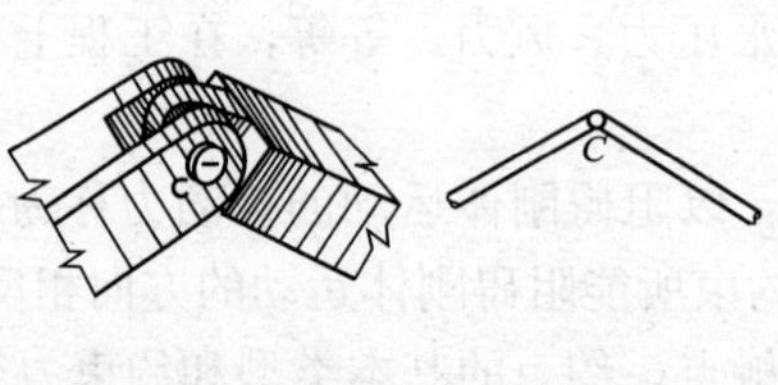 C	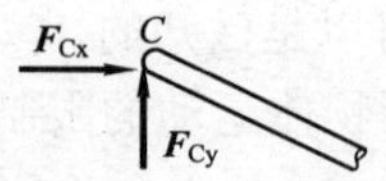 F_{Cx}, C, F_{Cy}	约束力的大小和方向都随主动力而改变，表示为两个互相垂直的未知力，其指向可以假定
固定铰链支座	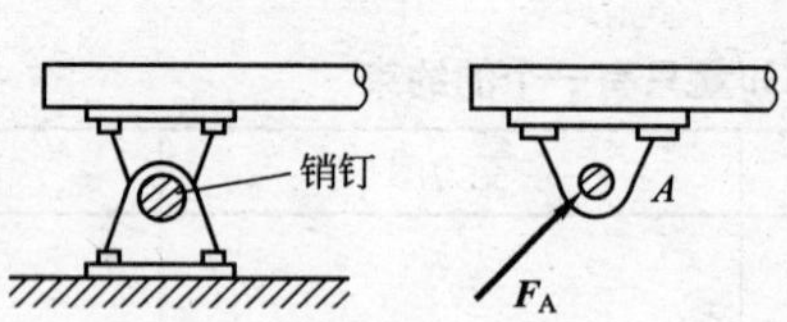 销钉, A, F_A	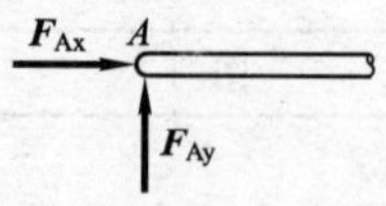 F_{Ax}, A, F_{Ay}	约束力的大小和方向都随主动力而改变，表示为两个互相垂直的未知力，其指向可以假定
径向轴承	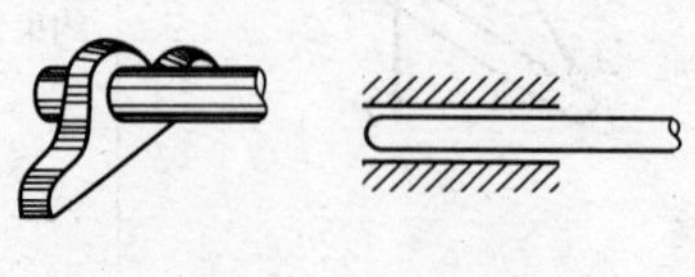	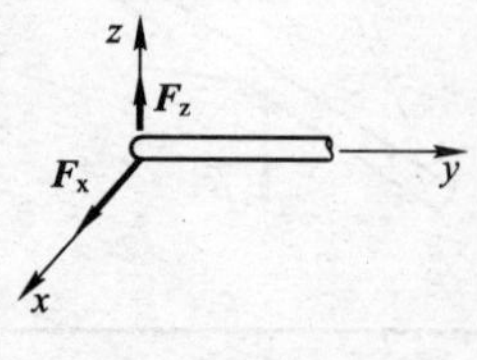 z, F_z, F_x, y, x	约束力在与轴线垂直的平面内，表示为两个互相垂直的未知力，其指向可以假定

约束力的未知量有三个的约束　　表 1-3

约束类型	图例	受力图	说明
平面固定端	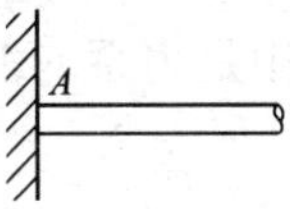 A	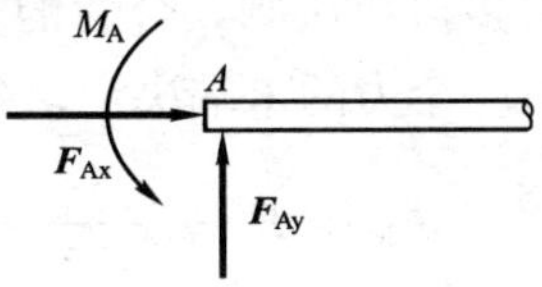 M_A A F_{Ax} F_{Ay}	约束力用两个相互正交的分力和一个约束力偶表示
球铰支座	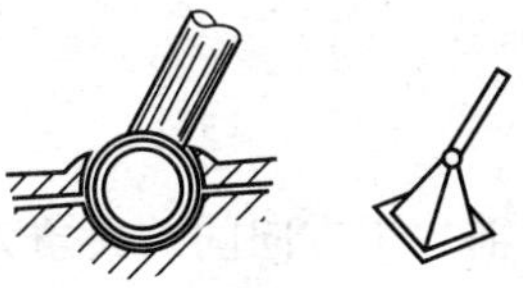	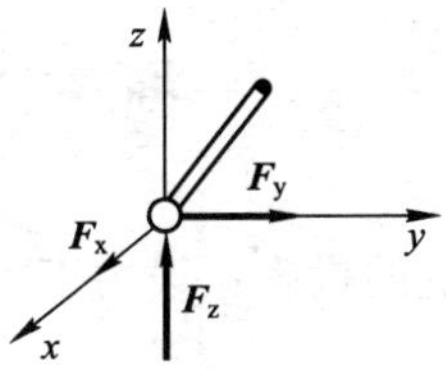 z F_y y F_x F_z x	约束力用三个相互正交的分力表示
止推轴承	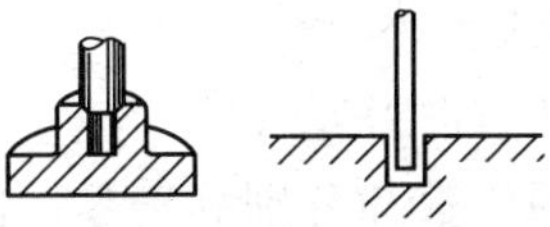	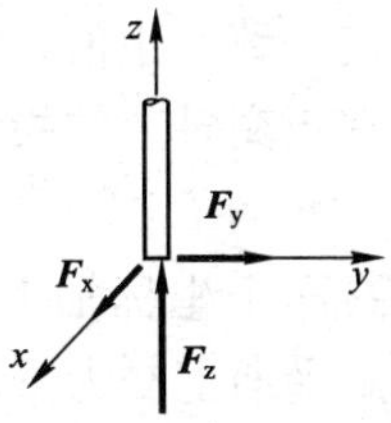 z F_y y F_x x F_z	约束力用三个相互正交的分力表示

约束力的未知量有六个的约束　　表 1-4

约束类型	图例	受力图	说明
空间固定端	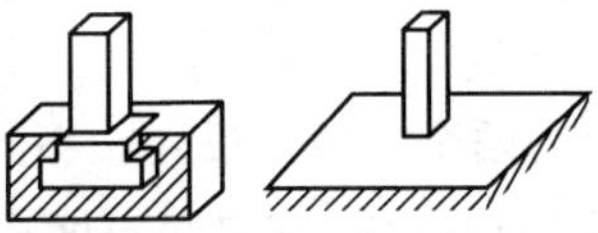	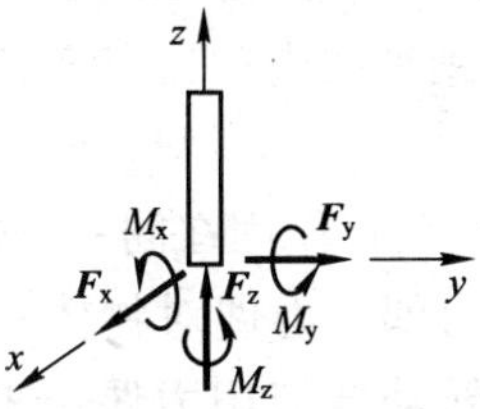 z M_x F_y y F_x F_z M_y x M_z	约束力用沿空间坐标轴的三个分力和三个约束分力偶表示

4. 受力图

受力图表示物体的受力情况，画受力图一般是解决力学问题的第一步。由于主动力通常是已知的，所以画受力图的关键在于正确分析约束反力，弄清它的作用位置和方向。在分析约束反力时，必须掌握各类约束的性质，注意作用力与反作用力公理。若作用力的方向一旦假定，则反作用力的方向与之相反。在以整体结构为研究对象时，仅画外部物体对研究对象的作用外力，不必画出成对的内力。

1.1.2 平面任意力系

1. 平面汇交力系的合成与平衡

求解汇交力合成与平衡问题各有两种方法：几何法和解析法。

(1) 几何法

合成：根据力多边形法则，合力的大小和方向由力多边形封闭边第一个分力的始端至最后一个力的末端决定，合力的作用是力系的汇交点。即：

$$\boldsymbol{F}_{\mathrm{R}}=\boldsymbol{F}_1+\boldsymbol{F}_2+\cdots+\boldsymbol{F}_n=\sum_{i=1}^{n}\boldsymbol{F}_i$$

平衡条件：力多边形首尾相接，自行封闭。即：

$$\boldsymbol{F}_{\mathrm{R}}=\sum_{i=1}^{n}\boldsymbol{F}_i=0$$

(2) 解析法

平面的力在轴上的投影：设力 $\boldsymbol{F}$ 与坐标轴 x 正方向间的夹角为 α，则力的投影可表示为：

$$F_{\mathrm{x}}=F\cos\alpha$$

力的投影值与轴正方向一致为正值，反之为负值。

合成：根据合力在正交轴上的投影，可求得合力为：

$$\boldsymbol{F}_{\mathrm{R}}=F_{\mathrm{Rx}}\boldsymbol{i}+F_{\mathrm{Ry}}\boldsymbol{j}=\Sigma F_{i\mathrm{x}}\boldsymbol{i}+\Sigma F_{i\mathrm{y}}\boldsymbol{j}$$

平衡条件：各力在两个坐标轴上投影的代数和分别等于零，这是两个独立的平衡方程，可求解平面汇交力系内两个未知量。即：

$$\Sigma F_{i\mathrm{x}}=0,\quad \Sigma F_{i\mathrm{y}}=0$$

2. 平面力偶系的合成与平衡

(1) 力对点之矩：力对某点 O(或轴)的矩是力使物体绕该点(或轴)转动效应的度量，简称力矩。平面力矩取逆时针转向为正，顺时针转向为负，是一个代数量。设力 $\boldsymbol{F}$ 到平面内 O 点的距离为 h，则力 $\boldsymbol{F}$ 对 O 点的矩为：

$$M_{\mathrm{O}}(\boldsymbol{F})=\pm F\cdot h$$

(2) 力偶和力偶矩：作用在同一物体上的两个等值、反向、不共线的平行力组成的力系称为力偶。力偶对物体只有转动效应，故力偶只能用力偶来平衡。力偶对物体的转动效应用力偶矩来度量。同样取逆时针转向为正，反之为负，是一个代数量。设力为 $\boldsymbol{F}$，力臂为 h，则力偶矩为

$$M=\pm F\cdot h$$

3. 力线平移定理

一个力平移时，必须附加一个力偶，其力偶矩等于原力对于新作用点的矩。力线平移定理是平面任意力系向一点简化的依据。

4. 平面任意力系的简化与平衡

在一般情形下，平面任意力系向任一点简化可得一个力和一个力偶：这个力作用在简化中心，它的矢量称为原力系的主矢，等于这力系中各力的矢量和，与简化中心的位置无关，这个力偶的力偶矩称为原力系对简化中心的主矩，它等于这力系中各力对简化中心之矩的代数和，一般与简化中心的位置有关。平面任意力系向任一点简化后，可能出现以下几种情形：

(1) 当 $F_{\mathrm{R}}\neq0$，$M_{\mathrm{O}}=0$，此时简化为作用在简化中心的一个力，这个力就是原力系的合力。

(2) 当 $F_R=0$，$M_O\neq 0$，此时最后简化为一个力偶，在这种情形下，主矩与简化中心的位置无关。

(3) 当 $F_R\neq 0$，$M_O\neq 0$，最后也可简化为一个合力，其作用线的位置可直接使用力线平移定理的办法得出。

(4) 当 $F_R=0$，$M_O=0$，即该力系为平衡力系，平衡方程有三种形式：

(a) 基本形式：

$$\Sigma F_{ix}=0,\quad \Sigma F_{iy}=0,\quad \sum_{i=1}^{n}M_O(\boldsymbol{F}_i)=0$$

(b) 二力矩形式：

$$\Sigma F_{ix}=0,\quad \sum_{i=1}^{n}M_A(\boldsymbol{F}_i)=0,\quad \sum_{i=1}^{n}M_B(\boldsymbol{F}_i)=0$$

条件：其中 x 轴不垂直于 A、B 两点的连线。

(c) 三力矩形式

$$\sum_{i=1}^{n}M_A(\boldsymbol{F}_i)=0,\quad \sum_{i=1}^{n}M_B(\boldsymbol{F}_i)=0,\quad \sum_{i=1}^{n}M_C(\boldsymbol{F}_i)=0$$

条件：其中 A、B、C 三点不在一直线上。

但不论采用何种形式，每个独立物体都只能写出三个独立的平衡方程，因而也只能求解三个未知量。

5. 静定与超静定概念，物体系统的平衡

(1) 若未知量的数目等于独立平衡方程的数目，称为静定问题，若未知量的数目多于独立平衡方程的数目，则称为超静定(静不定)问题，理论力学仅研究静定结构。

(2) 对于 n 个物体组成的平面物体系统，其独立平衡方程的数目一般为 $3n$ 个。对于物体系统的平衡问题，可取整个物体系统或系统内任何一个组成部分为研究对象，应用各种不同形式的平衡方程，因而往往有多种多样的求解途径。解题时必须多作分析，要具有清晰的思路，在求解时尽量使一个平衡方程含有一个未知量，以避免解联立方程的麻烦，使计算尽可能简化。

6. 平面静定桁架

平面桁架是由链杆连接而成的承载结构。实际桁架经理想化后得到分析桁架的受力简图，即桁架均为二力杆经铰接构成。

平面静定桁架的杆件数 m 与铰链数 n 必须满足：

$$2n=m+3$$

但也必须指出：此条件是必要条件，而不是充分条件。

(1) 平面静定桁架的计算方法

(a) 节点法

由于桁架受力简图中，各杆均为二力杆，故依此取各杆件的连接点(节点)研究，它们均为平面汇交力系，即对每一个节点，可建立两个平衡方程，则 n 个节点就可列出 $2n$ 个独立的平衡方程，以此可求解出 $2n$ 个未知量，其中杆件未知量为 $2n-3$ 个，另 3 个为外约束的未知量。

(b) 截面法

根据问题的要求，用一截面(任意曲面)截出一部分桁架为研究对象，选取合适的方程，求出所需求的未知量。

一般用截面法求解的问题，不是计算整个桁架各杆件的内力，而是求桁架中被关注杆件的内力，且一般每一次截出的截面，未知量尽量不超过 3 个。当截出的截面中未知量不可避免地超出 3 个时，则利用选取适当的投影轴或选取适当的矩心，先求出部分未知量，进而再取其他截面，求出其他的未知量。

(2) 零杆的判断

桁架在特定的外载情况下，有一些杆件的内力为零，这些不受力的杆件往往可以不经过计算而直接用分析的方法得出，从而使计算得以大大地简化。零杆的判断应以节点为考察对象，平面桁架的零杆表现形式通常有以下两种：

当节点只有两个力(不共线)作用时，欲平衡，此二力必须均为零。

当节点只有三个力作用而平衡时，若其中有两个力共线，则不在此线上的第三个力必须为零。

1.1.3 空间力系

1. 空间力在轴上的投影

(1) 空间的力在直角坐标轴上的一次投影值

$$F_x = F \cdot \cos\alpha, \quad F_y = F \cdot \cos\beta, \quad F_z = F \cdot \cos\gamma$$

或者：$F_x = F\dfrac{a}{\sqrt{a^2+b^2+c^2}}$，$F_y = F\dfrac{b}{\sqrt{a^2+b^2+c^2}}$，$F_z = F\dfrac{c}{\sqrt{a^2+b^2+c^2}}$

力 $\boldsymbol{F}$ 与 x、y、z 轴正向的夹角 α、β、γ 可以是锐角，也可以是钝角，其中，a、b、c 分别是矩形在 x、y、z 轴上的边长值。

(2) 空间的力在轴上的二次投影值

$$F_x = F \cdot \cos\theta\cos\varphi, \quad F_y = F \cdot \cos\theta\sin\varphi, \quad F_z = F \cdot \sin\theta$$

力 $\boldsymbol{F}$ 与 Oxy 平面的夹角为 θ，力 $\boldsymbol{F}$ 在 Oxy 平面上的投影与 x 轴之间的夹角为 φ。

(3) 力对点之矩与力对轴之矩

力对点之矩：

$$\boldsymbol{M}_O(\boldsymbol{F}) = \boldsymbol{r} \times \boldsymbol{F} = M_x(\boldsymbol{F})\boldsymbol{i} + M_y(\boldsymbol{F})\boldsymbol{j} + M_z(\boldsymbol{F})\boldsymbol{k}$$

力对轴之矩：

$$M_x(\boldsymbol{F}) = yF_z - zF_y, \quad M_y(\boldsymbol{F}) = zF_x - xF_z, \quad M_z(\boldsymbol{F}) = xF_y - yF_x$$

力对一点的矩矢在通过该点的任意轴上的投影等于这力对该轴的矩。

2. 空间任意力系的简化与平衡

空间任意力系向任一点 O 简化，在一般情况下，可得一主矢 $\boldsymbol{F}_R$ 和一主矩 $\boldsymbol{M}_O$，它们分别等于原力系中各力的矢量和及原力系中各力对简化中心之矩的矢量和。

空间任意力系平衡有六个独立的平衡方程，其基本形式：

$$\Sigma F_{ix} = 0, \quad \Sigma F_{iy} = 0, \quad \Sigma F_{iz} = 0$$

$$\Sigma M_x(\boldsymbol{F}_i) = 0, \quad \Sigma M_y(\boldsymbol{F}_i) = 0, \quad \Sigma M_z(\boldsymbol{F}_i) = 0$$

这是空间任意力系的三个投影方程和三个力矩方程。这一组六个方程是彼此独立的，对空间任意力系的平衡问题，运用这一组方程可求解六个未知量。为了计算方便，投影轴不必相互垂直，取矩的轴也不必与投影轴重合，甚至可用力矩方程代替投影方程，利用多力矩方程来求解各个未知量。一般在使用多力矩式方程时，为保证方程的独立性与避免解联立方程应尽量使方程中仅包含一个未知量。选取对空间力系取矩的轴时，应尽量使矩轴线通过较多的未知约束力的作用线(或矩轴平行于力的作用线)，这样建立的对轴线的力矩平衡方程时会比较简单。在建立空间的力矩方程时，应按右手螺旋法则来判别转向的正、负号。但无论如何建立方程，一个空间任意力系仅有 6 个独立的平衡方程。

3. 空间汇交力系

取力系的汇交点为坐标原点，则所有力与坐标轴相交，三个力矩方程成为恒等于零的式子，剩下三个投影方程即为空间汇交力系的平衡方程。

$$\Sigma F_{ix}=0, \quad \Sigma F_{iy}=0, \quad \Sigma F_{iz}=0$$

对于空间汇交力系，由于作图不方便，一般都采用解析法。

4. 空间平行力系

所有力全是互相平行的称为空间平行力系，它的平衡方程为：

$$\Sigma F_{iz}=0, \quad \Sigma M_x(\boldsymbol{F}_i)=0, \quad \Sigma M_y(\boldsymbol{F}_i)=0$$

5. 空间力偶系

空间力偶的特征：

(1) 力偶矩矢是自由矢量，在保持其力偶矩大小和转向不变的情况下，不仅可以在其作用面内任意转移，而且还可以搬到与其原作用面相平行的该物体内其他平面上，并不改变原力偶对物体的效应。

(2) 作用在物体上的力偶，只要保持力偶矩的大小和转向不变，可以同时改变力偶中力的大小和力偶臂的长短，而并不改变原力偶对物体的作用效应。

(3) 力偶矩的大小与矩心位置无关，这一点与力矩是不同的。

力偶系的平衡方程为：

$$\Sigma M_x=0, \quad \Sigma M_y=0, \quad \Sigma M_z=0$$

6. 空间物体系统的平衡

当一个刚体受空间任意力系作用而平衡时，可以用平衡方程求解 6 个未知量，如是由 n 个刚体受空间任意力系作用而平衡时，则可用 $6n$ 个独立的平衡方程求解相等的未知量，这些未知量包括：约束力方向、约束力值或几何位置等。

7. 重心

在重力场中，物体各部分所受重力之合力的作用点称为该物体的重心。如果物体的体积和形状都不改变，则物体的重心相对该物体是一个确定的点，它与物体在空间的位置无关。重心不一定在物体上。

重心坐标公式为：

$$x_C=\frac{\Sigma \Delta W_i x_i}{W}, \quad y_C=\frac{\Sigma \Delta W_i y_i}{W}, \quad z_C=\frac{\Sigma \Delta W_i z_i}{W} \tag{3-7}$$

式中，物体合力的 W 是物体的重力，ΔW_i 表示作用于第 i 质点的重力。

求物体重心的方法：

(1) 直接积分法：当物体的形状易于用坐标的函数关系表达时，其重心的坐标可由积分形式求得。

(2) 组合法：计算复杂形状物体的重心坐标时，可将其分成若干个简单形状的物体(分体)，按组合形式计算重心。

常用的组合法有以下两种：

(a) 分割法：将待求重心的物体分成若干个重心已知的简单物体，按公式计算重心。

(b) 负面积法：如果物体中有孔或空缺，则可首先假想将孔或空缺中填满正的质量，按分割法分割，然后再将孔或空缺填满负的质量作为整体分割的一块，代入公式参与计算。

(3) 试验法：对于形状不规则或非均质物体，可采用试验法(悬挂法、称重法等)确定物体重心的位置。

1.1.4 摩擦

1. 滑动摩擦

(1) 滑动摩擦力

滑动摩擦力的指向恒与物体间相对运动的趋势相反。

粗糙的接触面上不一定存在摩擦力，摩擦力随物体间相对的运动趋势所产生，最终达到极限值。求解静滑动摩擦问题，关键在于判别物体处于哪一种平衡状态。滑动摩擦力的产生、变化、极限的关系见表 1-5。

滑动摩擦的各种状态及相应的表达形式 **表 1-5**

	静滑动摩擦			动滑动摩擦
态势	无滑动趋势	有滑动趋势	将动未动	滑动
主动力 F 的大小	$F=0$	F 力较小	F 力达到一定值	$F>F_d$
摩擦力大小	$F_s=0$	$F_s=F$	$F_{max}=f_sF_N$	$F_d=fF_N$
	由平衡方程求得		库仑定律	
不同点	静滑动摩擦力有范围		动滑动摩擦力为一定值	

(2) 摩擦因数(无量纲常数)

摩擦因数的大小与接触物体的表面状况(粗糙度、温度、湿度)有关。可由试验确定或在工程手册中查得。静滑动摩擦因数恒为正值，且 $0\leqslant f_s\leqslant 1$。

(3) 摩擦角(休止角)与自锁条件

当静滑动摩擦力达到最大值 F_{max} 时，全约束力 $\boldsymbol{F}_R=\boldsymbol{F}_N+\boldsymbol{F}_s$ 亦达到最大值。此时全约束力与正压力的夹角即为摩擦角 φ_m，且有 $\tan\varphi_m=f_s$。

摩擦自锁的几何条件是 $\varphi\leqslant\varphi_m$。即主动力合力的作用线落在摩擦锥(角)以内，不论此合力多大，物体的平衡都不会被打破，这种现象称为摩擦自锁。

(4) 动滑动摩擦

动滑动摩擦力的计算根据库仑定律，即：

$$F_d = f_d F_N$$

动滑动摩擦因数也略小于静滑动摩擦因数，即：

$$f_d < f_s$$

2. 有滑动摩擦时的平衡求解

(1) 在静滑动摩擦情况下物体平衡，由于静滑动摩擦力在 $0 \leqslant F_s \leqslant F_{max}$ 中变化，即静滑动摩擦力不一定达到极限，因此要注意到库仑定律适用的状态。

(2) 因为静滑动摩擦力有变化范围，所以相应的主动力或位置的变动也存在着范围，不是一个定值。

(3) 在物体的重心相对摩擦力作用面较高的状态，存在着物体倾覆(翻倒)的情况。此时是先滑动还是先倾覆，与主动推力的大小及作用位置有关。

(4) 在动滑动摩擦情况下，动滑动摩擦力满足库仑定律。

1.2 典型例题分析与讨论

1.2.1 受力分析范例

【例 1-1】 如图 1-1(a)所示构架，在销钉 C 处作用一集中力 $\boldsymbol{F}$，杆重不计，试分别画出杆 AC、BC 和整体的受力图。

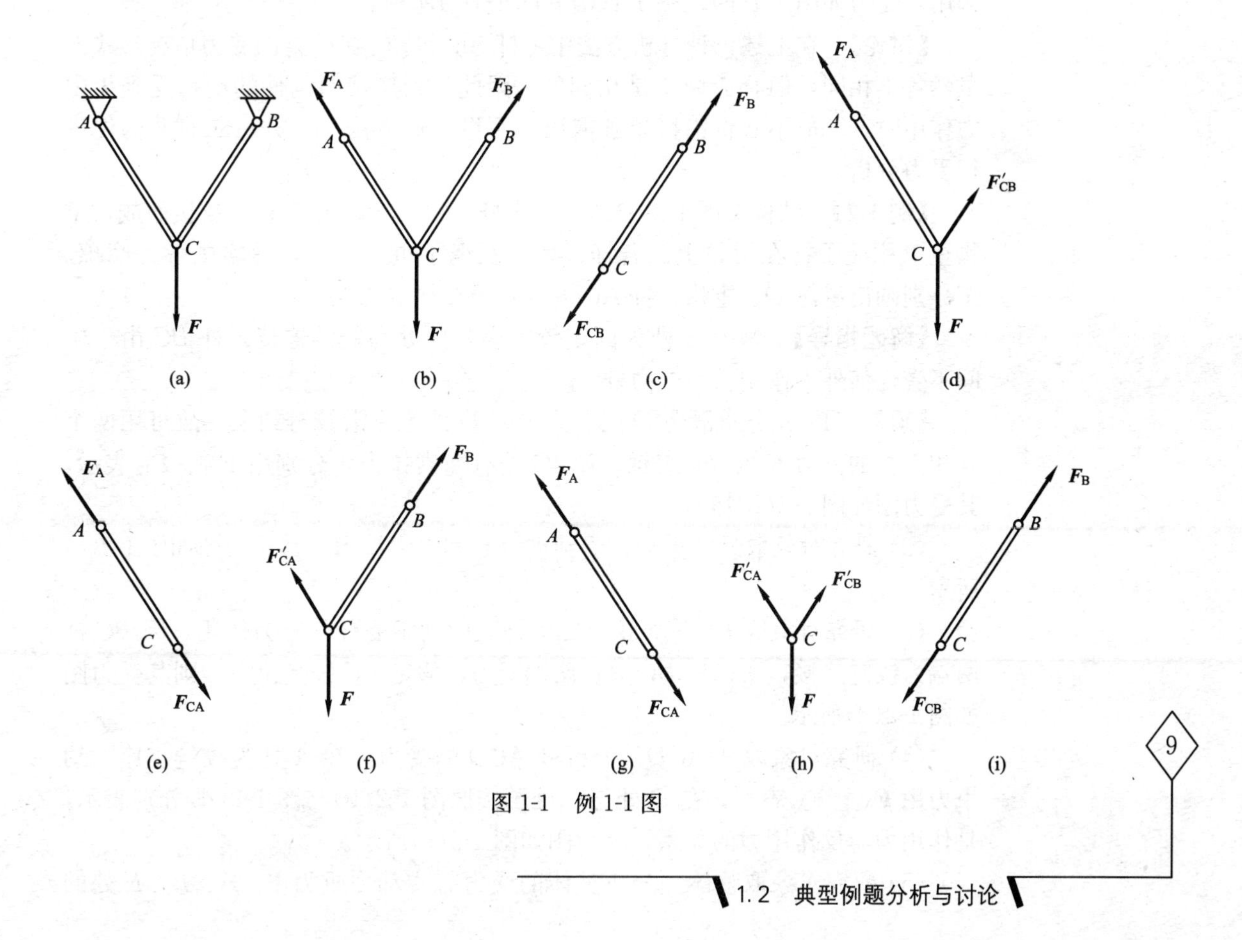

图 1-1 例 1-1 图

【解题指导】 根据杆 *AC* 和 *BC*，两端铰接，中间不受任何力，可知杆 *AC* 和 *BC* 均为二力杆，因此 *A*、*B* 两处的约束力沿杆中心线方向。

【解】 整体受力如图 1-1(b)所示。

杆 *AC* 和 *BC* 在 *C* 处是用销钉连接，作用在销钉上的集中力为 $\boldsymbol{F}$，故在分析杆 AC 和 BC 的受力图时，可有下列几种处理的方法。

〔方法一〕考虑销钉 C 连接在杆 AC 上

(1) 取杆 BC 为研究对象，因为杆 BC 为二力杆，可以直接画出其受力图如图 1-1(*c*)所示。

(2) 取杆 AC(包括销钉 C)为研究对象。因为杆 AC 也是二力杆，因此铰链支座 A 处的约束力和整体保持一致，沿杆的中心线方向，而在 C 处又有包含销钉，因此作用于销钉上的主动力 $\boldsymbol{F}$ 照原样画出，还受到杆 *BC* 对销钉 *C* 的作用力 $\boldsymbol{F}'_{CB}$，它与 $\boldsymbol{F}_{CB}$是作用力与反作用力关系，受力如图 1-1(d)所示。

〔方法二〕考虑销钉 *C* 连接在杆 *BC* 上

因主动力 $\boldsymbol{F}$ 随销钉 *C* 而作用在杆 *BC* 上，则杆 *AC* 和 *BC* 的受力如图 1-1(e)和图 1-1(f)所示。

〔方法三〕将销钉 *C* 单独取出

由于主动力 $\boldsymbol{F}$ 作用在销钉 *C*，则杆 *AC* 和 *BC* 分别与销钉 *C* 构成作用与反作用，受力如图 1-1(g)、图 1-1(h)和图 1-1(i)所示。

【讨论】 在上述三种分析方法中，杆 *AC* 和 *BC* 在 *C* 处的受力情况形式上虽然各不相同，但合成结果是相同的。因此，当连接两构件的销钉受到集中力作用时，一般不必将销钉单独取出，而可任选方法一或方法二对两构件进行受力分析。

【例 1-2】 结构如图 1-2(a)所示，由杆 *ACD*、*BC* 与滑轮 *D* 铰接而成，重物重 $\boldsymbol{P}$ 用绳子挂在滑轮上。若杆、滑轮及绳子重量不计，并略去各处摩擦。试分别画出滑轮 *D*、重物、杆 *ACD*、*BC* 及整体受力图。

【解题指导】 题中 *A* 处为固定铰支座，*D* 处为铰链连接，杆 *BC* 由于中间不受任何外力作用，为二力杆。

【解】 (1) 先分析滑轮 *D* 的受力，因 *D* 处为光滑铰链约束，故可用两个互相垂直的分力 $\boldsymbol{F}_{Dx}$、$\boldsymbol{F}_{Dy}$表示。*E*、*G* 处有绳索拉力，分别用 $\boldsymbol{F}_{T1}$、$\boldsymbol{F}_{T2}$表示，其受力图如图 1-2(b)所示。

(2) 研究对象取悬挂重物，受到重力 $\boldsymbol{P}$ 和绳索拉力，其受力图如图 1-2(c)所示。

(3) 研究对象取 *BC* 杆，这是二力杆，中间不受任何外力作用。因 *BC* 杆两端为铰链连接，所以杆 *BC* 只在两端受力，假定 *BC* 杆受拉力，则其受力图如图 1-2(d)所示。

(4) 研究对象取杆 *ACD*，分析杆 *ACD* 的受力。在 *A* 处为铰链支座，约束力用 $\boldsymbol{F}_{Ax}$，$\boldsymbol{F}_{Ay}$表示，在 *D* 处与 *C* 处可按照图 1-2(b)与图 1-2(d)分别表示，是作用力与反作用力的关系，受力图如图 1-2(e)所示。

(5) 研究对象取整体，分析整体的受力有主动力重力 $\boldsymbol{P}$，*A*、*B*、*E* 处的

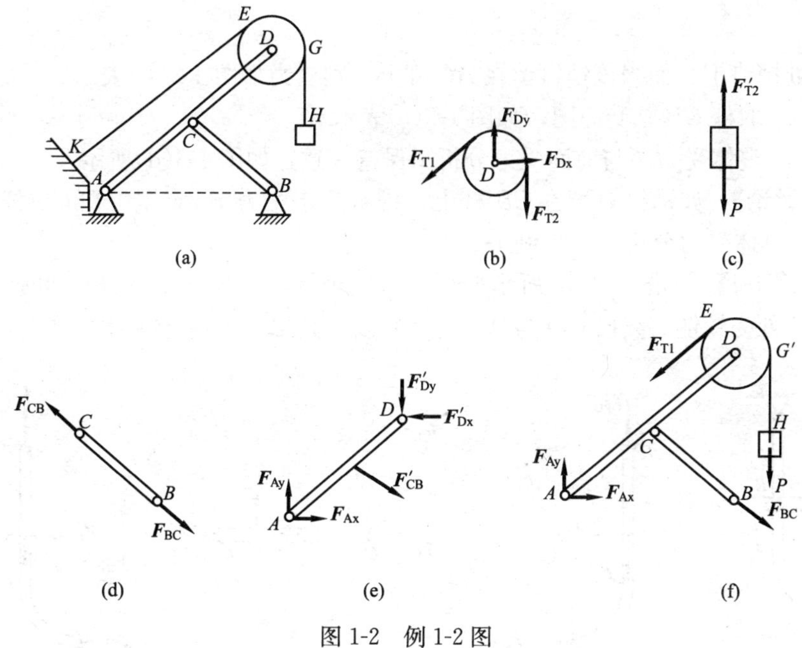

图 1-2　例 1-2 图

约束力可根据与各分离体的受力图保持一致画出，而对于 C、D 处的约束力成为内力，不画出。

【讨论】 应当指出，若两构件以圆柱销钉相连，则在图示构件铰接处的受力分析时，可以不必考虑销钉具体分离的受力图，如滑轮 D、连杆 BC 分析受力图时，销钉是否单独取出分析对构件的受力是无影响的。

【例 1-3】 如图 1-3(a)所示结构，杆 AC 和 CB 用铰链连接，A 端为固定端约束。在杆 AC 上的 AE 部分作用均布荷载 q，C 铰处作用一水平集中力 $\boldsymbol{F}_1$，在杆 CB 上作用一集中力 $\boldsymbol{F}_2$ 和一个力偶矩为 M 的力偶。如不计杆的自重和各处摩擦，试分别画出 AC、CB 及整体的受力图。

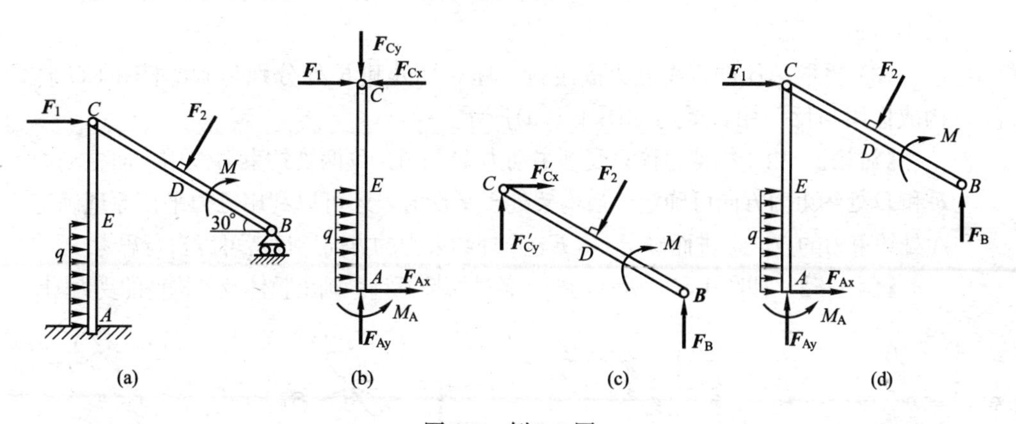

图 1-3　例 1-3 图

【解题指导】 题中 A 处为固定端，C 处为铰链连接，B 处为可动铰支座。

【解】 (1) 首先取构件 AC。A 端为固定端，其约束反力除 x、y 方向，还应有一个反力偶。C 铰处作用约束反力为 x、y 方向，水平集中力 $\boldsymbol{F}_1$ 作用

在 C 处销钉上，而当该销钉留在 AC 杆上，则受力如图 1-3(b)表示。

(2) 取杆 CB 画受力图，如图 1-3(c)表示。

(3) 整体受力图与前面受力分析图保持一致，如图 1-3(d)所示。

【讨论】 如销钉 C 留在 CB 杆上，则水平集中力 $\boldsymbol{F}_1$ 应作用在 CB 杆的 C 点处，具体受力分析可参考例 1-1。

【例 1-4】 如图 1-4(a)所示构架，由三个构件 AB、BD 和 CG 组成。C、B 和 E 处为铰链。线段 CD 与 AE 为竖直线。画出三个构件的受力图。

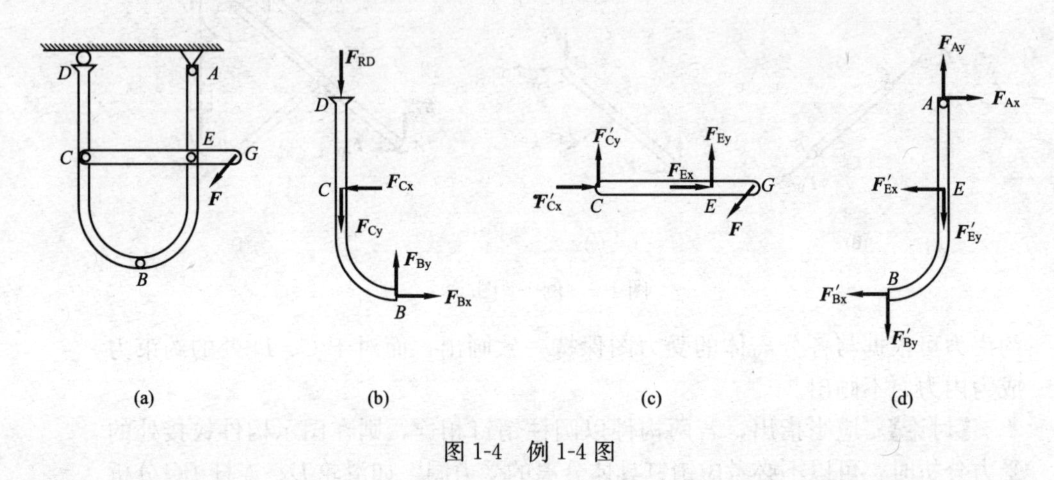

图 1-4 例 1-4 图

【解题指导】 题中 A 处为固定铰支座，B、C、E 处为铰链连接，D 处为可动铰支座。

【解】 (1) 取 DB 杆，D 处为可动铰支座，C 和 B 处均为铰链约束，受力如图 1-4(b)所示。

(2) 取 CG 杆，C 处与 DB 杆为作用与反作用，E 处为铰链连接，受力如图 1-4(c)所示。

(3) 再取 AB 杆，A 处为固定铰支座，B 处和 E 处分别与 DB 杆和 CG 杆构成作用与反作用，受力如图 1-4(d)所示。

【讨论】 由于构架整体只受到主动力 $\boldsymbol{F}$ 和 A、D 两处约束力作用，而主动力 $\boldsymbol{F}$ 和 D 处约束力方向可确定，当构架处于平衡时，还可以利用三力平衡原理确定 A 处约束力的方向，进而确定 C、E、B 处约束力的方向，读者可以自行思考。

【例 1-5】 如图 1-5(a)所示构架，各处摩擦不计，画出整体及各构件的受力图。

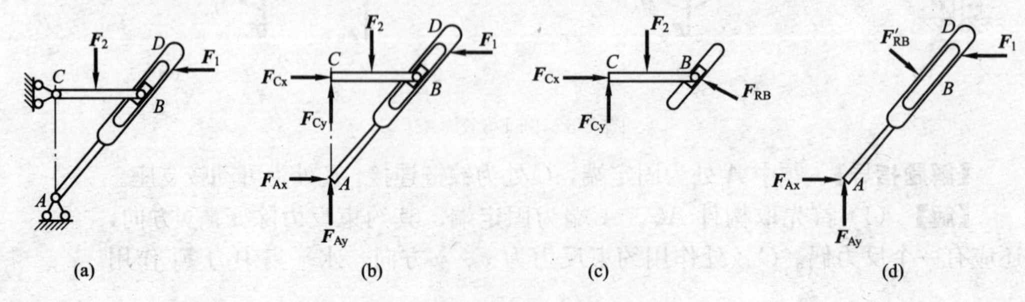

图 1-5 例 1-5 图

【解题指导】 题中 A、C 处为固定铰支座，B 处为光滑接触面约束。

【解】 (1) 取整体作为研究对象，主动力 $\boldsymbol{F}_1$ 和 $\boldsymbol{F}_2$ 照原样画出，A、C 处为固定铰支座，用两个相互垂直的分量表示，受力如图 1-5(b)所示。

(2) 取 CB 杆和滑块 B 作为研究对象，受主动力 $\boldsymbol{F}_2$ 作用，由于不计摩擦，滑块与滑槽的约束为光滑接触面约束，C 处约束与整体保持一致，受力如图 1-5(c)所示。

(3) 取 AD 杆作为研究对象，受主动力 $\boldsymbol{F}_1$ 作用，在滑槽 B 处与 CB 杆为作用与反作用，A 处约束与整体保持一致，受力如图 1-5(d)所示。

【讨论】 本题中如果构架保持平衡，CB 杆和 AD 杆也可利用三力平衡原理，确定 A、C 处约束力的方向。

1.2.2 平面力系范例

【例 1-6】 如图 1-6(a)所示刚架，在点 B 处作用一水平力 F 下处于平衡，刚架重量不计，求支座 A、D 处的约束力。

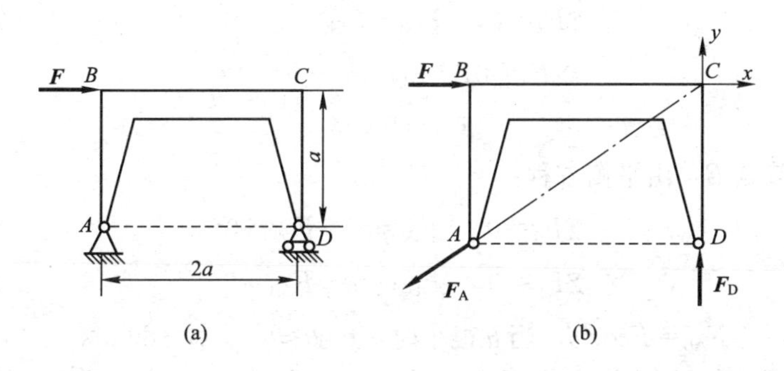

图 1-6　例 1-6 图

【解题指导】 题中 A 处为固定铰支座，D 处为可动铰支座，总未知量有 3 个。由于本题中刚架所受力的总数为 3，刚架处于平衡，因此这三个力必然汇交，这样就可以确定支座 A 处约束力的方向。

【解】 取刚架作为研究对象，由三力平衡汇交定理，支座 A 的约束力必通过点 C，受力如图 1-6(b)所示，由平衡方程：

$$\Sigma F_x=0,\quad F-F_A\cdot\frac{2}{\sqrt{5}}=0,\quad F_A=\frac{\sqrt{5}}{2}F=1.12F$$

$$\Sigma F_y=0,\quad F_D-F_A\cdot\frac{1}{\sqrt{5}}=0,\quad F_D=\frac{1}{\sqrt{5}}F_A=0.5F$$

【讨论】 本题中利用了三力平衡汇交定理，确定了支座 A 的约束力方向，利用汇交力系的平衡方程求解。如果支座 A 的约束力按照固定铰支座的约束画出，则需要利用任意力系的平衡方程求解。

【例 1-7】 如图 1-7(a)所示为一拔桩装置，在木桩的点 A 上系一绳，将绳的另一端固定在点 C，在绳的点 B 系一绳 BE，将它的另一端固定在点 E，然后在绳的点 D 用力向下拉，使绳的 BD 段水平，AB 段铅直，DE 段与水平

线、CB段与铅直线间成等角$\theta=0.1$rad，如向下的拉力$F=800$N，求绳AB作用于桩上的拉力。

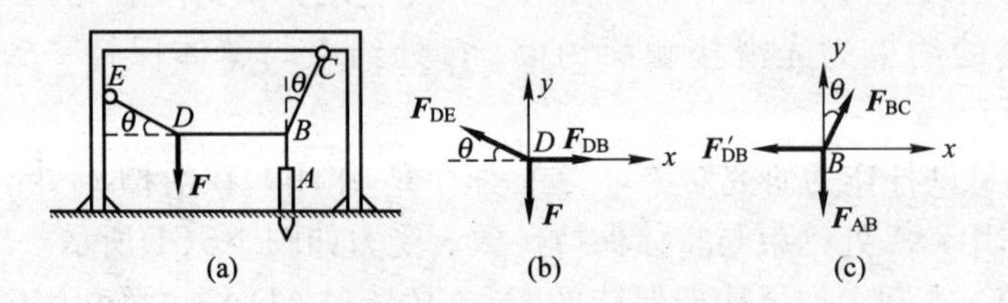

图 1-7　例 1-7 图

【解题指导】 从图 1-7(a)中可知，各段绳索受力分别汇交在节点D、B两处，构成了两组平面汇交力系。

【解】 节点D、B两处的受力如图 1-7(b)和图 1-7(c)所示。

对于节点D，由平衡方程：

$$\Sigma F_x=0,\quad F_{DB}-F_{DE}\cos\theta=0$$

$$\Sigma F_y=0,\quad F_{DE}\sin\theta-F=0$$

解得：
$$F_{DB}=F\cot\theta$$

对于节点B，由平衡方程：

$$\Sigma F_x=0,\quad F_{BC}\sin\theta-F_{DB}=0$$

$$\Sigma F_y=0,\quad F_{BC}\cos\theta-F_{AB}=0$$

解得：　$F_{AB}=F\cot^2\theta$，当θ很小时，$\tan\theta\approx\theta$，$F_{AB}\approx80$ kN

【讨论】 本题中图 1-7(b)也可以直接向垂直于$\boldsymbol{F}_{DE}$的方向投影，直接求得$\boldsymbol{F}_{DB}$，图 1-7(c)也可以直接向垂直于$\boldsymbol{F}_{BC}$的方向投影，直接求得$\boldsymbol{F}_{AB}$。

【例 1-8】 如图 1-8(a)所示结构，各构件的自重略去不计，在构件BC上作用一力偶M，各尺寸如图，求支座A的约束力。

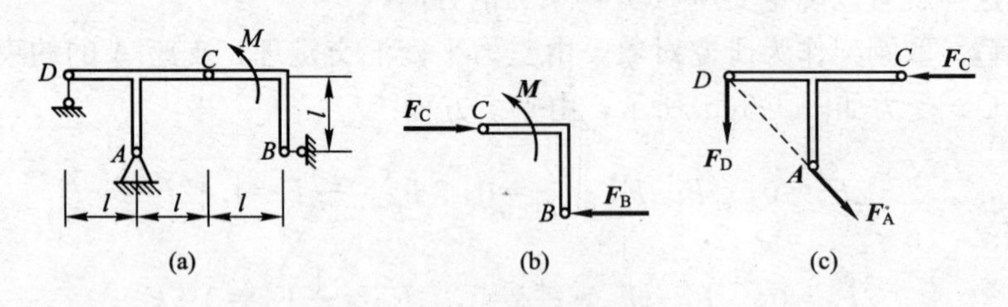

图 1-8　例 1-8 图

【解题指导】 题中构件BC上作用力偶，根据力偶的性质，可知B、C处约束力的方向，利用力偶的平衡方程即可求出B、C处约束力的大小。对于T形杆，受3个力的作用处于平衡，这3个力必然汇交，可以确定支座A处约束力的方向，再利用汇交力系平衡方程即可求出大小。本题属于平面汇交力系和力偶系的综合。

【解】 (1) 取BC作为研究对象，受力如图 1-8(b)所示，为构成约束力偶，有：$F_B=F_C$，则

$$\Sigma M=0,\quad -F_B l+M=0,\quad F_B=F_C=\frac{M}{l}$$

(2) 取 ACD 作为研究对象，受力如图 1-8(c)所示，则

$$\Sigma F_x=0,\quad -F_C+F_A\cos45^\circ=0,\quad F_A=\frac{\sqrt{2}M}{l}$$

【讨论】 本题利用了力偶的性质：力偶只能由力偶来与之平衡，确定了铰链 C 处约束力的方向。又利用了三力平衡原理，确定支座 A 处约束力的方向。

【例 1-9】 在梁 AC 上作用一集中荷载 $\boldsymbol{F}$，荷载和尺寸如图 1-9(a)所示。已知：$F=600$ N，$l=4$ cm，梁重不计，试求支座 A、B 的约束反力。

【解】

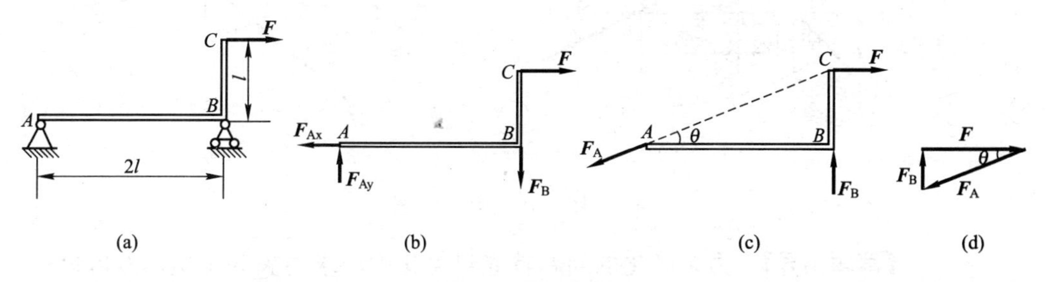

图 1-9 例 1-9 图

【解题指导】 以梁作为研究对象，分析受力如图 1-9(b)所示，从图中可知约束力若能得一合力，必是水平的，显然，此合力不可能与 $\boldsymbol{F}_{Ay}$ 和 $\boldsymbol{F}_B$ 所合成的铅垂合力平衡。所以，只有分别组成两对力偶，而且构成平衡的平面力偶系。另外，由于梁只在 A、B、C 三处受力，由三力平衡定理，可以确定 A 处约束力的方向，利用汇交力系平衡方程求解。

【解】

【方法一】 取梁作为研究对象，采用力偶平衡条件求解。

$$\Sigma M=0,\quad -Fl-F_B\cdot 2l=0$$

解得：
$$F_B=-300\text{N}$$

由力偶的定义可知支座 A 处的约束力为：

$$F_{Ax}=F=600\ \text{N},\quad F_{Ay}=F_B=-300\ \text{N}$$

$\boldsymbol{F}_{Ay}$ 与 $\boldsymbol{F}_B$ 的值为负，说明实际指向与假定的相反。

【方法二】 取梁作为研究对象，采用平面汇交力系平衡的几何条件求解。

受力如图 1-9(c)所示，根据受力图作封闭的力三角形，如图 1-9(d)所示。由几何关系解得：

$$F_A=\frac{F}{\cos\theta}=\frac{600}{\frac{2}{\sqrt{5}}}=300\sqrt{5}=671\ \text{N}$$

$$F_B=F\tan\theta=600\times\frac{1}{2}=300\ \text{N}$$

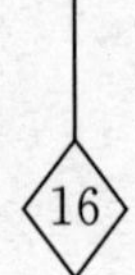

【讨论】 本题也可采用汇交力系平衡的解析法求解，还可以利用平面任意力系的平衡方程求解。

【例 1-10】 如图 1-10(a)所示，已知 $F_1=150$ N，$F_2=200$ N，$F_3=300$ N，$F=F'=200$ N，求力系向点 O 简化的结果，并求力系合力的大小及其与点 O 的距离 d。

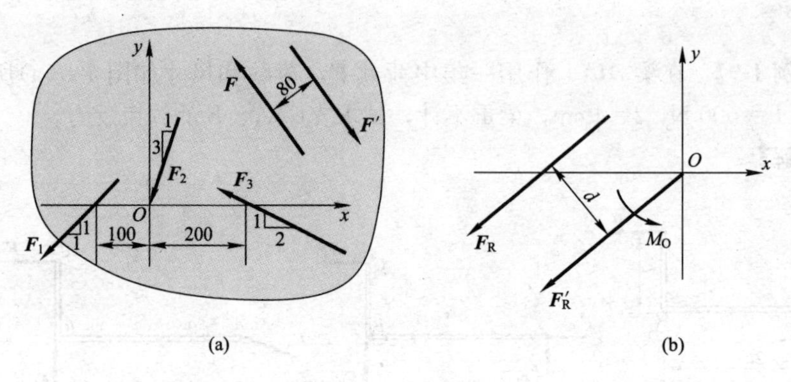

图 1-10 例 1-10 图

【解题指导】 力系简化的问题首先对简化中心求主矢和主矩，然后再根据主矢主矩的情况进一步简化。

【解】 (1) 求合力 F_R 的大小

$$F'_{Rx}=\Sigma F_x=-F_1\cdot\frac{1}{\sqrt{2}}-F_2\cdot\frac{1}{\sqrt{10}}-F_3\cdot\frac{2}{\sqrt{5}}=-437.62\text{ N}$$

$$F'_{Ry}=\Sigma F_y=-F_1\cdot\frac{1}{\sqrt{2}}-F_2\cdot\frac{3}{\sqrt{10}}+F_3\cdot\frac{1}{\sqrt{5}}=-161.62\text{ N}$$

主矢： $$F'_R=\sqrt{(\Sigma F_x)^2+(\Sigma F_y)^2}=466.5\text{ N}$$

主矩： $$M_O=F_1\cdot\frac{0.1}{\sqrt{2}}+F_3\cdot\frac{0.2}{\sqrt{5}}-F\cdot 0.08=21.44\text{ N}\cdot\text{m}$$

方向如图 1-10(b)所示。合力 $\boldsymbol{F}_R$ 在原点的左侧上方，且 $F_R=F'_R=466.5$ N。

(2) 求距离 d

$$d=\left|\frac{M_O}{F'_R}\right|=\frac{21.44}{466.5}=0.0459\text{ m}=4.59\text{ cm}$$，如图 1-10(b)所示。

【讨论】 力系的简化问题一般是先向某一点简化得到主矢和主矩，然后再将主矢进行平行移动，得到简化的最终结果。如果要求合力的作用线方程，即为：

$$xF'_{Ry}-yF'_{Rx}=M_O$$

【例 1-11】 在图 1-11(a)所示刚架中，$q=3$ kN/m，$F=6\sqrt{2}$ kN，$M=10$ kN·m，$l=3$ m，$h=4$ m，$\theta=45°$，不计刚架的自重，求固定端 A 约束力。

【解题指导】 本题中固定端 A 处的约束力未知量为 3 个，主动力、约束力构成一平面任意力系，列 3 个平衡方程即可求解。

【解】 取整体作为研究对象，受力分析如图 1-11(b)所示。

$$\Sigma F_y=0,\quad F_{Ay}=F\sin\theta,\quad F_{Ay}=6\text{ kN}$$

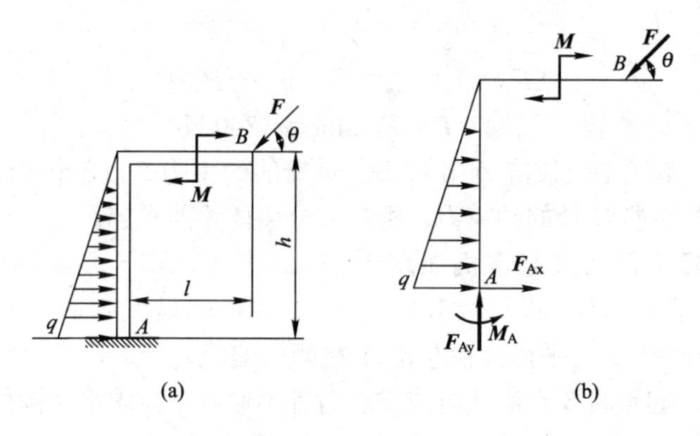

图 1-11　例 1-11 图

$$\Sigma F_x=0,\quad F_{Ax}+\frac{1}{2}qh-F\cos\theta=0,\quad F_{Ax}=0$$

$$\Sigma M_A=0,\quad M_A-\frac{1}{2}qh\cdot\frac{h}{3}-M-Fl\sin\theta+Fh\cos\theta=0,\quad M_A=12\text{ kN}\cdot\text{m(逆)}$$

【讨论】 本题关键在于正确画出固定端 A 处的约束力，不要忘记约束力偶。

【例 1-12】 水平梁 AB 由铰链 A 和 BC 所支持，处于平衡，如图 1-12(a) 所示，在梁上 D 处用销子安装半径为 $r=0.1\text{m}$ 的滑轮。有一跨过滑轮的绳子，其一端水平地系于墙上，另一端悬挂有重 $P=1800\text{N}$ 的重物。如 $\overline{AD}=0.2\text{m}$，$\overline{BD}=0.4\text{m}$，$\varphi=45°$，且不计梁、杆、滑轮和绳的重量。求铰链 A 和杆 BC 对梁的约束力。

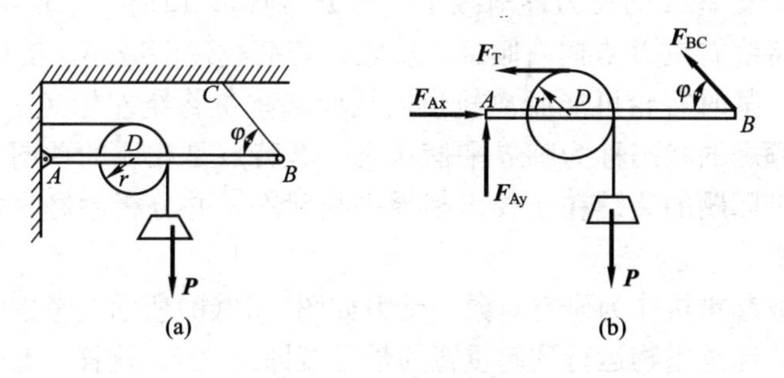

图 1-12　例 1-12 图

【解题指导】 本题由于滑轮处于平衡，因此绳索的张力 $F_T=P$ 为已知力，这样对整体来说，未知量只剩下三个，即可通过平衡方程求解。

【解】 以整体为研究对象，受力分析如图 1-12(b)，其中：$F_T=P=1800\text{N}$，则

$$\Sigma M_A=0\text{：}F_Tr-P(\overline{AD}+r)+F_{BC}\sin\phi\cdot(\overline{AD}+\overline{DB})=0$$

$$F_{BC}=\frac{P\cdot\overline{AD}}{(\overline{AD}+\overline{BD})\sin\varphi}=600\sqrt{2}\text{ N}=848.5\text{ N(拉)}$$

$$\Sigma F_x=0\text{：}F_{Ax}-F_T-F_{BC}\cos\varphi=0$$

$$F_{Ax}=F_T+F_{BC}\cos\varphi=2400\text{ N}$$

$$\Sigma F_y=0：F_{Ay}+F_{BC}\sin\varphi-P=0$$

$$F_{Ay}=P-F_{BC}\sin\varphi=1200\ \mathrm{N}$$

【讨论】 本题中仅铰链 A 和杆 BC 对梁的约束力，以整体为研究对象即可求解，如果要求 D 处的约束力，则需取分离体才能求解。

【例 1-13】 行动式起重机如图 1-13(a)所示，不计平衡锤时，重 $P=500\mathrm{kN}$，重心在右轨侧偏距 $e=1.5\mathrm{m}$ 处。起重机的最大起重量 $P_1=250\mathrm{kN}$，最大悬臂长 $l_1=10\mathrm{m}$，平衡锤在左轮 A 左侧的偏距 $l_2=6\mathrm{m}$ 处，两轮 A、B 的间距 $l_3=3\mathrm{m}$。起重机要在满载时或空载时都不倾翻，试求平衡锤的重量 P_2。

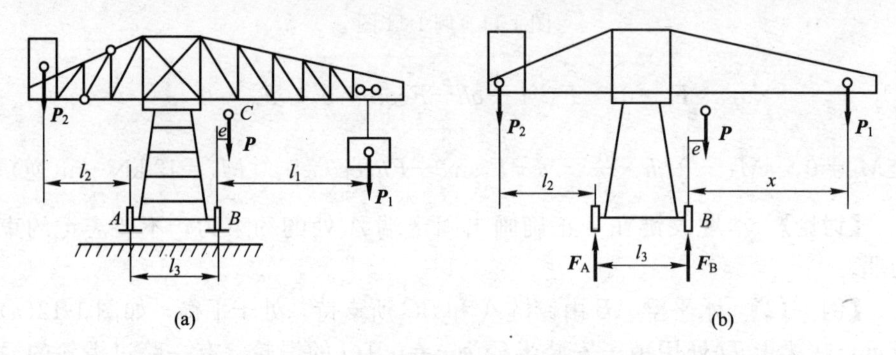

图 1-13 例 1-13 图

【解题指导】 本例是所谓倾翻问题，其特点是有的支座只有单向受力(单向约束)。在一定的主动力作用下，某个支座会丧失作用。在本例中，当荷载逐渐加重时，支座 A 的反力逐渐减小，当 $\boldsymbol{P}_1$ 到达某值时，左轮将脱离轨道，从而起重机将绕右轨 B 点向右倾翻。反之，若荷载逐渐减小，支座 B 的反力也逐渐减小，某时右轮可能脱离轨道，从而起重机将绕左轮 A 点向左倾翻。刚要倾而未倾翻的状态称为临界平衡状态，其特点是相应的单向支座反力变为零。解倾翻问题的关键在于找出临界平衡状态，并分析倾翻力矩和镇定力矩之间的平衡。

【解】 取起重机作为研究对象，受力如图 1-13(b)所示，考虑临界平衡。

满载时，起重重物运行到起重臂的最远端即 $x=l_1$，这样，起重机可能绕支点 B 向右倾翻。当采用最小锤重 $P_{2\min}$ 时，出现临界平衡状态，$F_A=0$，力矩平衡方程：

$$\Sigma M_B(\boldsymbol{F})=0，\ P_{2\min}(l_2+l_3)-Pe-P_1l_1=0$$

$$P_{2\min}=\frac{Pe+P_1l_1}{l_2+l_3}=366\ \mathrm{kN}$$

空载时，$P_1=0$，起重机可能绕支点 A 向左倾翻，如采用许可的最大锤重 $P_{2\max}$，则出现临界平衡状态 $F_B=0$，力矩平衡方程：

$$\Sigma M_A(\boldsymbol{F})=0，\quad P_{2\max}l_2-P(l_3+e)=0$$

$$P_{2\max}=\frac{P(l_3+e)}{l_2}=375\ \mathrm{kN}$$

平衡范围是

$$P_{2\min}\leqslant P_2\leqslant P_{2\max}，即\quad 366\leqslant P_2\leqslant 375\ \mathrm{kN}$$

当锤重在此范围内，无论空载或满载，起重机都不会倾翻。

在平衡范围内，镇定力矩按绝对值大于倾翻力矩。利用这个关系，可以直接表示出保证不倾翻的平衡范围，而不必写出平衡方程。

【讨论】 由以上的数据可以看出：P_2的容许范围是很小的，这个范围的上限与P_1无关，而下限则随P_1的增大而增大。因此，当P_1增大到某值P_{1max}时，能保证起重机在工作时不倾翻的锤重P_2有一个允许值，即原范围的上限。如$P_1>P_{1max}$，起重机将在满载前倾翻。P_{1max}求法如下，令P_2的上、下限相等，即：

$$\frac{Pe+P_{1max}l_1}{l_2+l_3}=\frac{P(e+l_3)}{l_2}$$

化简后，得：

$$P_{1max}=\frac{e+l_2+l_3}{l_1l_2}l_3P$$

将题中数据代入，求得：

$$P_{1max}=262.5\ \mathrm{kN}$$

这就是起重机的允许最大载荷(当最大伸臂为l_1时)。

【例1-14】 厂房屋架如图1-14(a)所示，其上受到铅垂均布荷载，若不计各构件的自重，已知：$a_1=a_3=4.37\ \mathrm{m}$，$a_2=9\ \mathrm{m}$，$b_1=1\ \mathrm{m}$，$b_2=1.2\ \mathrm{m}$，试求1、2、3三杆所受的力。

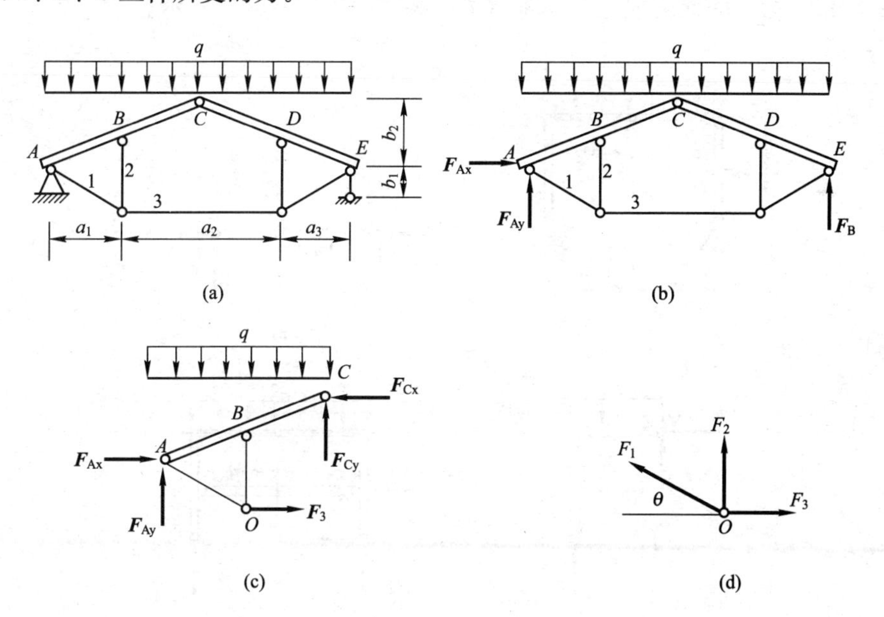

图1-14　例1-14图

【解题指导】 根据三根杆力的汇交点分析，只要求得其中一根杆力，其他杆力就可求取，故取屋架左半部分为研究对象，通过A点力矩方程求F_3，当然这需要先通过整体的平衡方程求得A处的约束力。按分析思路逆向建立方程即可求解。

【解】 取整体为研究对象，受力图如图1-14(b)所示，则

$$\Sigma M_E=0,\quad F_{Ay}(a_1+a_2+a_3)-\frac{1}{2}q(a_1+a_2+a_3)^2=0,\quad F_{Ay}=177.4\text{ kN}$$

$\Sigma F_x=0$，$F_{Ax}=0$，受力图如图 1-14(b)所示。

取左半部分为研究对象，受力图如图 1-14(c)所示，则

$$\Sigma M_C=0,\quad F_3(b_1+b_2)+\frac{1}{2}q\left(a_1+\frac{a_2}{2}\right)^2-F_{Ay}\left(a_1+\frac{a_2}{2}\right)=0,\quad F_3=358\text{ kN(拉力)}$$

取节点 O 为研究对象，受力图如图 1-14(d)所示，则

$$\Sigma F_x=0,\quad -F_1\cos\theta+F_3=0,\quad F_1=367\text{ kN(拉力)}$$

$$\Sigma F_y=0,\quad F_1\sin\theta+F_2=0,\quad F_2=-81.5\text{ kN(压力)}$$

【讨论】 房屋结构对称，也可利用对称性，很快求得 A 处的约束力。

【例 1-15】 图示构架，已知：$F=100$ N，$q=10$ N/cm，$M=1500$ N·cm，$l=15$ cm，$h=10$ cm，杆重不计。试求铰链 D、E 处约束反力。

【解题指导】 本题求 E、D 处内约束，首先将 DE 杆拆开把所有内力暴露出来，如图 1-15(b)所示。这是有 4 个未知约束反力，用三个独立方程无法全面求出，但用对 D 点取矩方程与 y 方向投影方程可求解两个 y 方向约束反力，用 x 方向投影方程可建立一个关系方程。再取 BEC 右半拱，受力图如图 1-15(c)所示。通过分析后，若已知 B 处的约束力时，对 C 取矩就可求解 $\boldsymbol{F}_{Ex}$约束反力，因此需通过整体求解 $\boldsymbol{F}_B$，受力如图 1-15(d)所示。

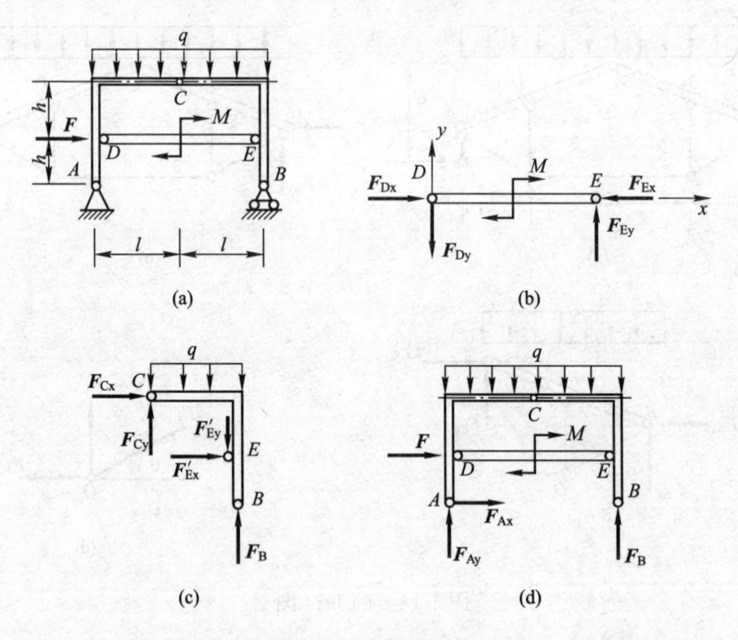

图 1-15 例 1-15 图

【解】 (1) 以杆 DE 为研究对象，受力图如图 1-15(b)所示，则

$$\Sigma M_D(\boldsymbol{F}_i)=0,\quad F_{Ey}\cdot 2l-M=0,\quad F_{Ey}=50\text{ N}$$

$$\Sigma F_y=0,\quad -F_{Dy}+F_{Ey}=0,\quad F_{Dy}=50\text{ N}$$

$$\Sigma F_x=0,\quad F_{Dx}-F_{Ex}=0,\quad F_{Dx}=F_{Ex}$$

(2) 以右半拱 BCE 为研究对象，受力图如图 1-15(c)所示，则

$$\Sigma M_C(\boldsymbol{F}_i)=0,\quad F'_{Ex}h-F'_{Ey}l-\frac{1}{2}ql^2+F_Bl=0$$

$$F'_{Ex}=-162.5\text{N},\quad F_{Dx}=-162.5\text{ N}$$

（3）以整体为研究对象，受力图如图 1-15(d)所示，则

$$\Sigma M_A(\boldsymbol{F}_i)=0,\quad F_B\cdot 2l-q\cdot 2l\cdot l-Fh-M=0,\quad F_B=233\text{ N}$$

【讨论】 受力偶 M 作用的 DE 杆上，它在投影方程中是不能表达的，故是否可为用三力平衡汇交定理表示 D、E 处反力的方向？在作分离的受力图时，主动力 $\boldsymbol{F}$ 与 M 是否可平移到其他物体上？

【例 1-16】 如图 1-16(a)所示，组合梁由 AC 和 CD 两段铰接构成，起重机放在梁上。已知起重机重 $P_1=50$ kN，重心在铅直线 EC 上，起重荷载$P_2=10$ kN，$l_1=1$ m，$l_2=3$ m，$l_3=6$ m。如不计梁重，求 A、B、D 支座三处的约束力。

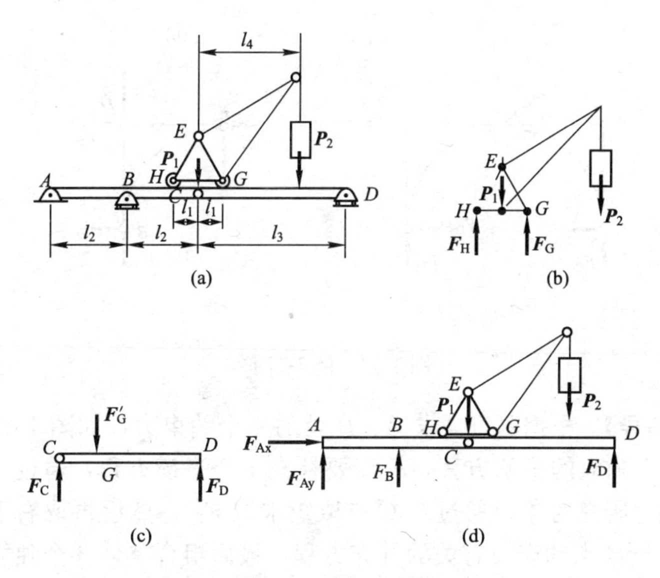

图 1-16　例 1-16 图

【解题指导】 本题中要求 A、B、D 处的约束力，首先要求出起重机作用在梁上的力，其次由于支座的约束力未知量的个数为 4 个，以整体为研究对象无法求出全部的约束力，因此需要取分离体 CD，求出支座 D 的约束力，再回到整体求解。

【解】 （1）以起重机为研究对象，受力图如图 1-16(b)所示，则

$$\Sigma M_H=0,\quad F_G\cdot 2l_1-P_1l_1-P_2(l_1+l_4)=0,\quad F_G=50\text{ kN}$$

（2）以梁 CD 为研究对象，受力图如图 1-16(c)所示，则

$$\Sigma M_C=0,\quad F_Dl_3-F'_Gl_1=0,\quad F_G=8.33\text{ kN}$$

（3）以整体为研究对象，受力图如图 1-16(d)所示，则

$$\Sigma M_A=0,\quad F_Bl_2+F_D(2l_2+l_3)-P_1\cdot 2l_2-P_2(2l_2+l_4)=0,\quad F_B=100\text{ kN}$$

$$\Sigma F_y=0,\quad F_A+F_B-F_D-P_2-P_1=0,\quad F_A=-48.3\text{ kN}$$

【讨论】 是否可用梁 AC 补充平衡方程来求解。

【例 1-17】 如图 1-17(a)所示双层拱形构架，受已知力 $\boldsymbol{F}$ 作用。试求支座 A 与 B 处的约束反力。

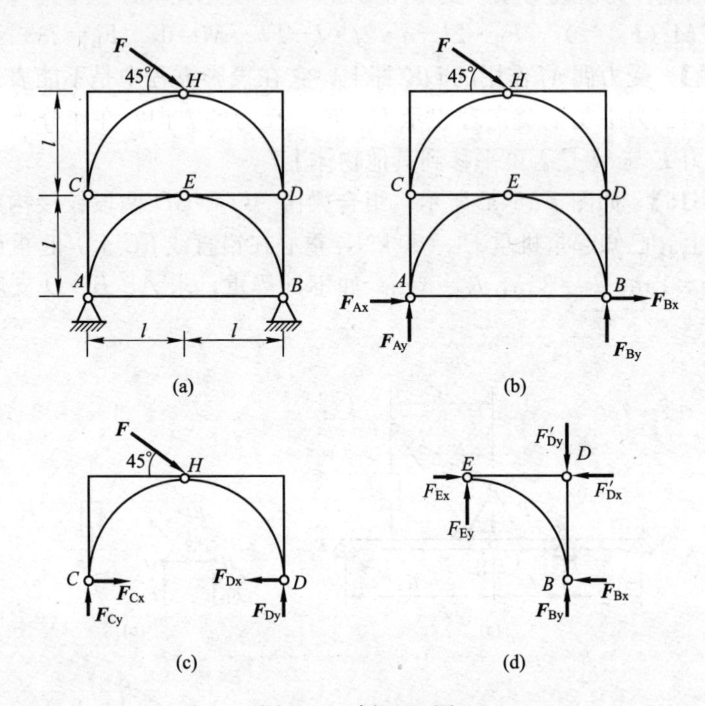

图 1-17 例 1-17 图

【解题指导】 根据题意需求 A、B 处的 4 个约束力，如图 1-17(b)所示，而整体仅 3 个独立的平衡方程，故需要补充 1 个平衡方程，通过分析可先取上层三铰拱为研究对象，通过对 C 点取矩求取 $\boldsymbol{F}_{Dy}$，然后再取右下半拱对 E 点取矩建立与 B 点约束力有关的补充方程，最后组合整体 3 个独立的平衡方程，求解支座 A 与 B 处的约束力。

【解】 (1) 以上半拱 CHD 为研究对象，受力如图 1-17(c)所示。

$$\Sigma M_C(\boldsymbol{F}_i)=0,\quad F_{Dy}\cdot 2l-Fl\sin45°-Fl\cos45°=0,\quad F_{Dy}=\frac{\sqrt{2}}{2}F$$

(2) 以右下半拱 BDE 为研究对象，受力如图 1-17(d)所示。

$$\Sigma M_E(\boldsymbol{F}_i)=0,\quad -F_{Bx}l+F_{By}l-F'_{Dy}l=0$$

(3) 以整体为研究对象，受力如图 1-17(b)所示。

$$\Sigma M_A(\boldsymbol{F}_i)=0,\quad F_{By}\cdot 2l-F\sin45°\cdot l-F\cos45°\cdot 2l=0,\quad F_{By}=\frac{3\sqrt{2}}{4}F$$

$$\Sigma F_y=0,\quad F_{Ay}-F\sin45°+F_{By}=0,\quad F_{Ay}=-\frac{\sqrt{2}}{4}F$$

$$\Sigma F_x=0,\quad F_{Ax}-F_{Bx}+F\cos45°=0$$

联立解得：
$$F_{Ax}=-\frac{\sqrt{2}}{4}F,\quad F_{Bx}=\frac{\sqrt{2}}{4}F$$

【讨论】 是否可用左下半拱补充平衡方程来求解。

【例 1-18】 由 AC 和 CD 构成的组合梁通过铰链 C 连接，它的支承和受力如图 1-18(a)所示。已知 $q=10\ \text{kN/m}$，$M=40\ \text{kN}\cdot\text{m}$，$l=2\ \text{m}$，不计梁的自重。求支座 A、B、D 处的约束力。

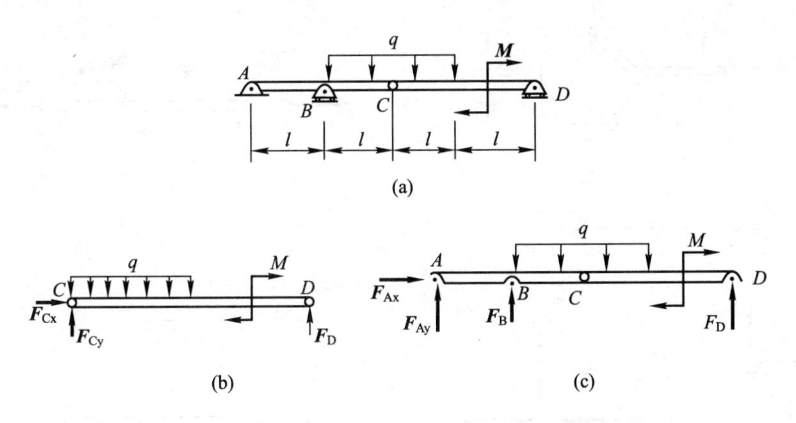

图 1-18　例 1-18 图

【解题指导】 根据题意需求 A、B、D 处的 4 个约束反力，如图 1-18(c)所示，而整体仅 3 个独立的平衡方程，故需要补充 1 个平衡方程，通过分析可先取 CD 为研究对象，通过对 C 点取矩求取 $\boldsymbol{F}_D$，然后再以整体为研究对象，列 3 个独立的平衡方程，求解支座 A 与 B 处的约束力。

【解】 (1) 以梁 CD 为研究对象，受力如图 1-18(b)所示。

$$\Sigma M_C=0,\quad F_D l-\frac{1}{2}ql^2-M=0,\quad F_D=15\ \text{kN}$$

(2) 以整体为研究对象，受力如图 1-18(c)所示。

$$\Sigma M_A=0,\quad F_B l+F_D\cdot 4l-M-\frac{1}{2}q(2l)^2=0,\quad F_B=40\ \text{kN}$$

$$\Sigma F_y=0,\quad F_{Ay}+F_B+F_D-q\cdot 2l=0,\quad F_{Ay}=-15\ \text{kN}$$

$$\Sigma F_x=0,\quad F_{Ax}=0$$

【讨论】 是否可用梁 AC 补充平衡方程来求解。

【例 1-19】 如图 1-19(a)所示结构位于铅垂面内，由杆 AB、CD 及斜 T 形杆 BCE 组成，不计各杆的自重。已知荷载 $\boldsymbol{F}_1$、$\boldsymbol{F}_2$ 和尺寸 a，且 $M=F_1 a$，$\boldsymbol{F}_2$ 作用于销钉上，求：

(1) 固定端 A 处的约束力；

(2) 销钉 B 对杆 AB 及 T 形杆的作用力。

【解题指导】 根据题意需求 A 处的约束力和销钉 B 对杆 AB 及 T 形杆的作用力如图 1-19(e)所示，共 5 个未知量，因此要求 A 处的约束力，必须先求得销钉 B 对杆 AB 的约束力，这时需以销钉 B 为研究对象，但是销钉 B 对 T 形杆的约束力需要通过以 T 形杆为研究对象，而 T 形杆的 C 处的约束力需通过杆 CD 求解。

【解】 (1) 以杆 CD 为研究对象，受力如图 1-19(b)所示。

$$\Sigma M_D=0,\quad F_{Cy}\cdot 2a-M=0,\quad F_{Cy}=\frac{F_1}{2}$$

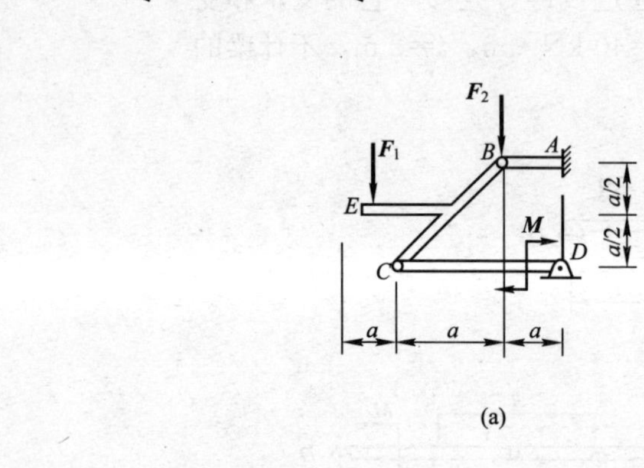

(a)

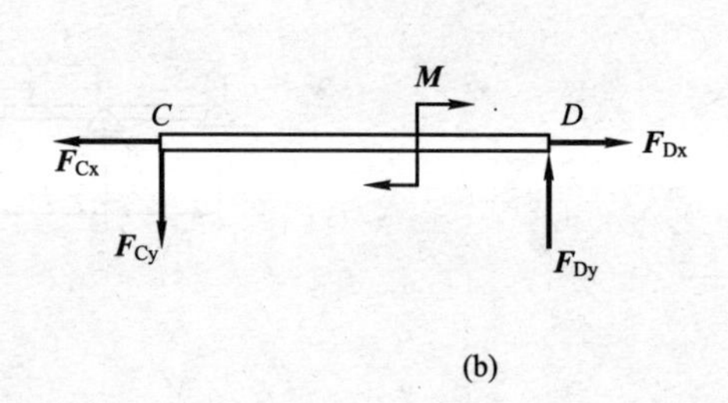

(b)

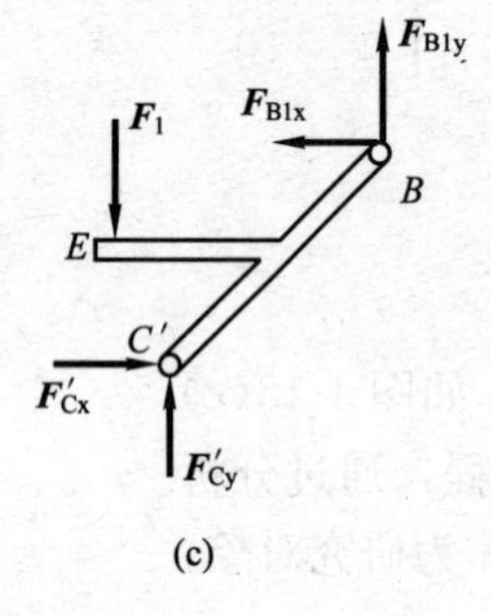

(c)

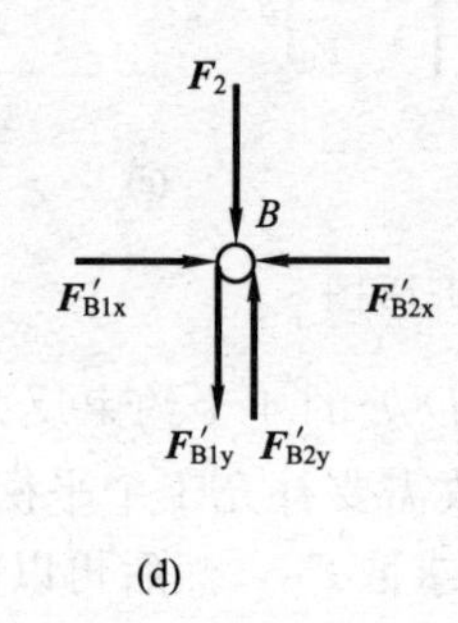

(d)

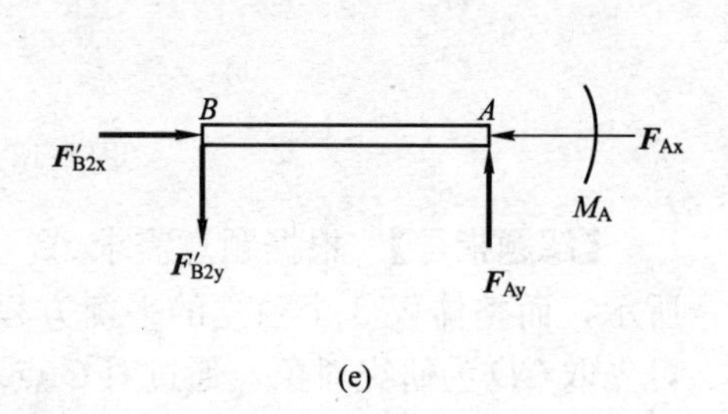

(e)

图 1-19　例 1-19 图

(2) 以 T 形杆 BCE 为研究对象，受力如图 1-19(c)所示。

$$\Sigma M_B=0,\quad F_1\cdot 2a-F'_{Cy}\cdot a+F'_{Cx}\cdot a=0,\quad F'_{Cx}=3F_1/2$$

$$\Sigma F_x=0,\quad -F_{B1x}+F'_{Cx}=0,\quad F_{B1x}=3F_1/2$$

$$\Sigma F_y=0,\quad F'_{Cy}-F_1+F_{B1y}=0,\quad F_{B1y}=F_1/2$$

(3) 以销钉 B 为研究对象，受力如图 1-19(d)所示。

$$\Sigma F_x=0,\quad -F_{B2x}+F'_{B1x}=0,\quad F_{B2x}=3F_1/2$$

$$\Sigma F_y=0,\quad F_{B2y}-F'_{B2y}-F_2=0,\quad F_{B2y}=F_1/2+F_2$$

(4) 以悬臂梁 AB 为研究对象，受力如图 1-19(e)所示。

$$\Sigma F_x=0,\quad F_{Ax}-F'_{B2x}=0,\quad F_{Ax}=3F_1/2$$

$$\Sigma F_y=0,\quad F_{Ay}-F'_{B2y}=0,\quad F_{Ay}=F_1/2+F_2$$

$$\Sigma M_A=0,\quad -M_A+F'_{B2y}\cdot a=0,\quad M_A=(F_1/2+F_2)a(\text{顺})$$

【讨论】 分离体的选取并不唯一，也可根据自己的思路选取适当的分离体求解。

【例 1-20】 如图 1-20(a)所示的桁架结构，已知：$F_1=40$ kN，$F_2=60$ kN，求杆 HD、DC、CH 的内力。

【解题指导】 由于题目中只求桁架结构中 3 个杆件的内力，因此通常选用截面法。一般情况下，所选截面截到的杆件个数不超过 3 个。其中，杆件 CH 的受力可以根据零杆判断直接得出。同时，在利用截面法求解杆件内力时，首先需求出支座约束反力。

【解】 (1) 以节点 C 平衡，得杆 CH 的内力为零，即 $F_{CH}=0$。

(2) 以整体为研究对象，受力如图 1-20(b)所示。

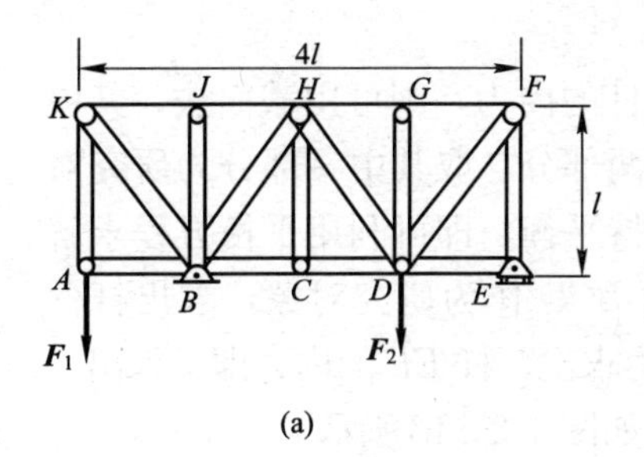

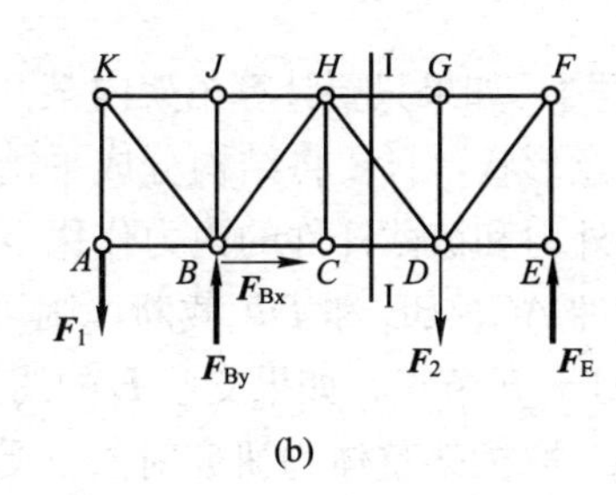

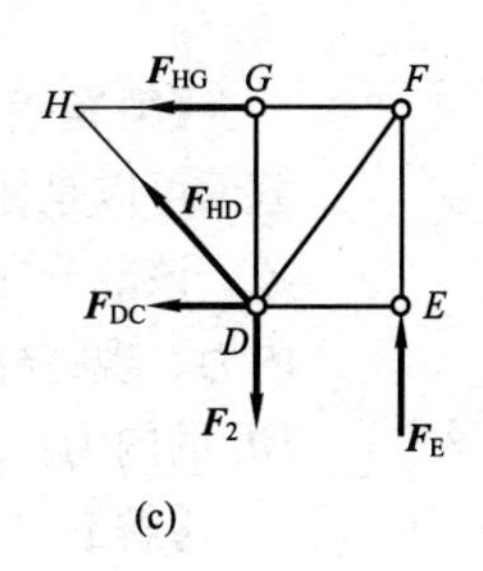

图 1-20　例 1-20 图

$$\Sigma M_{B}=0,\quad F_{E}\cdot 3l-F_{2}\cdot 2l+F_{1}\cdot l=0,\quad F_{E}=\frac{80}{3}\text{ kN}(\uparrow)$$

(3) 取Ⅰ-Ⅰ截面右半部分，受力如图 1-20(c)所示。

$$\Sigma F_{y}=0,\quad F_{HD}\cos45^{\circ}+F_{E}-F_{2}=0,\quad F_{HD}=47.1\text{ kN(拉)}$$

$$\Sigma M_{H}=0,\quad -F_{DC}\cdot l+F_{E}\cdot 2l-F_{2}\cdot l=0,\quad F_{DC}=-6.67\text{ kN(压)}$$

【讨论】 杆 CH、DG 等零力杆不是可有可无杆，等学过“材料力学”中“压杆稳定”后就会明白它(这种约束)对桁架结构稳定性是有用的。

【例 1-21】 桁架结构及荷载如图 1-21(a)所示，求 EF 杆内力。

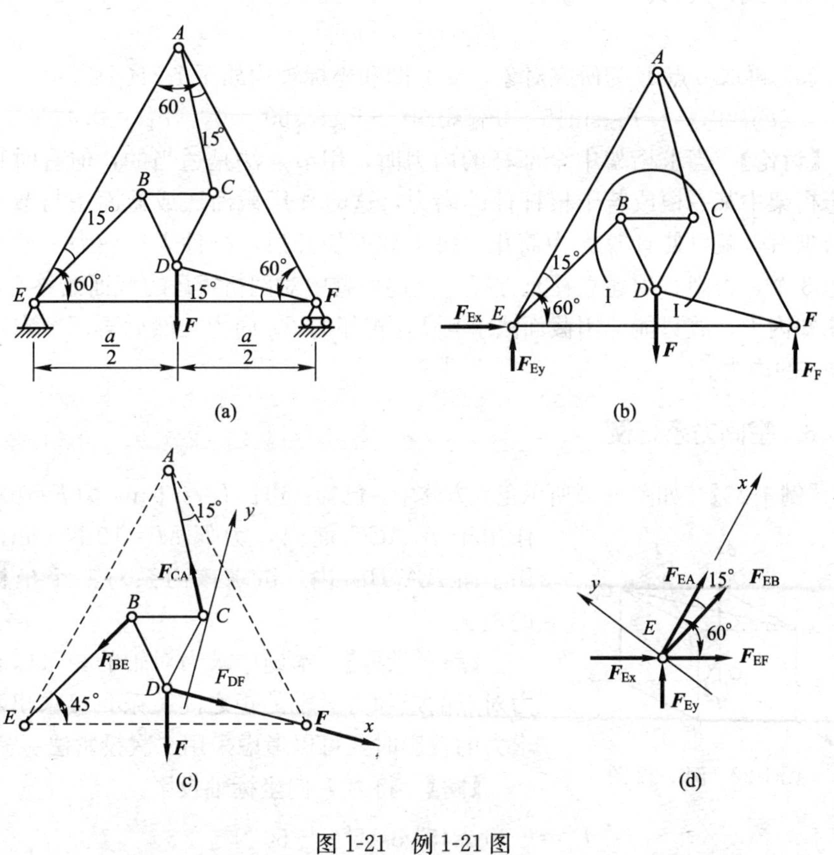

图 1-21　例 1-21 图

【解题指导】 如果只要计算桁架内某几个杆的内力，则可用截面法，其中截面可以是任意形状，只要将结构分成平衡的两部分，取其中一部分为研究对象，该部分在外力和被截杆件的内力作用下保持平衡，即可利用平衡方程求解内力。现将杆件 AC、BE 和 DF 截断，则可取 BCD 作为研究对象，求出杆件 BE 的内力，对于 E 节点，如果支座 E 的约束力求出，杆 EF 的内力即可求出。

【解】 (1) 取桁架整体为研究对象，受力如图 1-21(b)所示。

$$\Sigma M_E(F)=0,\quad F_F\cdot a-F\cdot\frac{a}{2}=0,\quad F_F=\frac{F}{2}$$

$$\Sigma F_y=0,\quad F_{Ey}+F_F-F=0,\quad F_{Ey}=\frac{F}{2}$$

$$\Sigma F_x=0,\quad F_{Ex}=0$$

(2) 作截面Ⅰ-Ⅰ，如图 1-21(b)所示，取 BCD 为研究对象，受力、坐标轴如图 1-21(c)所示。列平衡方程式：

$$\Sigma F_y=0,\quad -F_{BE}\sin60°+F_{CA}\sin60°-F\cos15°=0 \tag{1}$$

$$\Sigma M_F(\boldsymbol{F})=0,\quad F_{BE}a\sin45°-F_{CA}a\sin15°+F\cdot\frac{a}{2}=0 \tag{2}$$

联立式(1)、式(2)，解得：

$$F_{BE}=-0.56F$$

(3) 再取节点 E 为研究对象，受力图和坐标轴均如图 1-21(d)所示。

$$\Sigma F_y=0,\quad -F_{EB}\sin15°-F_{EF}\sin60°+F_{Ey}\cos60°=0,\quad F_{EF}=0.46F$$

【讨论】 当求桁架中全部杆的内力时，用节点法是适当的，但有时只求整个桁架中某一根或若干根杆件的内力，这时如用截面法或截面法与节点法混合求解，就可使计算大为简化。每个截面切开后，杆件未知内力一般不应超过 3 个，否则，须建立补充方程。上述例题中对剖析 EF 的截面始终存在 4 个未知内力，故只能选用截面法求与 F_{EF} 相邻的 F_{EB} 内力，然后再用节点法求得 F_{EF} 的内力。

1.2.3 空间力系范例

【例 1-22】 如图 1-22 所示正立方体中，已知：边长 $L=0.5$ m，力 $F=100$ N，作用于 A_1ACC_1 面内，力偶 $M=10$ N·m，作用于面 AA_1BB_1 内。试求该力系对三个坐标轴的矩。

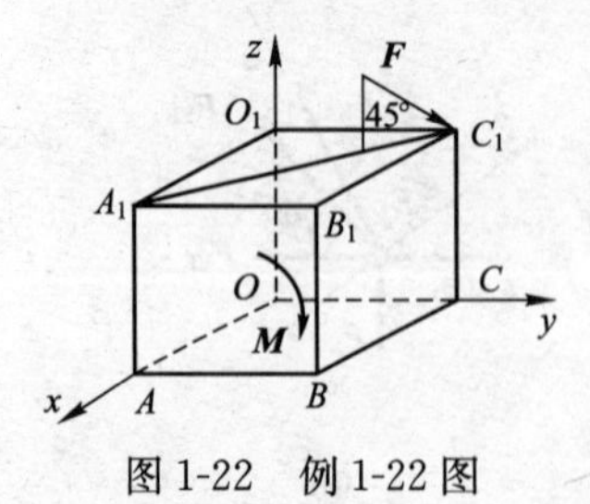

图 1-22 例 1-22 图

【解题指导】 本题中求力对轴的矩可以利用力对点的矩和力对轴的矩之间关系直接求出，在求力的投影时，可以考虑采用二次投影法。

【解】 将力 $\boldsymbol{F}$ 向坐标轴投影：

$$F_x=-F\cos45°\cos45°=-50\text{ N}$$

$$F_y=F\cos45°\sin45°=50\text{ N}$$

$$F_z=-F\sin45°=-50\sqrt{2}\text{ N}$$

分别对轴取矩：

$$\Sigma M_x(F)=F_z y_{C_1}-F_y z_{C_1}-M=-70.4\ \text{N}\cdot\text{m}$$
$$\Sigma M_y(F)=F_x z_{C_1}-F_z x_{C_1}=-25\ \text{N}\cdot\text{m}$$
$$\Sigma M_z(F)=F_y x_{C_1}-F_x y_{C_1}=25\ \text{N}\cdot\text{m}$$

【讨论】 对坐标轴取矩时，注意力偶 M 的投影值。

【例 1-23】 如图 1-23 所示空间力系中，$F_1=100\text{N}$，$F_2=300\text{N}$，$F_3=200\text{N}$，各力作用线的位置如图，试求该力系向点 O 简化的结果。

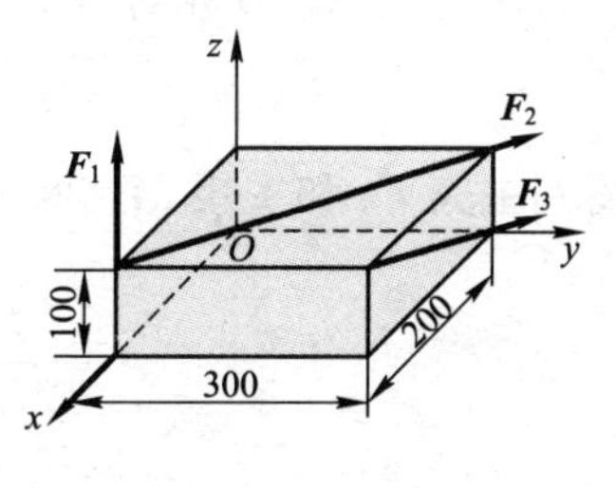

图 1-23　例 1-23 图

【解题指导】 求解力系向某点简化的结果即求向该点简化的主矢和主矩，先求出主矢和主矩在各坐标轴上的投影，最后给出大小和方向。

【解】 主矢在各坐标轴上的投影为：

$$F_{Rx}=-300\times\frac{2}{\sqrt{13}}-200\times\frac{2}{\sqrt{5}}=-345\ \text{N}$$

$$F_{Ry}=300\times\frac{3}{\sqrt{13}}=250\ \text{N}$$

$$F_{Rz}=100-200\times\frac{1}{\sqrt{5}}=10.6\ \text{N}$$

矩在各坐标轴上的投影：

$$M_{Ox}=-300\times\frac{3}{\sqrt{13}}\times0.1-200\times\frac{1}{\sqrt{5}}\times0.3=-51.8\ \text{N}\cdot\text{m}$$

$$M_{Oy}=-100\times0.20+200\times\frac{2}{\sqrt{13}}\times0.1=-36.6\ \text{N}\cdot\text{m}$$

$$M_{Oz}=300\times\frac{3}{\sqrt{13}}\times0.2+200\times\frac{2}{\sqrt{5}}\times0.3=103.6\ \text{N}\cdot\text{m}$$

主矢：$F_R=\sqrt{F_{Rz}^2+F_{Ry}^2+F_{Rx}^2}=426\ \text{N}$，$\boldsymbol{F}_R=(-345\boldsymbol{i}+250\boldsymbol{j}+10.6\boldsymbol{k})\ \text{N}$

主矩：$M_O=\sqrt{M_{Ox}^2+M_{Oy}^2+M_{Oz}^2}=121.5\ \text{N}\cdot\text{m}$，$\boldsymbol{M}_O=(-51.8\boldsymbol{i}+36.6\boldsymbol{j}+103.6\boldsymbol{k})\text{N}\cdot\text{m}$

【讨论】 注意：力系向某点的简化结果并不一定是最终结果，如需计算力系的最终简化结果，还需进一步简化。

【例 1-24】 在边长为 l_1、l_2、l_3 的长方体顶点 AB 处，分别作用有大小均为 F 的力 $\boldsymbol{F}_1$ 和 $\boldsymbol{F}_2$，如图 1-24 所示。试求其最终简化结果。

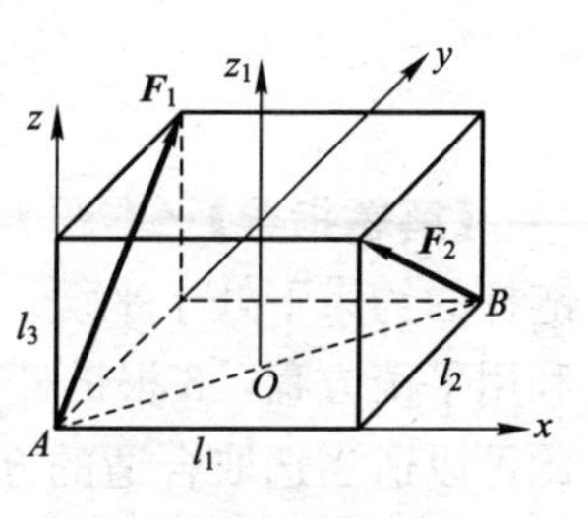

图 1-24　例 1-24 图

【解题指导】 求解力系的最终简化结果，首先要将该力系向某点简化，根据主矢和主矩的关系再进一步简化。

【解】 以点 A 为简化中心，将力 $\boldsymbol{F}_1$ 和 $\boldsymbol{F}_2$ 分别用

基矢量表示为：

$$\boldsymbol{F}_1=F(l_2\boldsymbol{j}+l_3\boldsymbol{k})/\sqrt{l_2^2+l_3^2}$$

$$\boldsymbol{F}_2=F(-l_2\boldsymbol{j}+l_3\boldsymbol{k})/\sqrt{l_2^2+l_3^2}$$

两力作用点 A、B 相对 A 的矢径分别为：

$$\boldsymbol{r}_1=0,\quad \boldsymbol{r}_2=\overline{AB}=l_1\boldsymbol{i}+l_2\boldsymbol{j}$$

得到主矢 $\boldsymbol{F}_{R'}$ 和主矩 $\boldsymbol{M}_A$ 为：

$$\boldsymbol{F}_{R'}=\sum_{i=1}^{2}\boldsymbol{F}_i=\frac{2Fl_3\boldsymbol{k}}{\sqrt{l_2^2+l_3^2}}$$

$$\boldsymbol{M}_A=\sum_{i=1}^{2}\boldsymbol{r}_i\times\boldsymbol{F}_i=\frac{F(l_2l_3\boldsymbol{i}-l_1l_3\boldsymbol{j}-l_1l_2\boldsymbol{k})}{\sqrt{l_2^2+l_3^2}}$$

由于 $\boldsymbol{F}_{R'}\cdot\boldsymbol{M}_A=-\dfrac{2F^2l_1l_2l_3}{l_2^2+l_3^2}<0$，因此两力可简化为一左螺旋。力螺旋中的力即为 $\boldsymbol{F}_{R'}$，力偶矩为：

$$\boldsymbol{M}=\frac{(\boldsymbol{M}_A\cdot\boldsymbol{F}_{R'})\boldsymbol{F}_{R'}}{\boldsymbol{F}_{R'}{}^2}=-\frac{Fl_1l_2\boldsymbol{k}}{\sqrt{l_2^2+l_3^2}}$$

力螺旋中心通过点 O，O 点相对 A 点的矢径为：

$$\boldsymbol{r}=\overrightarrow{AO}=\frac{\boldsymbol{F}_{R'}\times\boldsymbol{M}_A}{\boldsymbol{F}_{R'}^2}=\frac{1}{2}(l_1\boldsymbol{i}+l_2\boldsymbol{j})$$

即 $\boldsymbol{F}_1$ 和 $\boldsymbol{F}_2$ 构成一中心轴为 Oz_1 轴的左力螺旋。

【讨论】 空间力系的简化结果可能是力、力偶和力螺旋。

【例 1-25】 图 1-25 所示正方形薄板自重不计。已知：边长为 L，在板面作用有力 $\boldsymbol{F}$ 和力偶矩为 $\boldsymbol{M}$ 的力偶，由 $ABCDA'B'C'D'$ 组成一正方体。试求链杆 1、2 的内力。

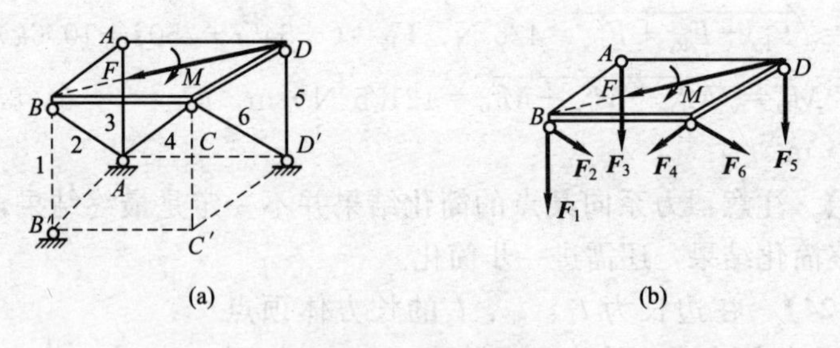

图 1-25 例 1-25 图

【解题指导】 本题为空间力系的平衡问题，正方形薄板在主动力和 6 根链杆的约束下处于平衡。空间力系的平衡有 6 个方程，可以求解 6 个未知量，利用平衡方程，6 根链杆的约束力均可求出。本题仅要求 1、2 杆的内力，因此可以适当选取合适的方程求解。

【解】 以［正方形］为研究对象，受力如图 1-25(b)所示。

$$\Sigma M_{CC'}(F)=0,\quad -M-F_2\cos45°\cdot L=0,\quad F_2=-\frac{\sqrt{2}M}{L}(\text{压})$$

$$\Sigma M_{A'D'}(F)=0,\quad F_1L+F\cos45°\cdot L=0,\quad F_1=-\frac{\sqrt{2}F}{2}(\text{压})$$

【讨论】 上述取轴为矩方程中尽可能使未知力通过矩轴线或平行矩轴线，使每个方程仅有一个未知力，则不用求联合方程就可求解未知力。是否可用取矩方法，分别求解其余的约束力。

【例 1-26】 如图 1-26(a)所示起重机，已知：$AB=BC=AD=AE$，各杆的重量不计，点 A、B、D 和 E 等均为球铰链连接，如三角形 ABC 在 xy 平面的投影为 AF 线，AF 与 y 轴夹角为 θ，求铅直支柱和各斜杆的内力。

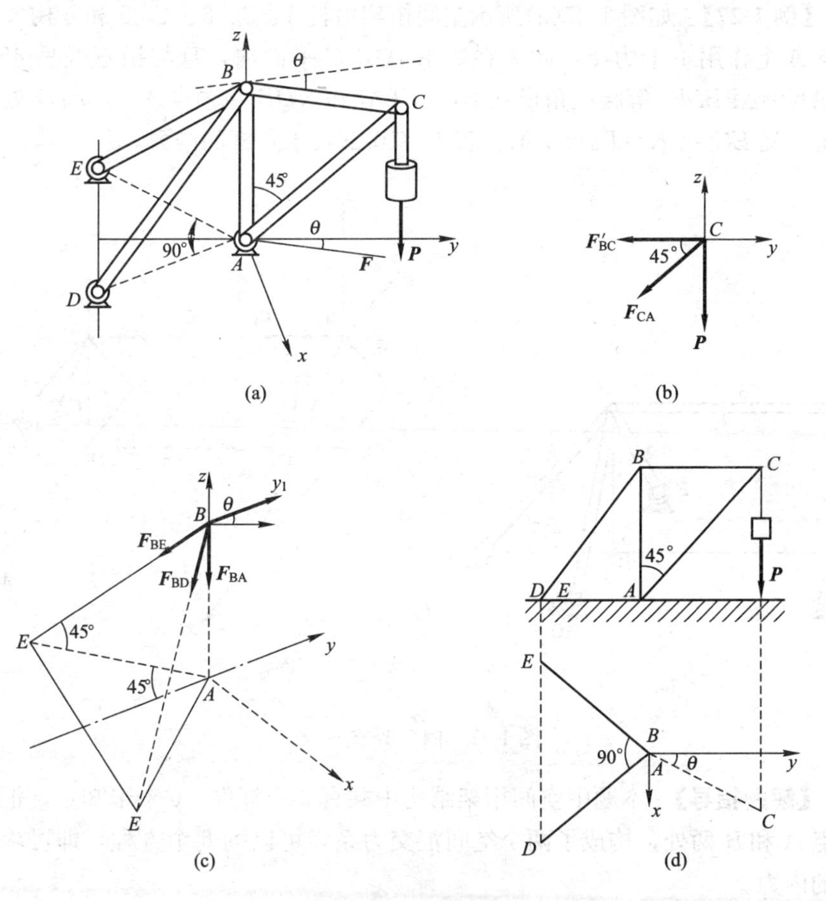

图 1-26 例 1-26 图

【解题指导】 本题中由于各杆重力不计，因此均为二力杆，共 5 个未知量，杆件分别汇交在节点 B 和 C，构成了一个空间汇交力系和一个平面汇交力系，可以列 5 个方程，即可求出各杆的内力。

【解】 (1) 以节点 C 为研究对象，受力及坐标如图 1-26(b)所示，则

$$\Sigma F_x=0,\quad -F_{CB}-F_{CA}\cos45°=0$$

$$\Sigma F_y=0,\quad -P-F_{CA}\sin45°=0$$

解得：$F_{CA}=-\sqrt{2}P$(压)， $F_{CB}=P$(拉)

(2) 以节点 B 为研究对象，受力及坐标系如图 1-26(c)、(d)所示，则

$$\Sigma F_x=0,\quad (F_{BD}-F_{BE})\cos45^\circ\sin45^\circ+F_{BC}\sin\theta=0$$

$$\Sigma F_y=0,\quad -(F_{BD}+F_{BE})\cos^2 45^\circ+F_{BC}\cos\theta=0$$

$$\Sigma F_z=0,\quad -F_{AB}-(F_{BD}+F_{BE})\sin45^\circ=0$$

解得：$F_{BE}=P(\cos\theta+\sin\theta)$，$F_{BD}=F(\cos\theta-\sin\theta)$，$F_{AB}=-\sqrt{2}P\cos\theta$

【讨论】 本题中由于各杆的空间位置关系，在求解过程中需联立方程，是否可以选取适当的坐标系，使得一个方程求解一个未知量。

【例 1-27】 如图 1-27(a)所示空间桁架由杆 1、2、3、4、5 和 6 构成。在节点 A 上作用 1 个力 F，此力在矩形 $ABDC$ 平面内，且与铅直线呈 45°角。$\Delta EAK=\Delta FBM$。等腰三角形 EAK、FBM 和 NDB 在顶点 A、B 和 D 处均为直角，又 $EC=CK=FD=DM$。若 $F=10\text{kN}$，求各杆的内力。

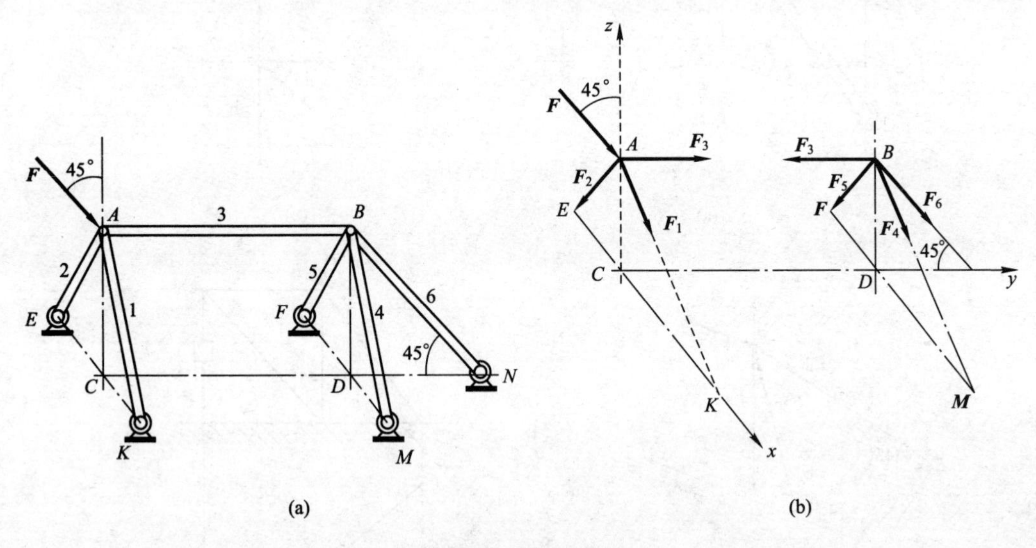

图 1-27 例 1-27 图

【解题指导】 本题中空间桁架结构中共有 6 个杆件，6 个未知量，汇交在节点 A 和 B 两处，构成了两个空间汇交力系，可以列 6 个方程，即可求出各杆的内力。

【解】 (1) 以节点 A 为研究对象，受力及坐标如图 1-27(b)所示，则

$$\Sigma F_x=0,\quad (F_1-F_2)\cos45^\circ=0$$

$$\Sigma F_y=0,\quad F_3+F\sin45^\circ=0$$

$$\Sigma F_z=0,\quad -(F_1+F_2)\sin45^\circ-F\cos45^\circ=0$$

解得：$F_1=F_2=-\dfrac{F}{2}=-5\text{ kN}$， $F_3=-7.07\text{ kN}$

(2) 以节点 B 为研究对象，受力及坐标如图 1-27(b)所示，则

$$\Sigma F_x=0,\quad (F_4-F_5)\cos45^\circ=0$$

$$\Sigma F_y=0,\quad F_5\sin45^\circ-F_3=0$$

$$\Sigma F_z=0,\quad -(F_4+F_5+F_6)\sin 45°=0$$

解得：$F_4=F_5=5\text{kN}$(拉)，$F_6=-10\text{ kN}$(压)

【讨论】 本题中由于各杆的空间位置关系，在求解过程中需联立方程，是否可以选取适当的坐标系，使得一个方程求解一个未知量。

【例 1-28】 如图 1-28(a)所示，无重曲杆 $ABCD$ 有两个直角，且平面 ABC 与平面 BCD 垂直，杆的 D 端为球铰支座，A 端受轴承支持，如图 1-28(a)所示，在曲杆的 AB、BC 和 CD 上作用 3 个力偶，力偶所在平面分别垂直于 AB、BC 和 CD 三段线。已知力偶矩 $\boldsymbol{M}_2$ 和 $\boldsymbol{M}_3$，求使曲杆处于平衡的力偶矩 $\boldsymbol{M}_1$ 和支座约束力。

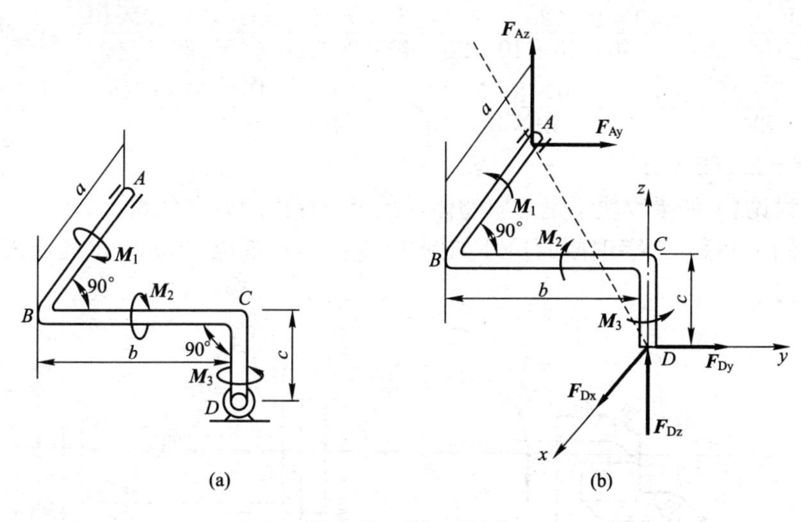

图 1-28 例 1-28 图

【解题指导】 本题中曲杆 $ABCD$ 上所受的外力为空间力偶，与 A、D 两处的约束力构成了一空间任意力系，利用平衡方程即可求出全部未知量。

【解】 以曲杆 $ABCD$ 为研究对象，受力及坐标如图 1-28(b)所示，则

$$\Sigma F_x=0,\quad F_{Dx}=0 \tag{1}$$

$$\Sigma F_y=0,\quad F_{Ay}+F_{Dy}=0 \tag{2}$$

$$\Sigma F_z=0,\quad F_{Az}+F_{Dz}=0 \tag{3}$$

$$\Sigma M_x=0,\quad M_1-F_{Ay}\cdot c-F_{Az}\cdot b=0 \tag{4}$$

$$\Sigma M_y=0,\quad F_{Az}\cdot a-M_2=0 \tag{5}$$

$$\Sigma M_z=0,\quad M_3-F_{Ay}\cdot a=0 \tag{6}$$

由式(5)、式(6)解得： $F_{Az}=\dfrac{M_2}{a}$，$F_{Ay}=\dfrac{M_3}{a}$

代入式(2)、式(3)解得：$F_{Dy}=-\dfrac{M_3}{a}$，$F_{Dz}=-\dfrac{M_2}{a}$

再代入式(4)得：$M_1=\dfrac{c}{a}M_3+\dfrac{b}{a}M_2$，即 $aM_1-bM_2-cM_3=0$

【讨论】 本题中外力均为力偶，根据力偶的性质：力偶只能用力偶平衡，

可知 A、D 两处的约束力构成力偶，大小相等，方向相反，利用力偶的平衡方程也可求出全部未知量。

【例 1-29】 匀质块尺寸如图 1-29 所示，单位：mm，求其重心的位置。

【解题指导】 空间物体由几个规则物体组成，可以采用分割法，由于物块为匀质物体，用体积表示的重心公式求解。

【解】

$$x_C=\frac{\Sigma V_i x_i}{\Sigma V_i}=\frac{40\times40\times10\times60+20\times40\times30\times10+80\times40\times60\times20}{40\times40\times10+20\times40\times30+80\times40\times60}=21.72\ \text{mm}$$

$$y_C=\frac{\Sigma V_i y_i}{\Sigma V_i}=\frac{40\times40\times10\times20+20\times40\times30\times60+80\times40\times60\times40}{40\times40\times10+20\times40\times30+80\times40\times60}=40.69\ \text{mm}$$

$$z_C=\frac{\Sigma V_i z_i}{\Sigma V_i}=\frac{40\times40\times10\times(-5)+20\times40\times30\times15+80\times40\times60\times(-30)}{40\times40\times10+20\times40\times30+80\times40\times60}$$

$$=-23.62\ \text{mm}$$

【讨论】 如果物块不是匀质物体，是否还可以用以上公式。

【例 1-30】 工字钢截面尺寸如图 1-30 所示，单位：mm，求此截面的几何中心。

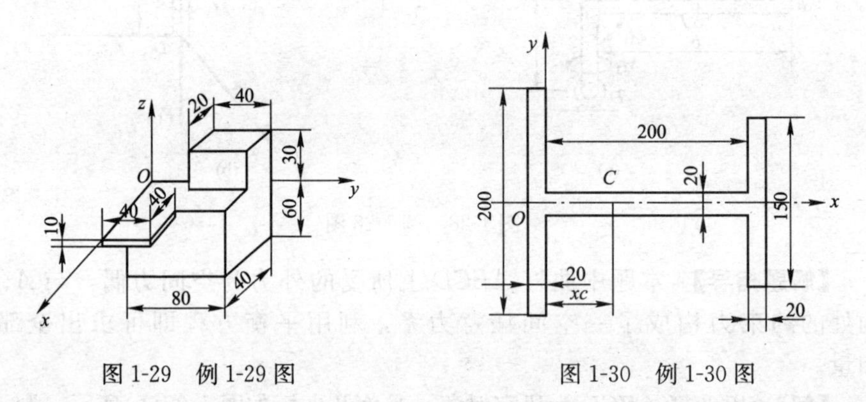

图 1-29 例 1-29 图　　　图 1-30 例 1-30 图

【解题指导】 平面图形求截面的几何中心，用面积表示的公式求解，图形具有对称性，可以将坐标轴放置在对称轴上，如将对称轴作轴 x，则图形中心的 y 坐标为零，因此只需利用面积表示的重心公式求解中心的 x 坐标。

【解】 把图形的对称轴作轴 x，图形的中心 C 在对称轴 x 上，即

$$y_C=0$$

$$x_C=\frac{\Sigma\Delta A_i\cdot x_i}{\Sigma\Delta A_i}=\frac{200\times20\times(-10)+200\times20\times100+150\times20\times210}{200\times20+200\times20+150\times20}=90\ \text{mm}$$

【讨论】 如果坐标轴不是这样建立的，解题结果是否一致。

【例 1-31】 在如图 1-31(a)所示的匀质板中，已知尺寸 L_1、L_2、L_3。试求图示平面的重心。

【解题指导】 将图 1-31(a)所示平面图形看成是一组合图形，可用分割法将整个图形分割成若干个矩形，然后利用重心坐标公式进行求解。也可用负面积法求该图形的重心。即将图形看成是由图 1-31(b)所示的一个 $ABCD$ 大矩形 S_1，减去 DHE 一个小三角形 S_2，再加上另一块小三角形 S_3，然后应用

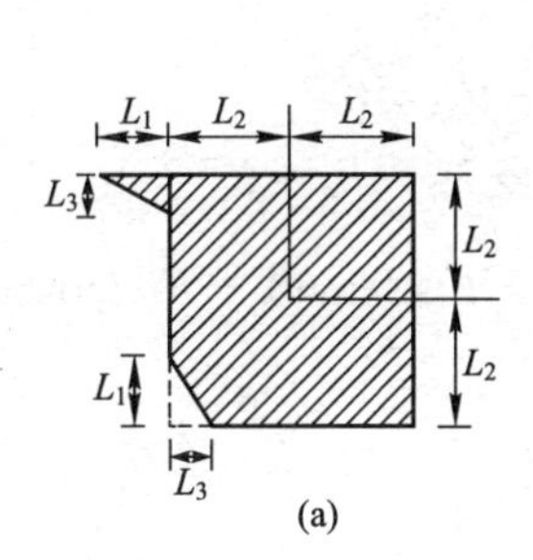

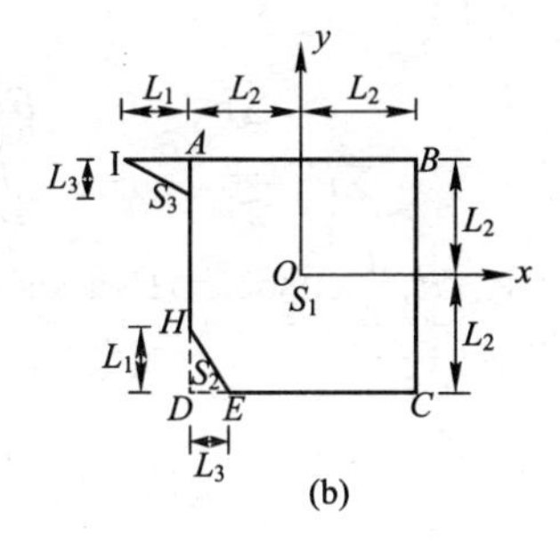

图 1-31　例 1-31 图

重心坐标公式求解。

【解】 如图 1-31(b)所示，建立坐标系。

S_1形心：(0，0)，S_2形心：$\left(-L_2+\frac{1}{3}L_3,\quad -L_2+\frac{1}{3}L_1\right)$

$$S_3\text{形心：}\left[-\left(L_2+\frac{1}{3}L_1\right),\ L_2-\frac{1}{3}L_3\right]$$

$$x_C=\frac{-\frac{1}{2}L_1L_3\left(-L_2+\frac{1}{3}L_3\right)-\frac{1}{2}L_1L_3\left(L_2+\frac{1}{3}L_1\right)}{4L_2^2-\frac{1}{2}L_1L_3+\frac{1}{2}L_1L_3}=\frac{-L_1L_3(L_1+L_3)}{24L_2^2}$$

$$y_C=\frac{-\frac{1}{2}L_1L_3\left(-L_2+\frac{1}{3}L_1\right)+\frac{1}{2}L_1L_3\left(L_2-\frac{1}{3}L_3\right)}{4L_2^2}=\frac{6L_1L_2L_3-L_1L_3(L_1+L_3)}{24L_2^2}$$

【讨论】 如果用分割法将整个图形分割成若干个正面积求解重心，最少应分割成几个形状面积。如用悬挂的试验法，又如何定出重心位置。

1.2.4　摩擦范例

【例 1-32】 梯子 AB 靠在墙上，其重为 $P_1=200$N，如图 1-32(a)所示。梯长为 l，并与水平面交角 $\theta=60°$。已知接触面间的静摩擦因数均为 $f_s=0.25$。今有一重 $P_2=650$ N 的人沿梯向上爬，问人所能达到的最高点 C 到点 A 的距离 d 应为多少？

【解题指导】 本题为含有摩擦的平衡问题，人爬到最高点 C 处，梯子仍然能保持平衡，且此平衡为临界平衡，静摩擦力达到最大值。梯子上所受的力构成一平面任意力系，利用平衡方程加补充方程求解。

【解】 以梯子为研究对象，受力如图 1-32(b)所示，人到最高点 C 处时，梯子处于临界平衡，A、B 处的摩擦力为最大静摩擦力。

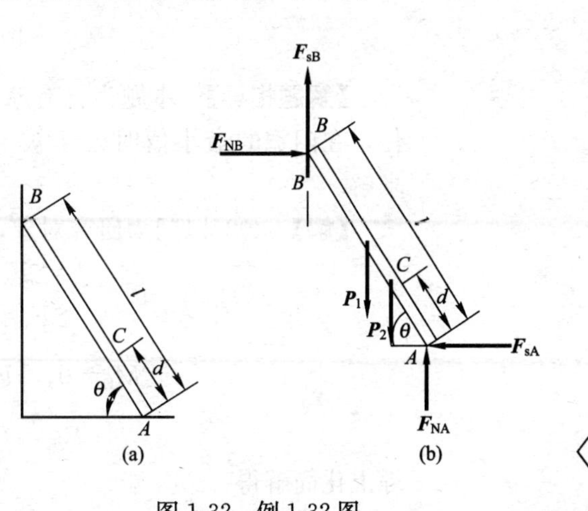

图 1-32　例 1-32 图

$$\Sigma F_x=0,\quad F_{NB}-F_{sA}=0 \tag{1}$$

$$\Sigma F_y=0,\quad F_{NA}-F_{sB}-P_1-P_2=0 \tag{2}$$

$$\Sigma M_A=0,\quad P_1\frac{l}{2}\cos60°+P_2 d\cos60°-F_{NB}l\sin60°-F_{sB}l\cos60°=0 \tag{3}$$

临界补充方程：

$$F_{sA}=f_s F_{NA} \tag{4}$$

$$F_{sB}=f_s F_{NB} \tag{5}$$

联立以上方程，解得：

$$d=0.456l$$

【讨论】 如果梯子放置的角度 θ 小于摩擦角，那么人沿梯子上爬的高度与人的重量是否有关？

【例 1-33】 如图 1-33(a)所示，不计自重的拉门与上下滑道之间的静摩擦因数均为 f_s，门高为 h。若在门上 $\frac{2}{3}h$ 处用水平力 F 拉门而不会卡住，求门宽 b 的最小值。问门的自重对不被卡住的门宽最小值是否有影响？

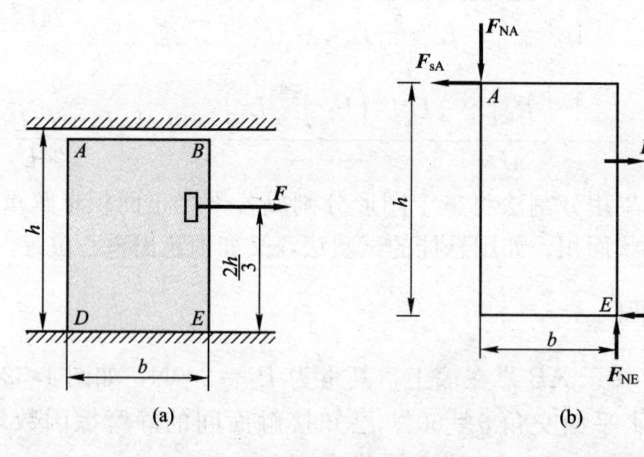

图 1-33 例 1-33 图

【解题指导】 本题为含有摩擦的临界平衡问题，水平力 F 拉门而不会卡住，在门宽的最小值时处于被卡住的临界状态。利用平衡方程加补充方程求解。

【解】 (1) 以门为研究对象，不计自重时受力如图 1-33(b)所示，则

$$\Sigma F_y=0,\quad F_{NE}=F_{NA}$$

$$\Sigma F_x=0,\quad F=F_{sE}+F_{NA}$$

$$\Sigma M_E=0,\quad F\frac{2h}{3}-F_{sA}h-F_{NA}\cdot b_{min}=0$$

$$F_{sE}=f_s F_{NE},\quad F_{sA}=f_s F_{NA}$$

综上化简解得：

$$b_{min}=\frac{f_s h}{3}$$

(2) 考虑门的自重为 P 时，位于门形心，铅垂向下，则

$$\Sigma F_y=0, \quad F_{NE}=P+F_{NA}$$
$$\Sigma F_x=0, \quad F=F_{sE}+F_{sA}$$

临界摩擦力：

$$F_{sE}=f_s F_{NE}, \quad F_{sA}=f_s F_{NA}$$

$$\Sigma M_E=0 \quad -F\times\frac{2}{3}h+P\times\frac{1}{2}b+F_{NA}\cdot b+F_{sA}h=0$$

解得：
$$b=\frac{1}{3}f_s h+\frac{P}{F}f_s^2 h=\frac{1}{3}f_s h\left(1+3f_s h\cdot\frac{P}{F}\right)$$

当门被卡住时，无论力 F 多大，门仍被卡住，得 $b_{min}=\frac{f_s h}{3}$，可见，门重与此门宽最小值无关。

【讨论】 当门被卡住时，无论力 F 多大，门仍被卡住，门处于自锁状态。

【例 1-34】 砖夹的宽度为 0.25m，曲杆 AGB 与 $GCED$ 在点 G 铰接，尺寸如图 1-34(a)所示。设砖重 $P=120$N，提起砖的力 F 作用在砖夹的中心线上，砖夹与砖间的摩擦因数 $f_s=0.5$，求距离 b 为多大才能把砖夹起。

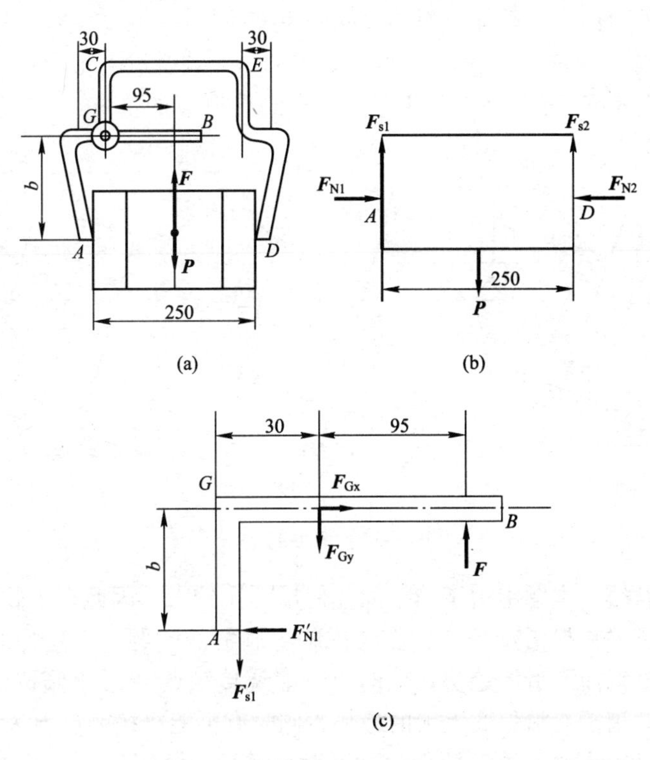

图 1-34　例 1-34 图

【解题指导】 对整体来说，要将砖提起，提砖的力要等于砖的重力。用砖夹提起砖块靠的是砖夹和砖之间的摩擦力，对砖来说，要将砖提起，至少是当摩擦力为最大静摩擦力时，恰好能平衡砖的重力。对砖夹来说，在主动力和约束力的作用下要保持平衡。

【解】 (1) 以整体为研究对象：

$$F=P=120\ \text{N}$$

(2) 以砖块为研究对象，受力如图 1-34(b)所示，则

$$\Sigma F_x=0,\quad F_{N1}-F_{N2}=0$$

$$\Sigma F_y=0,\quad F_{s1}-F_{s2}-P=0$$

补充方程：$F_{s1}\leqslant f_s F_{N1}$，$F_{s2}\leqslant f_s F_{N2}$

解得：$$F_{s1}=F_2=\frac{P}{2}=60\ \text{N},\ F_{N1}=F_{N2}\geqslant\frac{F_{s1}}{f_s}=120\ \text{N}$$

(3) 以砖夹曲杆 AGB 为研究对象，受力如图 1-34(c)所示，则

$$\Sigma M_G=0,\quad F\times 95+F_{s1}\times 30-F_{N1}\cdot b=0$$

解得：$b\leqslant 110$ mm

【讨论】 从解的结果可以看出，距离 b 最大为 110 mm。即要想将砖提起，砖夹的高度要满足上述条件。

【例 1-35】 均质箱体 A 的宽度 $b=1$ m，高 $h=2$ m，重 $P=200$ kN，放在倾角 $\theta=20°$ 的斜面上。箱体与斜面之间的摩擦因数 $f_s=0.2$。今在箱体的 C 点系一无重软绳，方向如图 1-35(a)所示，绳的另一端绕过滑轮 D 挂一重物。已知 $BC=a=1.8$ m，求使箱体处于平衡状态的重物 E 的重量。

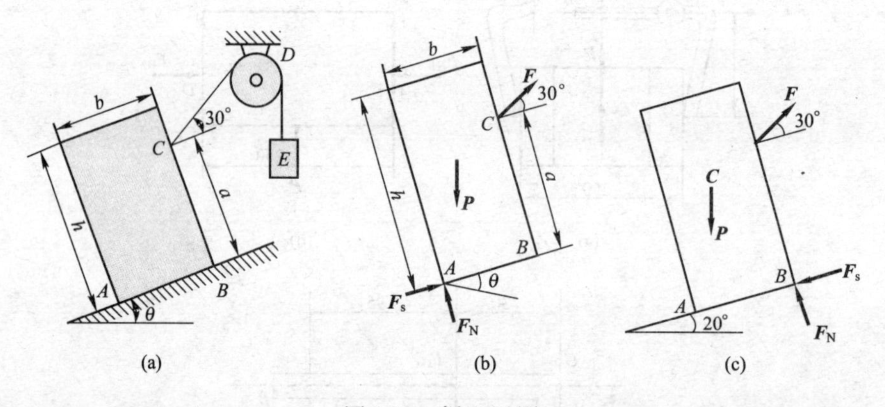

图 1-35 例 1-35 图

【解题指导】 本题中由于箱子的几何尺寸比较大，因此在重物的拉动下，除了考虑箱子的临界滑动外，还需考虑临界倾覆的问题。当重物的重量较小时，箱子有沿斜面下滑的趋势，同时有可能绕接触点 A 发生倾覆；当重物的重量较大时，箱子有沿斜面上滑的趋势，同时有可能绕接触点 B 发生倾覆。

【解】 (1) 重物 E 重量较小时，下滑与逆时针倾倒的临界受力如图 1-35(b)所示。

临界下滑：

$$\Sigma F_x=0,\quad F\cos 30°+F_s-P\sin 20°=0$$

$$\Sigma F_y=0,\quad F_N-P\cos 20°+F\sin 30°=0$$

$$F_s=f_s F_N$$

解得：$$F=\frac{P(\sin 20°-f_s\cos 20°)}{\cos 30°-f_s\sin 30°}=40.2\ \text{kN}$$

临界逆时针翻倒判别：

$$M_A(\boldsymbol{P})=P\sin20^\circ \cdot \frac{h}{2}-P\cos20^\circ \cdot \frac{b}{2}<0$$

又因为 $F\geqslant0$，$M_A(\boldsymbol{F})<0$，所以图 1-35(b)状态不会翻倒。

(2) 重物 E 较重时，F 较大，上滑与顺时针倾倒的临界受力如图 1-35(c)所示。

临界上滑：

$$\Sigma F_x=0 \quad F\cos30^\circ-F_s-P\sin20^\circ=0$$

$$\Sigma F_y=0 \quad F\sin30^\circ-P\cos20^\circ+F_N=0$$

$$F_s=f_sF_N$$

解得： $$F=\frac{P(\sin20^\circ+f_s\cos20^\circ)}{\cos30^\circ+f_s\sin30^\circ}=109.7\ \text{kN}$$

临界顺时针翻倒：

$$\Sigma M_B=0 \quad -F\cos30^\circ \cdot a+P\cos20^\circ \cdot \frac{b}{2}+P\sin20^\circ \cdot \frac{h}{2}=0$$

解得： $$F=\frac{\frac{P}{2}(b\cos20^\circ+h\sin20^\circ)}{a\cos30^\circ}=104\ \text{kN}$$

综上可知：F 即为箱体处于平衡状态时重物 E 的重量：$40.2\ \text{kN}\leqslant P_E\leqslant104\ \text{kN}$

【讨论】 当物体的几何尺寸较大时，考虑临界平衡不仅要滑动平衡，同时还要考虑倾倒问题，使物体保持平衡的解是一个范围。

【例 1-36】 如图 1-36(a)所示，两无重杆在 B 处用套筒式无滑块连接，在杆 AD 上作用一力偶，其力偶矩 $M_A=40\ \text{N}\cdot\text{m}$，滑块和杆 AD 间的摩擦因数 $f_s=0.3$，求保持系统平衡时力偶矩 M_C 的范围。

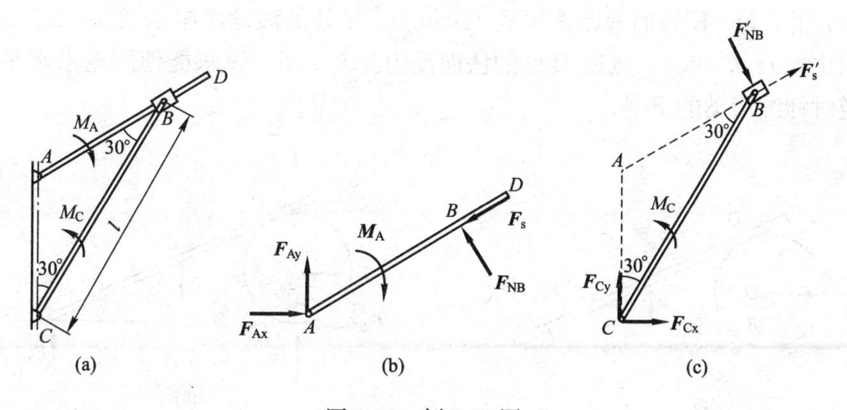

图 1-36 例 1-36 图

【解题指导】 系统保持平衡，系统中每一个物体都要保持平衡，而 AD 和 BC 两杆之间的作用力为摩擦力和法向约束力。由于摩擦力方向随主动力偶的变化会发生变化，因此需要将 AD 和 BC 分别考虑，并根据主动力偶区分摩擦力的方向，利用平衡方程和补充方程求解。

【解】 (1) 当主动力偶 M_C 较大时，滑动沿杆 AD 有下滑趋势。

以杆 AD 为研究对象，受力如图 1-36(b)所示，则

$$\Sigma M_A=0,\quad F_{NB}\cdot\overline{AB}-M_A=0 \tag{1}$$

其中：$\overline{AB}=\dfrac{l}{2\cos30°}$，$F_{NB}=\dfrac{M_A}{\overline{AB}}=\dfrac{\sqrt{3}M_A}{l}$

$$F_s=f_sF_{NB}=\frac{\sqrt{3}f_sM_A}{l} \tag{2}$$

以杆 CB 为研究对象，受力如图 1-36(c)所示，则

$$\Sigma M_C=0,\quad -M_C+F_sl\sin30°+F_{NB}l\cos30°=0 \tag{3}$$

解得：$$M_C=\frac{M_A}{2}(\sqrt{3}f_s+3)=70.4\ \text{N}\cdot\text{m}$$

(2) 当 M_C 较小时，摩擦力 F_s 与图示反向，此时式(1)、式(2)不变，式(3)变为：

$$\Sigma M_C=0,\quad -M_C-\frac{\sqrt{3}f_sM_A}{l}l\sin30°+\frac{\sqrt{3}M_A}{l}l\cos30°=0$$

解得：$$M_C=\frac{M_A}{2}(3-\sqrt{3}f_s)=49.6\ \text{N}\cdot\text{m}$$

因此保持系统平衡时力偶 M_C 的范围：

$$49.6\ \text{N}\cdot\text{m}\leqslant M_C\leqslant 70.4\ \text{N}\cdot\text{m}$$

【讨论】 当物体系统中存在摩擦力时，对系统而言，摩擦力为内力，因此求解时需要将物体系统拆分，取分离体，摩擦力将成为外力，再考虑临界平衡。

【例 1-37】 图 1-37 中圆轮自重不计。已知：半径 $R=10$ cm，杆重为 P，B 处光滑，D、E 处的静摩擦因数 $f_s=0.6$。E 处的滚动摩阻因数 $\delta=0.5$ cm，图示位置 $\tan\theta=0.4$，测得 B 处的法向反力为 $0.25F$。试求能使圆轮沿水平面作逆时针纯滚动的 F 值。

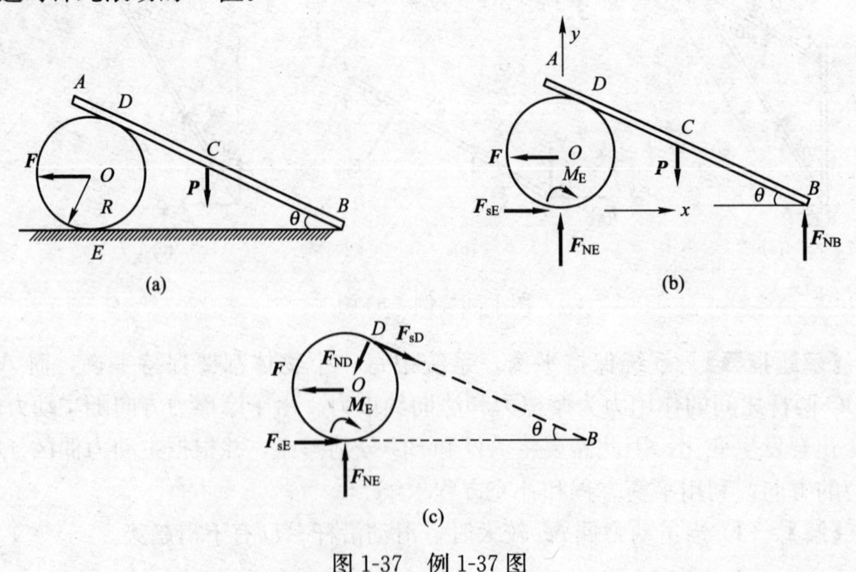

图 1-37 例 1-37 图

【解题指导】 本题中系统受到 B、E 处的约束力作用，受力如图 1-37(b)所示，如果要使圆轮沿水平面作逆时针纯滚动，则 E 处的摩擦力为静摩擦力，不一定为最大静摩擦力，同时考虑滚动摩阻。而 D 处的摩擦力存在摩擦力和法向约束力，需将圆轮单独取出，分析受力，如图 1-37(c)所示，根据平衡方程和补充方程求解。

【解】 (1) 以整体为研究对象，受力如图 1-37(b)所示，则

$$\Sigma F_x=0,\quad F-F_{sE}=0$$

$$\Sigma F_y=0,\quad F_{NE}-P+F_{NB}=0$$

其中：$F_{NB}=0.25F$

(2) 以圆轮为研究对象，受力如图 1-37(c)所示，则

$$\Sigma M_D=0\quad F_E(R+R\cos\theta)-FR\cos\theta-M_E-F_{NE}R\sin\theta=0$$

解得：$$M_E=FR-(P-0.25F)R\sin\theta$$

使滚动时力偶满足，必：$M_E\geqslant\delta F_{NE}$，得：

$$F\geqslant\frac{(\delta+R\sin\theta)P}{R(1+0.25\sin\theta)+0.25\delta}$$

【讨论】 如果 D 处同样存在滚动摩擦时，如何求解。

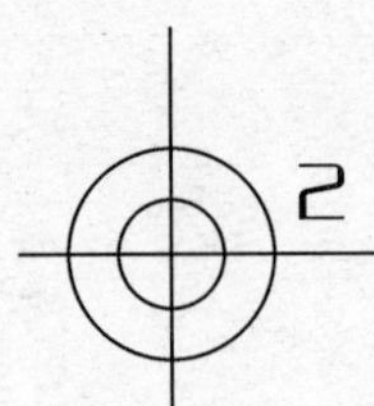

2 运动学

运动学是从纯几何角度来研究物体的时空关系。其参考系可取静止坐标(绝对坐标)，也可取运动坐标(相对坐标)；其观测的对象，既有视为动点的物体，也有视为刚体的物体。

2.1 理论知识点概要

2.1.1 点的运动学知识点

点的运动学是研究点相对于某一选定参考系的运动规律，包括点的运动方程、轨迹、速度和加速度等。描述点的运动的方法有矢量法、坐标法(如直角坐标法和极坐标法等)和自然法等。矢量法常用于理论推导，具体计算时，一般采用坐标法和自然法。通常，当点的轨迹未知时，采用直角坐标法，而轨迹已知时，采用自然法。轨迹为矢径 $\boldsymbol{r}$ 的矢端曲线。点的运动的基本公式见表 2-1。

点的运动的基本公式 表 2-1

描述方法	运动方程	速度方程	加速度方程
矢量法	$\boldsymbol{r}=\boldsymbol{r}(t)$	$\boldsymbol{v}=\frac{\mathrm{d}\boldsymbol{r}}{\mathrm{d}t}=\dot{\boldsymbol{r}}$	$\boldsymbol{a}=\frac{\mathrm{d}\boldsymbol{v}}{\mathrm{d}t}=\dot{\boldsymbol{v}}=\frac{\mathrm{d}^2\boldsymbol{r}}{\mathrm{d}t^2}=\ddot{\boldsymbol{r}}$
直角坐标法	$x=x(t)$ $y=y(t)$ $z=z(t)$	$v_x=\frac{\mathrm{d}x}{\mathrm{d}t}=\dot{x}$ $v_y=\frac{\mathrm{d}y}{\mathrm{d}t}=\dot{y}$ $v_z=\frac{\mathrm{d}z}{\mathrm{d}t}=\dot{z}$	$a_x=\frac{\mathrm{d}v_x}{\mathrm{d}t}=\dot{v}_x=\ddot{x}$ $a_y=\frac{\mathrm{d}v_y}{\mathrm{d}t}=\dot{v}_y=\ddot{y}$ $a_z=\frac{\mathrm{d}v_z}{\mathrm{d}t}=\dot{v}_z=\ddot{z}$
与矢量法的关系式	$\boldsymbol{r}=x\boldsymbol{i}+y\boldsymbol{j}+z\boldsymbol{k}$	$\boldsymbol{v}=\dot{x}\boldsymbol{i}+\dot{y}\boldsymbol{j}+\dot{z}\boldsymbol{k}$	$\boldsymbol{a}=\ddot{x}\boldsymbol{i}+\ddot{y}\boldsymbol{j}+\ddot{z}\boldsymbol{k}$

续表

描述方法	运动方程	速度方程	加速度方程
自然法	$s=s(t)$	$v=\frac{\mathrm{d}s}{\mathrm{d}t}=\dot{s}$	$a_\mathrm{t}=\frac{\mathrm{d}v}{\mathrm{d}t}=\dot{v}=\ddot{s}$ $a_\mathrm{n}=\frac{v^2}{\rho}=\frac{\dot{s}^2}{\rho}$ $a_\mathrm{b}=0$
与矢量法的关系式	$\boldsymbol{r}=\boldsymbol{r}\left[s(t)\right]$	$\boldsymbol{v}=v\boldsymbol{t}$	$\boldsymbol{a}=a_\mathrm{t}\boldsymbol{t}+a_\mathrm{n}\boldsymbol{n}+a_\mathrm{b}\boldsymbol{b}$

2.1.2 刚体的基本运动知识点

刚体的基本运动习惯上分为移动和定轴转动。所谓移动，即体内任一直线在运动的过程中，其方位始终保持不变；所谓定轴转动，即体内或其扩展部分有一直线始终不动，刚体绕此定轴为转轴。刚体基本运动方程见表 2-2 所示。

刚 体 基 本 运 动 **表 2-2**

	图例	运动方程	速度方程	加速度方程	体内各点的运动、速度、加速度
移动	刚体上任一直线始终平行于它的初始位置	A、B 为体上任意两点，则 $\boldsymbol{r}_\mathrm{AB}=\boldsymbol{r}_\mathrm{B}-\boldsymbol{r}_\mathrm{A}$ $\boldsymbol{r}_\mathrm{AB}$ 为常矢量	$\boldsymbol{v}_\mathrm{A}=\boldsymbol{v}_\mathrm{B}$	$\boldsymbol{a}_\mathrm{A}=\boldsymbol{a}_\mathrm{B}$	体内各点的运动轨迹相平行，各点的速度、加速度均相等
定轴转动	刚体内（或其扩展部分）有一直线始终保持不动	$\varphi=\varphi(t)$	$\omega=\frac{\mathrm{d}\varphi}{\mathrm{d}t}=\dot{\varphi}$	$\alpha=\frac{\mathrm{d}\omega}{\mathrm{d}t}=\dot{\omega}$ $=\ddot{\varphi}$	体内各点均作半径为 ρ 的圆周运动，采用自然坐标，有 $s=\rho\varphi$ $v=\rho\omega$ $a_\mathrm{t}=\rho\alpha$ $a_\mathrm{n}=\rho\omega^2$

2.1.3 刚体平面运动知识点

刚体的平面运动是工程机械中较常见的一种刚体运动，也是学习者必须掌握的一种刚体运动。

1. 平面运动的分解和运动方程

刚体的平面运动可以简化为一平面图形在其自身平面内的运动，如图 2-1 所示。

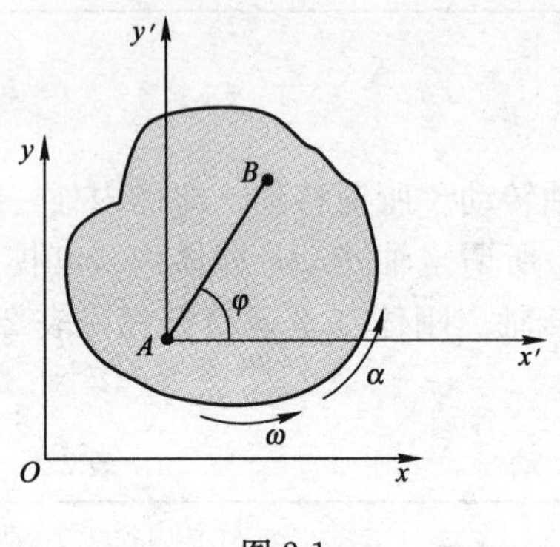

图 2-1

若取平面图形上任一点 A 为基点，并在 A 点上固连一随其作平动的动系 $Ax'y'$，则平面图形的运动可以分解为随基点 A 的平动(牵连运动)和绕基点 A 的转动(相对运动)，因此，平面图形的运动方程可表示为：

$$x_A = x_A(t), \quad y_A = y_A(t), \quad \varphi = \varphi(t)$$

2. 平面刚体上一点的速度

在平面运动中，求解刚体上一点速度的三种方法如表 2-3 所示。

求解平面运动刚体上一点速度的三种方法　　表 2-3

	基点法	速度投影定理	速度瞬心法
图例			
方程	$\boldsymbol{v}_B = \boldsymbol{v}_A + \boldsymbol{v}_{BA}$	向二点(基点和研究点)的连线投影，$(\boldsymbol{v}_B)_{AB} = (\boldsymbol{v}_A)_{AB}$	以速度为零的 I 点为基点，则 A 点的速度：大小：$v_A = \omega \cdot \overline{AI}$；方向：垂直于 AI 的连线

在分析平面机构时，速度瞬心法是常用的方法，但应注意在每一瞬时，每个构件都有它自己的速度瞬心和角速度，决不能相互混淆。瞬心法的关键是确定平面图形在每一瞬时的瞬心位置，表 2-4 给出了按已知运动条件，确定平面图形速度瞬心 I 的几种方法。

速　度　瞬　心　　　　**表 2-4**

已知两不平行的速度方位	已知两速度方位平行			纯滚动
	速度垂直两点的连线		速度不垂直两点的连线	
	两速度的指向相同	两速度的指向相反	瞬时移动	

在求得某一瞬时平面图形的速度瞬心的位置后，在该瞬时平面图形上各点的速度就等于平面图形绕速度瞬心转动各点相对于速度瞬心的相对速度。但应注意平面图形的速度瞬心的加速度一般都不等于零，因此平面图形上各点的加速度一般都不等于平面图形绕速度瞬心转动各点相对于速度瞬心的相对加速度。

3. 平面图形内各点的加速度

平面图形内各点的加速度由加速度合成定理求解，即：

$$\boldsymbol{a}_{\mathrm{B}}=\boldsymbol{a}_{\mathrm{A}}+\boldsymbol{a}_{\mathrm{BAt}}+\boldsymbol{a}_{\mathrm{BAn}}$$

当 A 点运动、B 点运动、B 点绕 A 点运动都是曲线时，这加速度合成式可表达为：

$$\boldsymbol{a}_{\mathrm{Bt}}+\boldsymbol{a}_{\mathrm{Bn}}=\boldsymbol{a}_{\mathrm{At}}+\boldsymbol{a}_{\mathrm{An}}+\boldsymbol{a}_{\mathrm{BAt}}+\boldsymbol{a}_{\mathrm{BAn}}$$

2.1.4　点的合成运动知识点

在点的合成运动中，首先从运动的分解着手，即将机构中各个构件的运动从不同的角度来观察，分析其相互运动的关系和特点，选定动点、动系。由于运动被成功地分解了，才存在运动的合成。可以说："有运动的分解才有运动的合成"。基本研究方法是使用一个动点，建立相对于两个不同参考系，来分析三种运动之间的关系，目的是将复杂的刚体运动转化为简单的运动来研究。

1. 运动的分解

运动分解后，要分清是点的运动还是刚体的运动。绝对、牵连、相对三种运动的关系如表 2-5 所示。

三种运动的关系　　　　**表 2-5**

	动点	动系
静系	绝对运动(点的运动)	牵连运动(刚体的运动)
动系	相对运动(点的运动)	

2. 牵连点

在某一瞬时，是由牵连运动刚体上的一特定的点(即此瞬时与动点相重合的点)来带动动点运动，这特定的点称为牵连点。牵连点的速度、加速度称为牵连速度、牵连加速度。

3. 动点、动系选定的原则(一般必须满足)

(1) 点、动系必须分别来自两个刚体，这样运动才能分解，才有相对运动出现；

(2) 点相对动系的相对运动轨迹应易于确定，否则难以求解加速度。

4. 速度合成定理

$$\boldsymbol{v}_{\mathrm{a}}=\boldsymbol{v}_{\mathrm{e}}+\boldsymbol{v}_{\mathrm{r}}$$

此式表示的是：合速度等于各分速度的矢量和。

5. 加速度合成定理

(1) 动系作移动

$$\boldsymbol{a}_{\mathrm{a}}=\boldsymbol{a}_{\mathrm{e}}+\boldsymbol{a}_{\mathrm{r}}$$

此式表示的是：合加速度等于各分加速度的矢量和。

(2) 动系作定轴转动或作一般运动(如平面运动)

$$\boldsymbol{a}_{\mathrm{a}}=\boldsymbol{a}_{\mathrm{e}}+\boldsymbol{a}_{\mathrm{r}}+\boldsymbol{a}_{\mathrm{c}}$$

式中

$$\boldsymbol{a}_{\mathrm{c}}=2\boldsymbol{\omega}_{\mathrm{e}}\times\boldsymbol{v}_{\mathrm{r}}$$

科氏加速度反映了相对运动与牵连运动的相互影响，其大小为 $a_{\mathrm{c}}=2\omega v_{\mathrm{r}}\sin\theta$，方向由右手法则决定，其中，$\boldsymbol{\omega}_{\mathrm{e}}$ 为作牵连运动的转动刚体的角速度矢，θ 为 $\boldsymbol{\omega}_{\mathrm{e}}$ 与 $\boldsymbol{v}_{\mathrm{r}}$ 之间的夹角。

2.2 典型例题分析与讨论

2.2.1 点的运动学范例

【例 2-1】 如图 2-2 所示机构，直杆上的 B、C 两端各铰连一个滑块，它们分别沿两个互相垂直的滑槽运动。曲柄 OA 可绕定轴 O 转动。已知 $\overline{OA}=\overline{AB}=\overline{AC}=l$，$\overline{MA}=b$，$\varphi=\omega t$($\omega$ 为常数)。试求点 M 的运动方程、轨迹、速度和加速度。

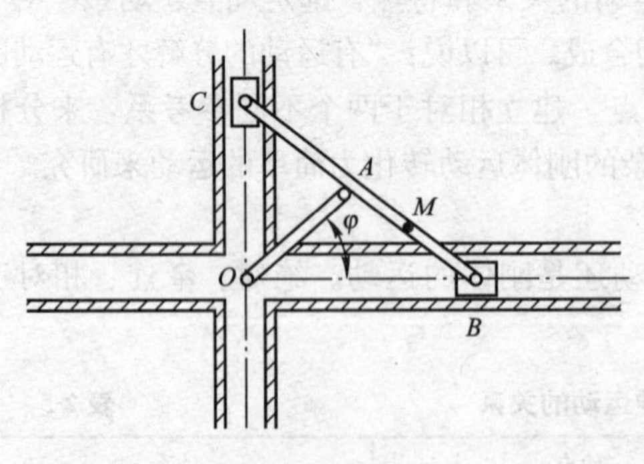

图 2-2 例 2-1 图

【解题指导】 对于既要建立运动方程，又要求速度、加速度的问题，应先建立运动方程，根据速度、加速度方程是运动方程一阶、二阶导数的关系，问题可全部求解。由于点 M 在平面内的运动轨迹未知，故用直角坐标方法。一般地坐标原点就选在本机构的固定点上。本机构在各种约束下只需一个运动参变量 φ，则 M 点的 x、y 均应为广义坐标 φ 的函数。

【解】 (1) 建立 M 点的运动方程和轨迹方程

$$x=l\cos\varphi+b\cos\varphi=(l+b)\cos\omega t$$
$$y=(l-b)\sin\varphi=(l-b)\sin\omega t$$

消去时间 t，得轨迹方程：

$$\frac{x^2}{(l+b)^2}+\frac{y^2}{(l-b)^2}=1$$

由此结果知，点 M 的轨迹是一个椭圆，这个机构也称作椭圆规尺。

(2) 求速度与加速度

$$v_x=\frac{dx}{dt}=-(l+b)\omega\sin\omega t$$

$$v_y=\frac{dy}{dt}=(l-b)\omega\cos\omega t$$

$$v=\sqrt{v_x^2+v_y^2}=\omega\sqrt{l^2+b^2-2bl\cos2\omega t}$$

$$\cos(\boldsymbol{v},\boldsymbol{i})=\frac{v_x}{v}=\frac{-(l+b)\sin\omega t}{\sqrt{l^2+b^2-2bl\cos\omega t}}$$

$$\cos(\boldsymbol{v},\boldsymbol{j})=\frac{v_y}{v}=\frac{(l-b)\cos\omega t}{\sqrt{l^2+b^2-2bl\cos\omega t}}$$

$$a_x=\frac{dv_x}{dt}=-(l+b)\omega^2\cos\omega t$$

$$a_y=\frac{dv_y}{dt}=-(l-b)\omega^2\sin\omega t$$

$$a=\sqrt{a_x^2+a_y^2}=\omega^2\sqrt{l^2+b^2+2lb\cos2\omega t}$$

$$\cos(\boldsymbol{a},\boldsymbol{i})=\frac{a_x}{a}=\frac{-(l+b)\cos\omega t}{\sqrt{l^2+b^2+2bl\cos2\omega t}}$$

$$\cos(\boldsymbol{a},\boldsymbol{j})=\frac{a_y}{a}=\frac{-(l-b)\sin\omega t}{\sqrt{l^2+b^2+2bl\cos2\omega t}}$$

【讨论】 由 $a_x=-\omega^2x$、$a_y=-\omega^2y$ 得 $a=\omega^2\sqrt{x^2+y^2}=\omega^2\overline{OA}$，合加速度 $\boldsymbol{a}$ 的方向恒指向 O 点。

【例 2-2】 如图 2-3 所示，小环 M 同时套在细杆 AB 和半径为 R(m)的固定大圆环上。细杆以 $\theta=\omega t$ 规律绕 A 点转动，ω 为常数(θ 以 rad 计，t 以 s 计)。试求小球 M 的运动方程、速度和加速度。

【解题指导】 由于点 M 在固定圆环上运动，点 M 的运动轨迹已知，可以采用自然法求解。

【解】 取 $\theta=0$ 时 M 点的位置为弧坐标原点，规定其正向(与 θ 正向一致)。

(1) 建立点 M 的运动方程

$$s=\widehat{OM}=R\varphi=2R\theta=2R\omega t$$

(2) 求速度与加速度

$$v=\frac{ds}{dt}=2\omega R$$

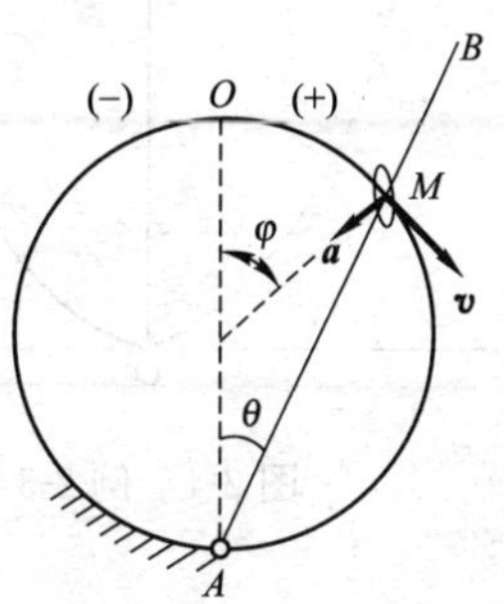

图 2-3 例 2-2 图

切向加速度：$a_t=\frac{dv}{dt}=0$

法向加速度：$a_n=\frac{v^2}{R}=4\omega^2 R$

$$a=a_n$$

【讨论】 点的曲线运动轨迹已知时，选择自然法是简便的。读者不妨用直角坐标来解此题以进行对比。自然法中的坐标原点必须是固定点，此固定点必须取在曲线上。

【例 2-3】 已知点的运动方程为：$x=2t$，$y=t^2$，其中长度以 m 计，时间以 s 计。试求运动初瞬时，点的切向加速度和法向加速度以及轨迹在初始位置时的曲率半径。

【解题指导】 需求的是自然法表示的加速度，而已知条件却是直角坐标形式的运动方程，因此需建立两种坐标系之间速度与加速度的关系式。

【解】 由：$\frac{ds}{dt}=v=\sqrt{\dot{x}^2+\dot{y}^2}$

$$a_t=\frac{dv}{dt}$$

$$a=\sqrt{a_t^2+a_n^2}=\sqrt{\ddot{x}^2+\ddot{y}^2}$$

(1) 计算速度与加速度

$$v_x=\dot{x}=2,\quad v=2\sqrt{1+t^2}$$

$$v_y=\dot{y}=2t$$

$$a_x=\ddot{x}=0$$

$$a_y=\ddot{y}=2,\quad a=a_y=2\ \text{m/s}^2$$

$$a_t=\frac{dv}{dt}=\frac{2t}{\sqrt{1+t^2}}$$

$$a_n=\sqrt{a^2-a_t^2}=2\sqrt{\frac{1}{1+t^2}}$$

当 $t=0$ 时，$v=2$ m/s，$a_t=0$，$a_n=2$ m/s^2，即沿 y 向。

(2) 曲率半径

由 $a_n=\frac{v^2}{\rho}$，得 $\rho=\frac{v^2}{a_n}=2$ m

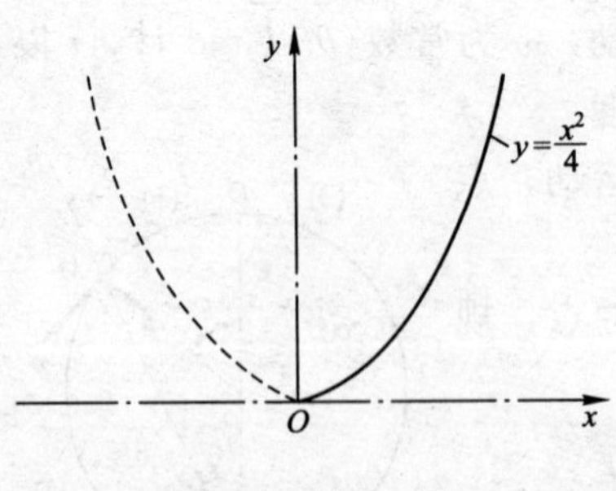

图 2-4 例 2-3 图

【讨论】 本题轨迹方程为 $y=\frac{x^2}{4}$，由于 $t\geqslant 0$，所以 x、y 均为正的，因此点的轨迹仅是抛物线在第一象限的分支，如图 2-4 所示。

2.2.2 刚体基本运动范例

【例 2-4】 如图 2-5(a)所示曲柄滑杆机构中，滑杆有一圆弧形滑道，其半

径 $R=100$ mm，圆心 O_1 在导杆上，曲柄长 $OA=100$ mm，以等角速度 $\omega=4$ rad/s 绕轴 O 转动。求导杆 BC 的运动规律以及当轴柄与水平线间的交角 φ 为 30°时，导杆的速度和加速度。

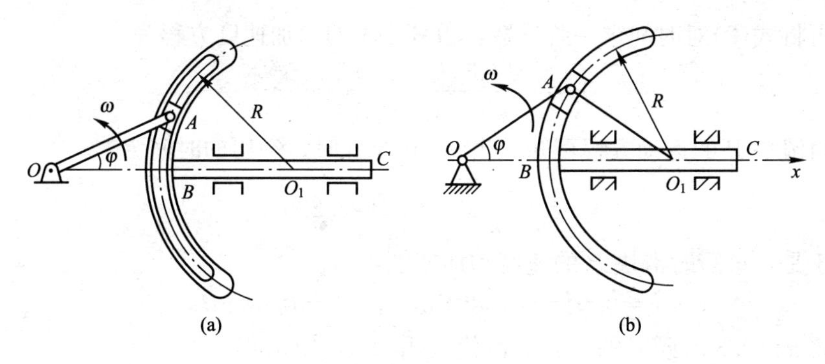

图 2-5　例 2-4 图

【解题指导】　要求导杆的速度和加速度，首先要判断导杆的运动形式，从图中可以看出导杆作平动，导杆上任一点的速度和加速度都可以代表导杆的速度和加速度。可以取点 O_1 为代表。

【解】　建立坐标轴 Ox，如图 2-5(b)所示。点 O_1 的运动方程为：

$$x=2R\cos\varphi=0.20\cos\omega t \text{ m}$$

对时间求导：

$$\dot{x}=-0.80\sin\omega t \text{ m/s}，\ddot{x}=-3.20\cos\omega t \text{ m/s}^2$$

当 $\varphi=4t=30°$时：

$$v_{BC}=\dot{x}=-0.40 \text{ m/s}，a_{BC}=\ddot{x}=-2.77 \text{ m/s}^2$$

【讨论】　如果不以点 O_1 为代表，选择其他点，求出的结果是否一样。

【例 2-5】　机构如图 2-6 所示。滑块 B 以 $x=0.2+0.02t^2$ 移动，其中 t 以 s 计，x 以 m 计，滑块高 $h=0.2$m。试求当 $x=0.3$m 时，杆 OA 的角速度和角加速度。

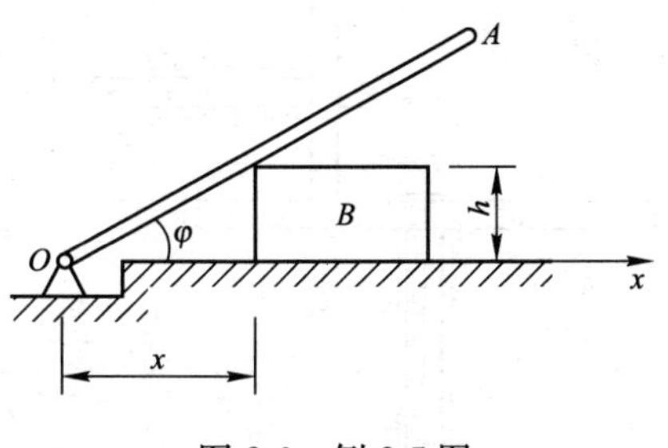

图 2-6　例 2-5 图

【解题指导】　本题机构中滑块 B 作移动，杆 OA 作定轴转动，描述机构的运动只需一个运动参变量。因此在已知滑块 B 的运动方程后，通过几何关系，确定杆 OA 的转角 φ 的方程。

【解】　杆 OA 的转角 φ 的方程满足如下关系：

$$\tan\varphi=\frac{h}{x} \tag{1}$$

将式(1)对时间 t 求一阶导数，得

$$\frac{\dot{\varphi}}{\cos^2\varphi}=-\frac{h\dot{x}}{x^2}$$

因为 $\cos\varphi=\frac{x}{\sqrt{h^2+x^2}}$，所以杆 OA 的角速度方程为：

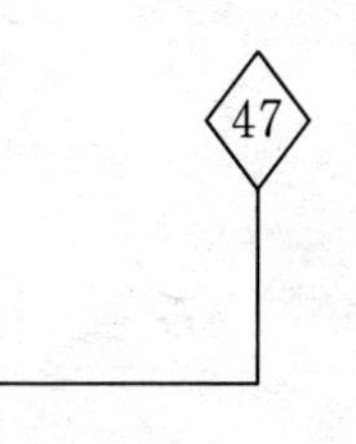

$$\dot{\varphi}=-\frac{h\dot{x}}{h^2+x^2} \tag{2}$$

再将式(2)对时间求一阶导数，得杆 OA 的角加速度方程为：

$$\ddot{\varphi}=-\frac{h[\ddot{x}(h^2+x^2)-2x\dot{x}^2]}{(h^2+x^2)^2} \tag{3}$$

由滑块 B 的运动方程可知，当 $x=0.3$ m 时，经历的时间为：

$$t=\sqrt{\frac{x-0.2}{0.02}}=\sqrt{5}=2.236 \text{ s}$$

于是，该瞬时滑块 B 的速度和加速度：

$$\dot{x}=0.04t=0.0894 \text{ m/s}, \quad \ddot{x}=0.04 \text{ m/s}^2$$

将 $x=0.3$ m 瞬时的 $\dot{x}$、$\ddot{x}$ 值代入式(2)、式(3)得：

$\dot{\varphi}=-0.1375$ rad/s(顺时针方向)

$\ddot{\varphi}=-6.4788\times10^{-2}$ rad/s^2(顺时针方向)

【讨论】

(1) $\dot{\varphi}$、$\ddot{\varphi}$ 的负号与 φ 相反，表示杆 OA 顺时针转动；$\dot{\varphi}$、$\ddot{\varphi}$ 同号，故杆 OA 在该位置作加速转动。

(2) $\varphi=\arctan\dfrac{h}{x}$ 是杆 OA 的运动方程，但在求解时，如用以上求解更易于表达。

(3) φ、$\dot{\varphi}$、$\ddot{\varphi}$ 都是描述刚体(杆)OA 的运动量，在此基础上，可求解杆上任一点的速度与加速度。

【例 2-6】 如图 2-7 所示，摩擦传动机构的主动轴Ⅰ的转速为 $n=600$ r/min，轴Ⅰ的轮盘与轴Ⅱ的轮盘接触，接触点按箭头 A 所示的方向移动。距离 d 的变化规律为 $d=100-5t$，其中 a 以 mm 计，t 以 s 计。已知 $r=50$ mm，$R=150$ mm。求：(1)以距离表示轴Ⅱ的角加速度；(2)当 $d=r$ 时，轮 B 边缘上一点的全加速度。

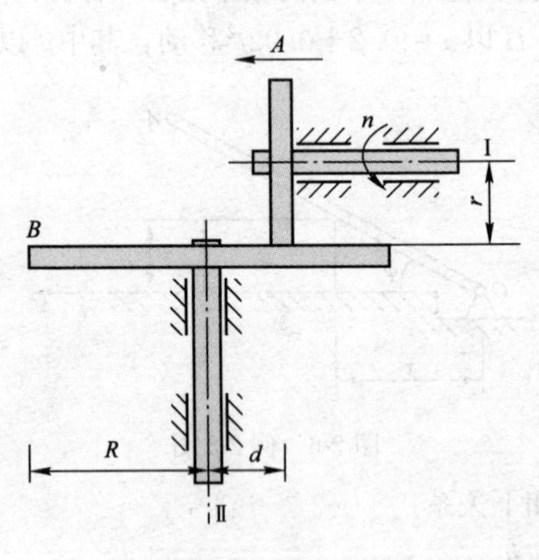

图 2-7 例 2-6 图

【解题指导】 两轮作定轴转动，相互接触，接触点的速度相同，通过速度和角速度的关系，可以将轴Ⅱ的角速度表示成时间的函数，求导即可得到角加速度。轴Ⅱ的角速度和角加速度求出后，轮 B 边缘上一点的全加速度用切向加速度和法向加速度合成。

【解】 (1) 两轮接触点的速度相同：

$$\omega_2 d=\omega_1 r$$

$$\omega_2=\frac{r}{d}\omega_1=\frac{50}{100-5t}\cdot\frac{\pi\times600}{30}=\frac{1000\pi}{100-5t} \text{ rad/s}$$

$$\alpha_2=\frac{\mathrm{d}\omega_2}{\mathrm{d}t}=\frac{\mathrm{d}}{\mathrm{d}t}\left(\frac{1000\pi}{100-5t}\right)=\frac{5000\pi}{(100-5t)^2}\ \mathrm{rad/s^2}$$

（2）轮 B 作定轴转动，当 $d=r$ 时：

$$\omega_2=\frac{r}{d}\omega_1=\omega_1=20\pi\ \mathrm{rad/s}$$

$$\alpha_2=\frac{5\times10^3\pi}{r^2}=2\pi\ \mathrm{rad/s^2}$$

全加速度为：$a=R\sqrt{\alpha_2^2+\omega_2^4}=150\sqrt{(2\pi)^2+(20\pi)^4}=592\ \mathrm{m/s^2}$

【讨论】 如距离 $d=10-0.5t^2$ 的规律，该题的结果如何求解。

【例 2-7】 如图 2-8(a)所示，纸盘由厚度为 a 的纸条卷成，令纸盘的中心不动，而以等速 v 拉纸条。求纸盘的角加速度(以半径 r 的函数表示)。

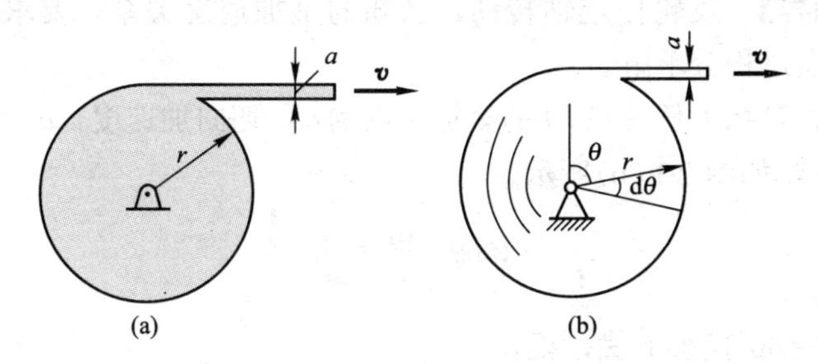

图 2-8　例 2-7 图

【解题指导】 纸盘作定轴转动，如果能知道纸盘转过角度随时间的变化，则可采用求导的方式得到纸盘的角加速度。当纸盘转过 2π rad 时半径减小 a，从而可以找到角度变化和半径变化的关系。

【解】 当纸盘转过 2π rad 时半径减小 a。设纸盘转过 $\mathrm{d}\theta$ 角时半径增加 $\mathrm{d}r$，则

$$\mathrm{d}\theta=\frac{-2\pi}{a}\mathrm{d}r$$

纸盘的角速度：$\omega=\frac{\mathrm{d}\theta}{\mathrm{d}t}=\frac{-2\pi}{a}\frac{\mathrm{d}r}{\mathrm{d}t}$

$$\frac{\mathrm{d}r}{\mathrm{d}t}=\frac{a}{-2\pi}\omega \tag{1}$$

又：$\omega r=v$，两边对时间 t 求导：$r\frac{\mathrm{d}\omega}{\mathrm{d}t}+\frac{\mathrm{d}r}{\mathrm{d}t}\omega=0$

$$\frac{\mathrm{d}r}{\mathrm{d}t}=-\frac{r}{\omega}\frac{\mathrm{d}\omega}{\mathrm{d}t} \tag{2}$$

将式(1)代入式(2)，得纸盘的角加速度：

$$\alpha=\frac{\mathrm{d}\omega}{\mathrm{d}t}=\frac{a\omega^2}{2\pi r}=\frac{av^2}{2\pi r^3}$$

【讨论】 如果纸条不是等速运动，结果会是怎样？

【例 2-8】 如图 2-9(a)所示一飞轮绕固定轴 O 转动，其轮缘上任一点的全加速度在某段运动过程中与轮半径的交角恒为 60°，当运动开始时，其转角 $\varphi_0=0$，角速度为 ω_0。求飞轮的转动方程以及角速度与转角的关系。

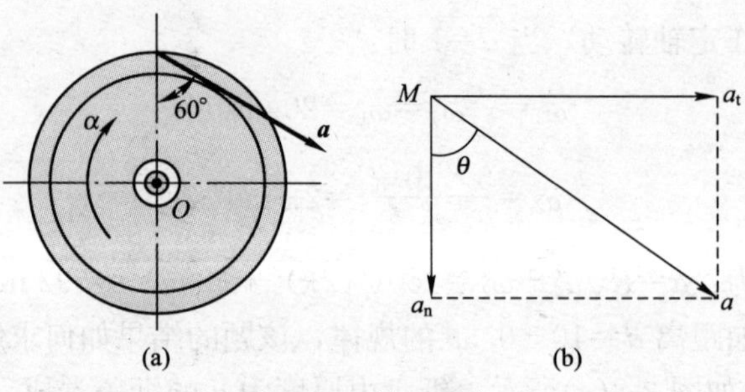

图 2-9 例 2-8 图

【解题指导】 飞轮作定轴转动，已知的是加速度关系，要求角速度和转动方程，需通过积分求解。

【解】 设轮缘上任一点 M 的全加速度为 $\boldsymbol{a}$，切向加速度：$a_t=r\alpha$，法向加速度 $a_n=\omega^2 r$，如图 2-9(b)所示。

$$\tan\theta=\frac{a_t}{a_n}=\frac{\alpha}{\omega^2}$$

把 $\alpha=\frac{d\omega}{dt}$，$\theta=60°$代入上式，得：

$$\tan 60°=\frac{\frac{d\omega}{dt}}{\omega^2}=\sqrt{3},\quad \frac{d\omega}{dt}=\sqrt{3}\omega^2$$

分离变量后，两边积分：$\int_{\omega_0}^{\omega}\frac{d\omega}{\omega^2}=\int_0^t\sqrt{3}dt$，得：

$$\omega=\frac{\omega_0}{1-\sqrt{3}\omega_0 t} \tag{1}$$

把 $\omega=\frac{d\varphi}{dt}$代入上式进行积分：

$$\int_0^{\varphi}d\varphi=\int_0^t\frac{\omega_0}{1-\sqrt{3}\omega_0 t}dt$$

得：

$$\varphi=\frac{1}{\sqrt{3}}\ln\left(\frac{1}{1-\sqrt{3}\omega_0 t}\right) \tag{2}$$

这就是飞轮的转动方程。

式(1)代入式(2)，得：$\varphi=\frac{1}{\sqrt{3}}\ln\frac{\omega}{\omega_0}$，于是飞轮角速度与转角的关系为：

$$\omega=\omega_0 e^{\sqrt{3}\varphi}$$

【讨论】 注意采用积分形式求角速度和转角时，一定要将初始条件代入。

2.2.3 刚体平面运动范例

【例 2-9】 如图 2-10 所示椭圆规尺 AB 由曲柄 OC 带动，曲柄以角速度 ω_0 绕轴 O 匀速转动设 $OC=BC=AC=r$，以 C 为基点，求椭圆规尺 AB 的平面运动方程。

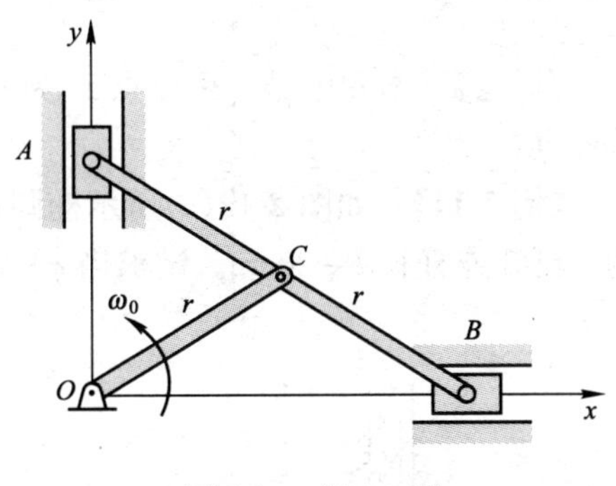

图 2-10　例 2-9 图

【解题指导】 椭圆规尺 AB 作平面运动，运动方程由基点的坐标和绕基点转动的转角决定。

【解】 以 C 为基点，则

$$x_C = r\cos\omega_0 t$$

因为：$OC=BC=AC=r$

所以：$\angle COB=\angle CBO$

设此角为 φ，则：

$$\varphi=\omega_0 t$$

故规尺 AB 的平面运动方程为：

$$x_C = r\cos\omega_0 t,\quad y_C = r\sin\omega_0 t,\quad \varphi=\omega_0 t$$

【讨论】 如果不以 C 为基点，而以 A 或 B 为基点，运动方程会发生什么变化？

【例 2-10】 如图 2-11 所示圆柱 A 为基点，绳的 B 端固定在天花板上，圆柱自静止落下，其轴心的速度为 $v=\frac{2}{3}\sqrt{3gh}$，其中 g 为常量，h 为圆柱轴心到初始位置的距离。如圆柱半径为 r，求圆柱的平面运动方程。

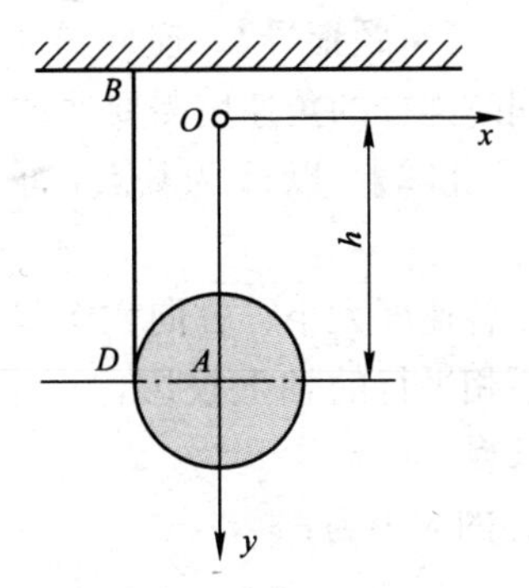

图 2-11　例 2-10 图

【解题指导】 以点 A 为基点，将圆柱的平面运动分解为随基点 A 的平移和绕基点 A 的转动。则圆柱的平面运动方程就可以表示为点 A 的位置和绕点 A 的转角。同时注意本题中给出的是点 A 的速度，不是位置随时间的变化规律，因此需要将其积分。

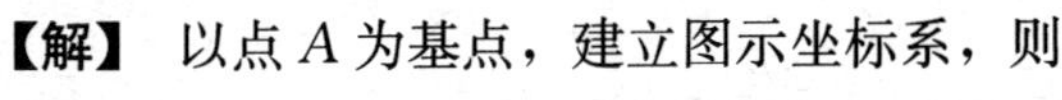

【解】 以点 A 为基点，建立图示坐标系，则

$$x_A=0,\quad y_A=h$$

因为：$\frac{dh}{dt}=v=\frac{2}{3}\sqrt{3gh}$，改写为：$\frac{dh}{\sqrt{h}}=\frac{2\sqrt{3}}{3}\sqrt{g}dt$

上式积分：$\int_0^h \frac{dh}{\sqrt{h}}=\frac{2\sqrt{3g}}{3}\int_0^t dt$

得
$$y_A=h=\frac{1}{3}gt^2$$

依题意，有
$$\varphi_A=\frac{h}{r}=\frac{1}{3r}gt^2$$

故圆柱的平面运动方程为：$\begin{cases} x_A=0 \\ y_A=\frac{1}{3}gt^2 \\ \varphi_A=\frac{h}{r}=\frac{1}{3r}gt^2 \end{cases}$

【讨论】 本题中是否可以点 D 为基点？点 D 对圆柱来说是一个什么样的特殊点？

【例 2-11】 如图 2-12(a)所示椭圆规尺的 A 端以速度 $v_A=20\text{cm/s}$ 向左运动，已知连杆长 $l=20\text{cm}$。试求当 $\varphi=30°$时滑块的速度及连杆的角速度。

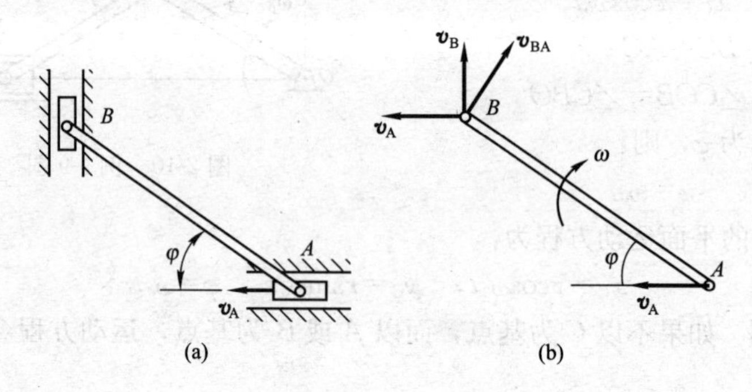

图 2-12 例 2-11 图

【解题指导】 连杆 AB 作平面运动，求滑块 B 的速度可以采用基点法，同时连杆的角速度需要通过 A、B 两点的相对速度求解。

【解】 以 A 为基点，求 B 点的速度，其矢量图如图 2-12(b)所示。

$$\boldsymbol{v}_B=\boldsymbol{v}_A+\boldsymbol{v}_{BA}$$

在各速度大小、方向六个量中，只有两个未知量，而矢量方程在平面中两个不相平行的轴上投影，可求得两个未知量，也可直接利用矢量三角形关系求得。

$\boldsymbol{v}_B$的大小为：

$$v_B=v_A\cot\varphi=20\cot30°=34.64\text{cm/s}$$

$\boldsymbol{v}_{BA}$的大小为：

$$v_{BA}=\frac{v_A}{\sin\varphi}=\frac{20}{\sin30°}=40\text{cm/s}$$

又因为 $\boldsymbol{v}_{BA}=\omega l$，故得连杆 AB 的角速度大小为：

$$\omega=\frac{v_{BA}}{l}=\frac{40}{20}=2\text{rad/s}$$

根据 $\boldsymbol{v}_{BA}$的指向，可确定 ω 的转向如图 2-12(b)所示。

【讨论】

(1) 基点的选择是任意的，本题既可选 A 点，也可选 B 点，一般做法，选速度(加速度)已知的点为基点。

(2) 研究的点相对基点的速度 $\boldsymbol{v}_{BA}$的下标不能颠倒，因为 $\boldsymbol{v}_{AB}$与 $\boldsymbol{v}_{BA}$的大小相同，但指向相反。

(3) 题中如用投影方法，则求 $\boldsymbol{v}_B$的大小时，投影轴应与 $\boldsymbol{v}_{BA}$垂直，即向 AB 连线投影；若求 $\boldsymbol{v}_{BA}$时，可向水平轴投影。在投影时，必须是矢量式两边分别向投影轴投影。

【例 2-12】 如图 2-13(a)所示，在筛动机构中，筛子的摆动是由曲柄连杆机构所带动。已知曲柄 OA 的转速 $n_{OA}=40\ \text{r/min}$，$OA=0.3\ \text{m}$。当筛子 BC

运动到与点 O 在同一水平线上时，$\angle BAO=90°$。求此瞬间筛子 BC 的速度。

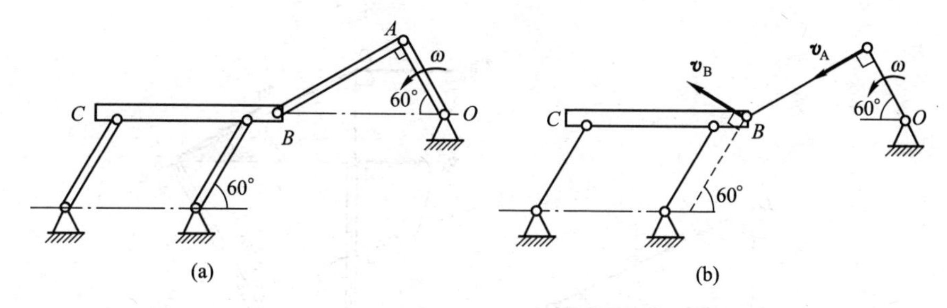

图 2-13　例 2-12 图

【解题指导】 通过运动分析可知，筛子 BC 作平移，筛子 BC 的速度即可通过点 B 的速度求解，点 B 位于杆 BA 上，杆 BA 作平面运动，点 A 的速度大小和方向已知，而且点 B 的速度方向已知，可直接利用速度投影定理求解。

【解】 速度分析如图(b)所示，v_B 与 CBO 夹角为 30°，与 AB 夹角为 60°，且

$$\boldsymbol{v}_A=\omega\cdot OA=0.40\pi\ \mathrm{m/s}$$

由速度投影定理$(\boldsymbol{v}_A)_{AB}=(\boldsymbol{v}_B)_{AB}$得：

$$v_A=v_B\cos 60°$$

$$v_{BC}=v_B=\frac{v_A}{\cos 60°}=2.51\ \mathrm{m/s}$$

【讨论】

(1) 求解多刚体机构时，要抓住刚体间的连接点(如 A、B)，是这些点将运动传递。不同的刚体，在连接点上具有共同的速度。

(2) 不需求杆的角速度时(如不求 ω_{AB}、ω_{BC} 时)，用速度投影定理求解最为简便。

【例 2-13】 四连杆机构中，连杆 AB 上固结一块三角板 ABD，如图 2-14(a)所示。机构由曲柄 O_1A 带动。已知曲柄的角速度 $\omega_{O_1A}=2$ rad/s；曲柄 $O_1A=0.1$ m，水平距离 $O_1O_2=0.05$ m，$AD=0.05$ m；当 O_1A 铅直时，AB 平行于 O_1O_2，且 AD 与 AO_1 在同一直线上；角 $\varphi=30°$，求三角板 ABD 的角速度和点 D 的速度。

【解题指导】 通过运动分析可知，杆 O_1A 和 O_2B 作定轴转动，三角板 ABD 作平面运动，要求平面运动刚体的角速度和一点的速度，题中已知两点的速度方向，可以采用速度瞬心法。

【解】 通过 A、B 两点的速度方向，作三角板 ABD 的速度瞬心在点 P，如图 2-14(b)所示，设三角板角速度为 ω_{AB}，由题意得：

$$v_A=\overline{O_1A}\cdot\omega_{O_1A}=\overline{PA}\cdot\omega_{AB}$$

由几何关系：$\overline{PA}=\overline{O_1A}+\overline{O_1O_2}\cot 30°=(0.10+0.05\sqrt{3})$ m

得：

$$\omega_{AB}=\frac{\overline{O_1A}}{\overline{PA}}\cdot\omega_{O_1A}=1.07\ \mathrm{rad/s}(逆)$$

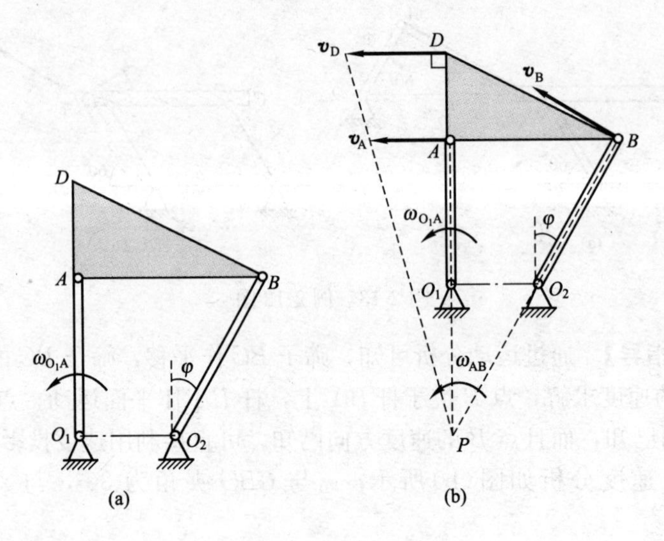

图 2-14 例 2-13 图

$$v_D=\overline{PD}\cdot\omega_{AB}=(\overline{AD}+\overline{PA})\omega_{AB}=0.253\ \mathrm{m/s}(\leftarrow)$$

【讨论】

(1) 速度瞬心法解题，图上只需画各点的绝对速度，并找出速度瞬心和求出的角速度，速度。

(2) 每一瞬时一个平面运动物体就有一个速度瞬心，当平面运动刚体作瞬时移动时，瞬心在无穷远处。

【例 2-14】 如图 2-15(a)所示齿轮Ⅰ在定齿轮Ⅱ内纯滚动，其半径分别为 r 和 $R=2r$。曲柄 OO_2 绕轴 O 以等速度 ω_0 转动，并带动行星齿轮Ⅰ。求该瞬时轮Ⅰ上瞬时速度中心 C 的加速度。

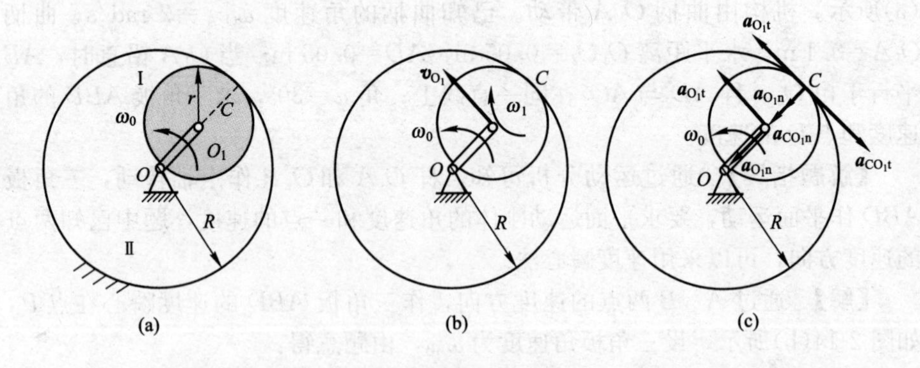

图 2-15 例 2-14 图

【解题指导】 齿轮Ⅰ在定齿轮Ⅱ内纯滚动，是平面运动，而且啮合点 C 正是轮Ⅰ在图示位置的速度瞬心，速度为零，而加速度需要通过基点法求解。

【解】 啮合点 C 是齿轮Ⅰ在图示位置的速度瞬心，$v_C=0$。

因此，齿轮Ⅰ的角速度为：$\omega_1=\dfrac{v_{O_1}}{r}=\dfrac{\omega_0 r}{r}=\omega_0$，如图 2-15(b)所示。

对齿轮Ⅰ的角速度求导，可得：$\alpha_1=\frac{d\omega_1}{dt}=0$

以O_1为基点分析点C的加速度分析如图 2-15(c)所示，则

$$\boldsymbol{a}_C=\boldsymbol{a}_{O_1n}+\boldsymbol{a}_{O_1t}+\boldsymbol{a}_{CO_1n}+\boldsymbol{a}_{CO_1t}$$

其中：$a_{O_1n}=r\omega_0^2$，$a_{O_1t}=0$，$a_{CO_1n}=\overline{O_1C}\cdot\omega_1^2=r\omega_0^2$，$a_{CO_1t}=0$

所以 $\boldsymbol{a}_C=\boldsymbol{a}_{O_1n}+\boldsymbol{a}_{CO_1n}$，故

$$a_C=a_{O_1n}+a_{CO_1n}=r\omega_0^2+r\omega_0^2=2r\omega_0^2 \quad (\text{方向沿} CO)$$

【讨论】 啮合点C是齿轮Ⅰ在图示位置的速度瞬心，速度为零，但加速度不为零。

【例 2-15】 两个半径均为r的圆盘A和B，由连杆AB相连，沿图 2-16(a)所示表面作无滑动的滚动。已知圆盘A以匀角速度ω_A滚动，试求图示$\varphi=45°$、轮A在圆弧最低点、轮B在圆弧最高点瞬时圆盘B和连杆AB的角加速度。

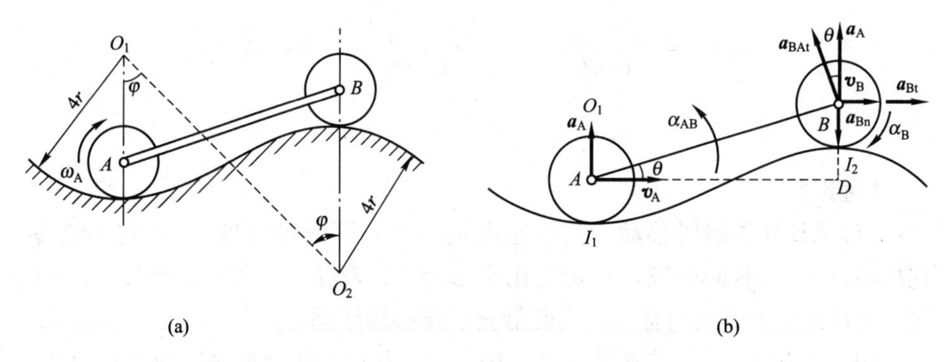

图 2-16 例 2-15 图

【解题指导】 连杆AB，圆盘A、B均作平面运动，圆盘A、B的速度瞬心分别为与表面的接触点，通过A、B两点的速度方向可以判断，连杆AB作瞬时平动，此时角速度为零。要求圆盘B和连杆AB的角加速度，需通过以点A为基点，求出点B的切向加速度和点B相对于基点的切向加速度。

【解】 圆盘A、B的速度瞬心分别为I_1、I_2，在图示位置，$\overline{AI_1}//\overline{BI_2}$，因此$\boldsymbol{v}_B//\boldsymbol{v}_A$，连杆$AB$作瞬时移动，则$\omega_{AB}=0$，$\boldsymbol{v}_B=\boldsymbol{v}_A$。连杆上的$A$点(盘心)作以$O_1$为圆心，半径$\overline{O_1A}=3r$的圆周运动，则有：

$$v_A=r\omega_A$$

$$a_A=a_{An}=\frac{v_A^2}{3r}=\frac{1}{3}r\omega_A^2$$

以A为基点，研究B点，如图 2-16(b)所示，则有：

$$\boldsymbol{a}_{Bt}+\boldsymbol{a}_{Bn}=\boldsymbol{a}_A+\boldsymbol{a}_{BAn}+\boldsymbol{a}_{BAt}$$

分别向竖直轴y和AB连线投影，注意到

$$a_{BAn}=\omega_{AB}^2\overline{AB}=0$$

投影到AB轴上 $a_{Bt}\cos\theta-a_{Bn}\sin\theta=a_A\sin\theta$

即 $a_{Bt}=(a_A+a_B)\tan\theta$

式中：B点以圆心O_2作半径为$5r$的圆周运动，则

$$a_{\mathrm{Bn}}=\frac{v_{\mathrm{B}}^{2}}{5r}=\frac{1}{5}r\omega_{\mathrm{A}}^{2}$$

设 AB 杆长为 l，有：

$$\sin\theta=\frac{\overline{BD}}{l}=\frac{8r(1-\cos\varphi)}{l},\quad \cos\theta=\frac{\overline{AD}}{l}=\frac{8r\sin\varphi}{l},\quad 则\ \tan\theta=\frac{1-\cos\varphi}{\sin\varphi}=\sqrt{2}-1$$

得
$$a_{\mathrm{Bt}}=\left(\frac{1}{3}+\frac{1}{5}\right)r\omega_{\mathrm{A}}^{2}\times(\sqrt{2}-1)=\frac{8(\sqrt{2}-1)}{15}r\omega_{\mathrm{A}}^{2}$$

B 点是圆盘 B 上的点，则：$\alpha_{\mathrm{B}}=\frac{a_{\mathrm{Bt}}}{r}=\frac{8(\sqrt{2}-1)}{15}\omega_{\mathrm{A}}^{2}$，转向如图 2-16(b)所示。

投影到 y 轴上：

$$a_{\mathrm{Bn}}=-a_{\mathrm{A}}-a_{\mathrm{BAt}}\cos\theta$$

$$a_{\mathrm{BAt}}=\frac{-(a_{\mathrm{A}}+a_{\mathrm{Bn}})}{\cos\theta}=-\frac{\left(\frac{1}{3}+\frac{1}{5}\right)r\omega_{\mathrm{A}}^{2}}{8r\sin\varphi/l}=-\frac{\sqrt{2}}{15}\omega_{\mathrm{A}}^{2}l$$

$$\alpha_{\mathrm{AB}}=\frac{a_{\mathrm{BAt}}}{l}=-\frac{\sqrt{2}}{15}\omega_{\mathrm{A}}^{2}(顺时针)$$

【讨论】

(1) AB 杆作瞬时移动，其角速度 $\omega_{\mathrm{AB}}=0$，而角加速度 α_{AB} 必定不为零，这样经过 Δt 的时间间隔，必定会出现 $\omega_{\mathrm{B}}\neq0$。若杆 AB 的 $\omega_{\mathrm{AB}}=0$、$\alpha_{\mathrm{AB}}=0$，则杆 AB 必定不是瞬时移动，而是静止或作移动运动。

(2) 盘心 A、B 均作圆周运动，因此 A、B 点的法向加速度均要指向各自的圆心。

(3) 不论圆盘在平面上还是在曲面上滚动，只要是纯滚动，则盘的角加速度均为盘心的切向加速度除以圆盘中心到速度瞬心的距离，即 $\alpha=\frac{a_{\mathrm{Bt}}}{r}$，因为此时速度瞬心沿接触点公切线方向无加速度，若选择速度瞬心为基点，基点无公切线方向的加速度，则盘心相对基点的切向加速度就是盘心绝对的切向加速度。

【例 2-16】 在图 2-17(a)所示机构中，曲柄 OA 长为 r，绕轴 O 以等角速度 ω_0 转动。$AB=6r$，$BC=3\sqrt{3}r$。求图示位置时，滑块 C 的速度和加速度。

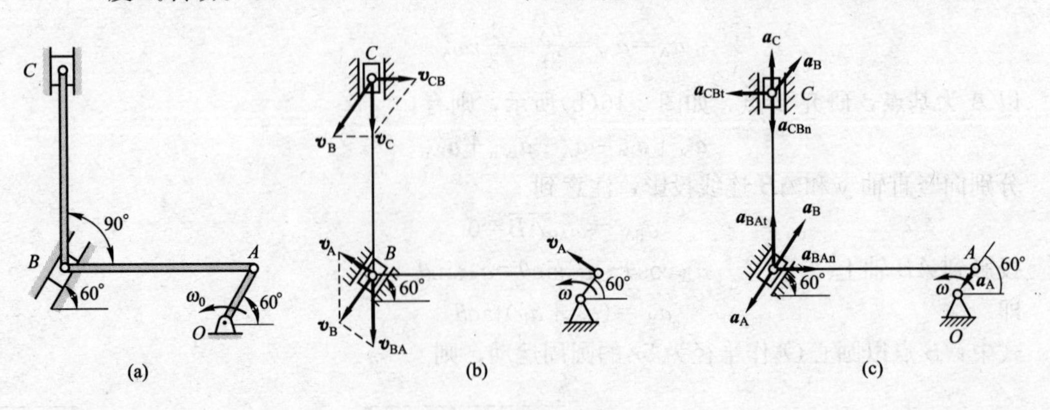

图 2-17　例 2-16 图

【解题指导】 通过运动分析可知：杆 OA 作定轴转动，杆 AB、BC 作平面运动，滑块 C 位于杆 BC 的端部，需通过以点 B 为基点求解，而点 B 的速度和加速度均未知，需要通过以点 A 为基点求解。通过两次选择基点即可求得滑块 C 的速度和加速度。

【解】 (1) 以 A 为基点，分析杆 AB 上点 B 的速度和加速度，如图 2-17(b)、(c)所示，则

$$\boldsymbol{v}_B = \boldsymbol{v}_A + \boldsymbol{v}_{BA}$$

其中：$v_A = r\omega_0$，由速度分析得：

$$v_A = v_B \tan 60° = \sqrt{3} r\omega_0, \quad v_{BA} = \frac{v_A}{\cos 60°} = 2r\omega_0, \quad \omega_{AB} = \frac{v_{BA}}{6r} = \frac{\omega_0}{3}$$

$$\boldsymbol{a}_B = \boldsymbol{a}_A + \boldsymbol{a}_{BAt} + \boldsymbol{a}_{BAn}$$

其中：$a_A = r\omega_0^2$，$a_{BAn} = \omega_{AB}^2 \cdot 6r = \dfrac{2\omega_0^2 r}{3}$

将加速度矢量式向 B 的滑道及垂直于滑道方向投影，有：

$$0 = a_{BAn}\sin 60° - a_{BAt}\sin 30° \tag{1}$$

$$a_B = a_{BAn}\cos 60° + a_{BAt}\cos 30° - a_A \tag{2}$$

由式(1)、式(2)解得

$$a_{BAt} = \sqrt{3} a_{BAn} = \sqrt{3}\frac{(2r\omega_0)^2}{6r} = \frac{2}{3}\sqrt{3} r\omega_0^2$$

$$a_B = \frac{(2r\omega_0)^2}{6r} \cdot \frac{1}{2} + \frac{2}{3}\sqrt{3} r\omega_0^2 \cdot \frac{\sqrt{3}}{2} - r\omega_0^2 = \frac{1}{3} r\omega_0^2$$

(2) 以 B 为基点，分析杆 BC 上点 C 的速度和加速度，如图 2-17(b)、(c)所示。

$$\boldsymbol{v}_C = \boldsymbol{v}_B + \boldsymbol{v}_{CB}$$

将上式向 CB 方向投影可得：$v_C = v_B \cos 30° = \dfrac{3}{2} r\omega_0$ (↓)

将上式向垂直于 CB 方向投影可得：$v_{CB} = v_B \sin 30° = \dfrac{\sqrt{3}}{2} r\omega_0$，$\omega_{CB} = \dfrac{v_{CB}}{3\sqrt{3}\, r} = \dfrac{\omega_0}{6}$

$$\boldsymbol{a}_C = \boldsymbol{a}_B + \boldsymbol{a}_{CBt} + \boldsymbol{a}_{CBn}$$

将上式向 CB 方向投影，其中：

$$a_{CBn} = \frac{\sqrt{3}}{12} r\omega_0^2$$

$$a_C = a_B \cos 30° - a_{CBn}$$

解得：$a_C = \dfrac{\sqrt{3}}{12} r\omega_0^2$ (↑)

【讨论】 本题中两次利用基点法求速度和加速度，能否以点 A 为基点求滑动 C 的速度和加速度？(注意：平面运动刚体求速度和加速度中的两点指的是同一个刚体上的两点。)

【例 2-17】 如图 2-18(a)所示机构，滑块 B 通过连杆 AB 带动半径为 r 的齿轮 O 在固定齿条上做纯滚动。已知 $OA = b$，$AB = 2b$，图示瞬时 OB 水平，

滑块 B 的速度 $v_B=v_0$(向上)，加速度 $a_B=a_0$(向下)。求该瞬时连杆 AB 的角速度和角加速度。

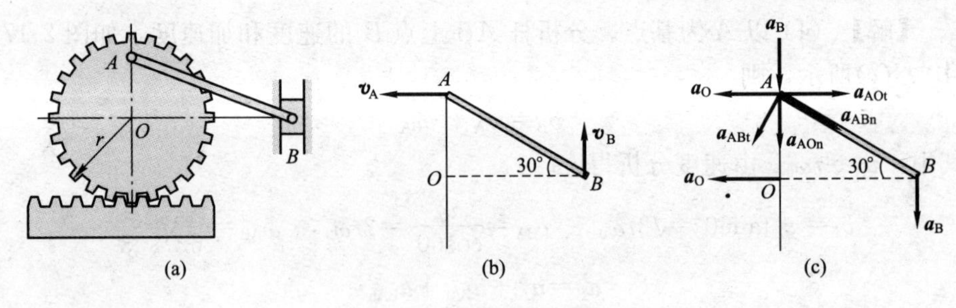

图 2-18　例 2-17 图

【解题指导】 连杆 AB 和齿轮 O 作平面运动，求连杆的角速度和角加速度需通过 A、B 两点的速度和加速度关系求解。

【解】 (1) 速度分析：由 A、B 两点的速度方向如图 2-18(b)所示，得连杆 AB 的速度瞬心在点 O，则：

$$\omega_{AB}=\frac{v_B}{OB}=\frac{\sqrt{3}v_0}{3b}$$

$$v_A=b\omega_{AB}=\frac{\sqrt{3}v_0}{3}$$

圆轮的角速度：

$$\omega_O=\frac{v_A}{b+r}=\frac{\sqrt{3}v_0}{3(b+r)}$$

(2) 加速度分析如图 2-18(c)所示。

以 B 为基点，得：$\boldsymbol{a}_A=\boldsymbol{a}_B+\boldsymbol{a}_{ABt}+\boldsymbol{a}_{ABn}$

以 O 为基点，得：$\boldsymbol{a}_A=\boldsymbol{a}_O+\boldsymbol{a}_{AOt}+\boldsymbol{a}_{AOn}$

由上述两式得：

$$\boldsymbol{a}_B+\boldsymbol{a}_{ABt}+\boldsymbol{a}_{ABn}=\boldsymbol{a}_O+\boldsymbol{a}_{AOt}+\boldsymbol{a}_{AOn}$$

上式向 AO 方向投影，得：

$$a_B+a_{ABn}\cos60°+a_{ABt}\cos30°=a_{AOn}$$

将 $a_B=a_0$，$a_{ABn}=2b\omega_{AB}^2$，$a_{AOn}=b\omega_O{}^2$ 代入上式，得：

$$a_{ABt}=\left(a_{AOn}-a_B-\frac{1}{2}a_{ABn}\right)\times\frac{2}{\sqrt{3}}=(b\omega_0^2-a_0-b\omega_{AB}^2)\times\frac{2}{\sqrt{3}}$$

$$\alpha_{AB}=\frac{a_{ABt}}{2b}=\frac{1}{\sqrt{3}}(\omega_0^2-\omega_{AB}^2)=-\frac{\sqrt{3}}{3}\left[\frac{a_0}{b}+\frac{v_0^2}{3b^2}-\frac{v_0^2}{3(b+r)^2}\right]\text{(顺)}$$

【讨论】 是否可以求出圆轮的角加速度？

2.2.4　点的合成运动范例

【例 2-18】 杆 OA 长 l，由推杆推动而在图面内绕点 O 转动，如图 2-19(a)所示。假定推杆的速度为 v，其弯头高为 h。求杆端 A 的速度的大小(表示

为推杆至点 O 的速度 x 的函数)。

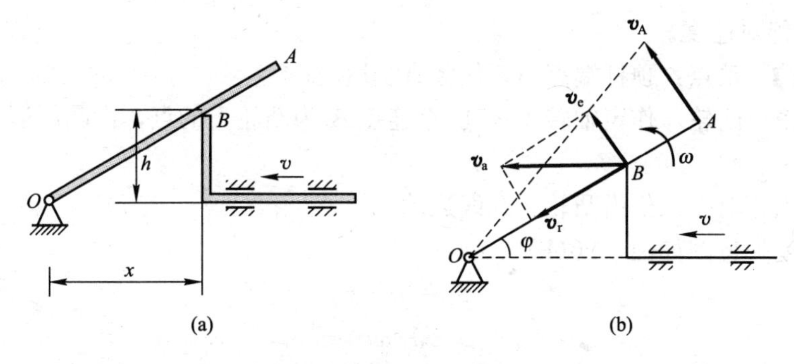

图 2-19　例 2-18 图

【解题指导】 杆 OA 作定轴转动，要求杆端 A 的速度，只需求出杆 OA 的角速度。直角推杆作平移，速度已知，即与杆 OA 的接触点 B 的速度已知，而直角推杆上点 B 相对于杆 OA 作直线运动，运动形式简单。因此可以选直角推杆上与杆 OA 接触点 B 为动点，动系固连于杆 OA 上，求牵连速度，从而得到杆 OA 的角速度。

【解】 动点：直角推杆上与杆 OA 接触点 B，作水平直线运动；

动系：固连于杆 OA，作定轴转动；

相对运动为沿杆 OA 直线运动。

点 B 速度分析如图 2-19(b)所示，设杆 OA 的角速度为 ω，则

$$\boldsymbol{v}_a=\boldsymbol{v}_e+\boldsymbol{v}_r$$

其中：$v_a=v$，则：$v_e=v_a\sin\varphi$，$v_e=v\sin\varphi$

杆 OA 的角速度：$\omega=\dfrac{v\sin\varphi}{OB}$，以 $\sin\varphi=\dfrac{h}{OB}=\dfrac{h}{\sqrt{x^2+h^2}}$代入得：

$$\omega=\frac{vh}{x^2+h^2},\quad v_A=\omega l=\frac{lvh}{x^2+h^2}$$

方向如图 2-19(b)所示。

【讨论】 本题中是否可以选杆 OA 上的接触点为动点，如果选的话，相对运动轨迹又是什么?

【例 2-19】 凸轮机构如图 2-20(a)所示。顶杆端点 A 利用弹簧压在凸轮的轮廓上。已知凸轮以等角速度 ω 转动，试求凸轮曲线在 A 点的法线 An 与 AO 线的夹角为 θ，且 $AO=r$ 时，顶杆的速度。

【解题指导】 顶杆作平行移动，凸轮作定轴转动，顶杆端点 A 始终在凸轮轮廓线表面运动，可以选取顶杆端点 A 为动点，动系固结在凸轮上。顶杆的速度就是顶杆端

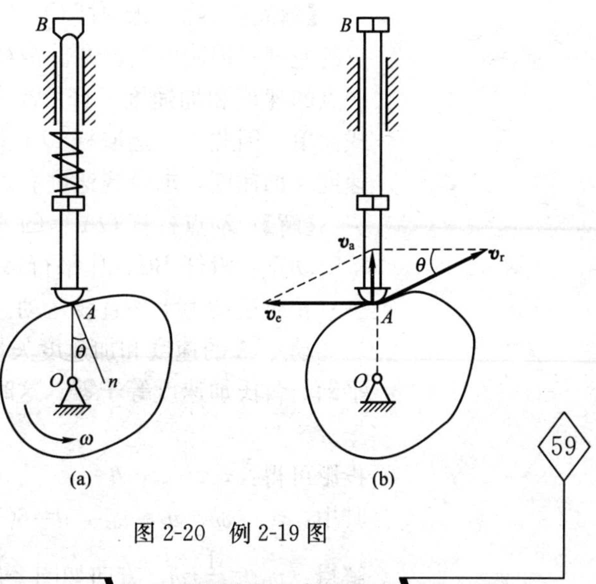

图 2-20　例 2-19 图

点 A 的绝对速度。

【解】 动点：顶杆端点 A，作竖直线运动；

动系：凸轮，作定轴转动运动(牵连点 A' 为凸轮上的点，作圆周运动，半径为 r)；

动点相对动系作沿凸轮轮廓线运动。

速度矢量图如图 2-20(b)所示。

$$\boldsymbol{v}_{\mathrm{a}}=\boldsymbol{v}_{\mathrm{e}}+\boldsymbol{v}_{\mathrm{r}}$$

其中：
$$v_{\mathrm{e}}=\omega r$$

从几何关系得：
$$v_{\mathrm{a}}=v_{\mathrm{e}}\tan\theta=r\omega\tan\theta$$

【讨论】 当动系作定轴转动时，牵连点(刚体上的点)作以转动轴为圆心，转轴到牵连点的距离为半径的圆周运动。

【例 2-20】 曲柄 OA 长为 r，以匀角速度 ω 绕轴 O 逆时针向转动，从而通过曲柄的 A 端推动滑杆 BC 沿铅直方向上升，如图 2-21(a)所示。求当 $\theta=60°$ 时滑杆 BC 的速度和加速度。

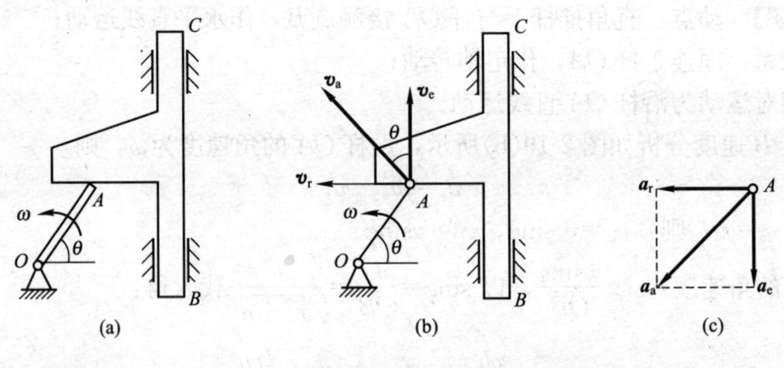

图 2-21 例 2-20 图

【解题指导】 题中杆 OA 作定轴转动，已知匀角速度 ω，则杆 OA 上的 A 点的速度和加速度均已知。滑杆 BC 作平行移动，求速度和加速度就是其上任一点的速度和加速度。杆 OA 上的 A 点相对于滑杆 BC 作直线运动，运动形式简单。因此，可选取杆 OA 上的 A 点为动点，滑杆 BC 为动系，已知绝对速度和加速度，求牵连速度和加速度。

【解】 动点：杆 OA 上的 A 点，作圆周运动；

动系：滑杆 BC，作平行移动；

相对运动为水平直线运动。

动点 A 的速度和加速度矢量图如图 2-21(b)、(c)所示，其中由于动系作平动，科氏加速度等于零。这时速度、加速度矢量方程为：

$$\boldsymbol{v}_{\mathrm{a}}=\boldsymbol{v}_{\mathrm{e}}+\boldsymbol{v}_{\mathrm{r}}$$

投影可得：$v_{\mathrm{e}}=v_{\mathrm{a}}\cos\theta$

其中：$v_{\mathrm{a}}=\omega r$，$v_{\mathrm{e}}=v_{BC}$，$\theta=60°$

解得：$v_{BC}=\dfrac{1}{2}r\omega$，方向如图 2-21(b)所示。

$$\boldsymbol{a}_a = \boldsymbol{a}_e + \boldsymbol{a}_r$$

投影可得：$a_e = a_a \sin\theta$，$= r\omega^2 \sin 60° = \dfrac{\sqrt{3}}{2} r\omega^2$

其中：$a_a = \omega^2 r$，$a_e = a_{BC}$，$\theta = 60°$

解得：$a_{BC} = \dfrac{\sqrt{3}}{2} r\omega^2$，方向如图 2-21(c)所示。

【讨论】 由上分析可见，在通过接触点进行运动传递的机构中，如凸轮挺杆机构，为了便于分析动点的相对运动，一般可取运动过程中始终接触的接触点为动点较妥。一般与动点接触的另外一个构件安置动系，当动系为平动时，科氏加速度等于零。

【例 2-21】 平底凸轮机构如图 2-22(a)所示。已知：凸轮 O 的半径为 R，偏心距 $OC = e$，以匀角速度 ω 转动。试求从动杆 AB 的速度和加速度。

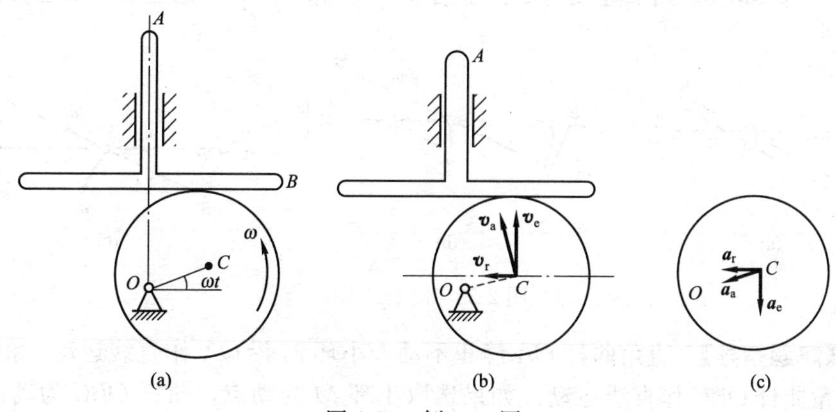

图 2-22 例 2-21 图

【解题指导】 题中凸轮作定轴转动，动杆 AB 作平动，在凸轮 O 或从动杆 AB 上找一点为动点，则可选点 A 或轮心 C。为了求解和表达均简便，一般选凸轮中心 C 为动点，动系固结在从动杆 AB 上，牵连速度和牵连加速度就是动杆 AB 的速度和加速度。

【解】 动点：轮心 C，作圆周运动；

动系：动杆 AB，作平动；

动点相对动系作水平直线(平行于从动杆底面)运动，牵连点位于动杆 AB 的扩展部分。

速度矢量图如图 2-22(b)所示，则

$$\boldsymbol{v}_a = \boldsymbol{v}_e + \boldsymbol{v}_r$$

从几何关系得：$v_e = v_a \cos\omega t = \omega e \cos\omega t$

动杆 AB 的速度：$v_{AB} = \omega e \cos\omega t$

画加速度矢量图，如图 2-22(c)所示，则

$$\boldsymbol{a}_a = \boldsymbol{a}_e + \boldsymbol{a}_r$$

从几何关系得：

$$a_e = a_a \sin\omega t = \omega^2 e \sin\omega t$$

动杆 AB 的加速度：

$$a_{AB}=\omega^2 e\sin\omega t$$

【讨论】

(1) 当加速度矢量图只要三个矢量时，同样用几何法是简便的，但是这种情况较少出现。

(2) 本题若选取两刚体的接触点为动点(注意：接触点既不是凸轮上一点，也不是从动杆上一点，而是另外的点，即第三个物体)，则相应就有两个动系(凸轮和从动杆)。

【例 2-22】 图 2-23(a)所示直角曲杆 OBC 绕轴 O 转动，是套在其上的小环 M 沿固定直杆 OA 滑动。已知：$\overline{OB}=0.1$ m，OB 与 BC 垂直，曲柄的角速度 $\omega=0.5$ rad/s，角加速度为零。求当 $\varphi=60°$时，小环 M 的速度和加速度。

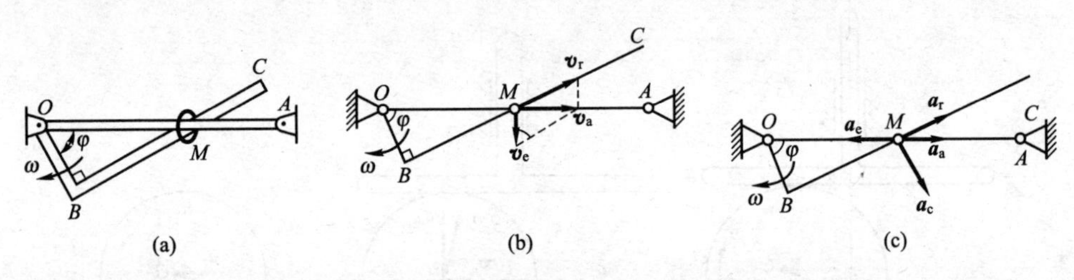

图 2-23　例 2-22 图

【解题指导】 直角曲杆 OA 静止不动，小环 M 沿 OA 作直线运动，相对于直角曲杆 OBC 作直线运动。如果选取小环 M 为动点，曲杆 OBC 为动系，则是已知牵连运动的速度和加速度，求绝对速度和加速度。

【解】 动点：小环 M，作直线运动；

动系：曲杆 OBC，作定轴转动；

动点相对动系作沿 BC 的直线运动。

速度矢量分析如图 2-23(b)所示，则

$$\boldsymbol{v}_a=\boldsymbol{v}_e+\boldsymbol{v}_r$$

从几何关系得：$v_a=v_e\tan\varphi$

其中：$v_e=\overline{OM}\cdot\omega=\dfrac{\overline{OB}\cdot\omega}{\cos\varphi}=0.1$ m/s

解得：$v_M=v_a=0.1732$ m/s(→)

由于动系作定轴转动，计算加速度时有科氏加速度，需要求解相对速度：

$$v_r=\frac{v_e}{\cos\varphi}=2v_e=0.20 \text{ m/s}$$

由加速度分析图，如图 2-23(c)所示，得：

$$\boldsymbol{a}_a=\boldsymbol{a}_e+\boldsymbol{a}_r+\boldsymbol{a}_c$$

式中：$a_e=\overline{OM}\cdot\omega^2=0.05$ m/s²，$a_c=2\omega v_r=0.20$ m/s²。

将加速度矢量式向 $\boldsymbol{a}_c$方向投影得：

$$a_a\cos\varphi=-a_e\cos\varphi+a_c$$

解得：

$$a_M=a_a=\frac{-a_e\cos\varphi+a_c}{\cos\varphi}=0.35\text{m/s}^2$$

【讨论】 小环M实际上是运动过程中直角曲杆OBC和杆OA交点，如果没有小环M，求直角曲杆OBC和杆OA交点的速度和加速度，就可以假想在交点处存在一小环M，小环M的速度和加速度就是交点的速度和加速度。

【例 2-23】 图 2-24(a)所示偏心轮摇杆机构中，摇杆O_1A借助弹簧压在半径为R的偏心轮C上。偏心轮C绕轴O往复摆动，从而带动摇杆绕轴O_1摆动。设$OC\perp OO_1$时，轮C的角速度为零，$\theta=60°$。求此时摇杆O_1A的角速度ω_1和角加速度α_1。

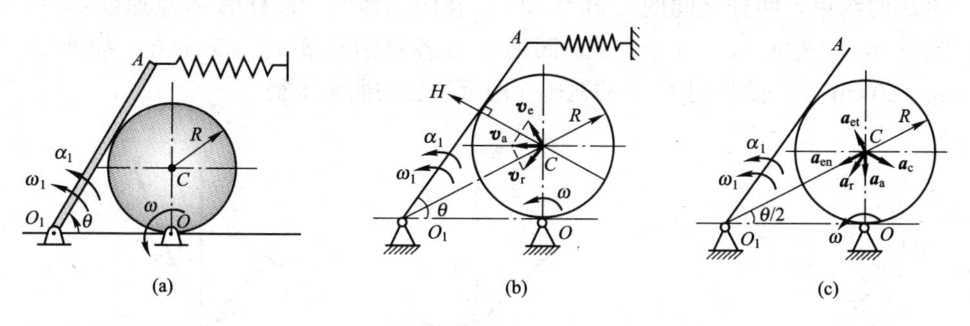

图 2-24 例 2-23 图

【解题指导】 摇杆O_1A和轮C均作定轴转动，接触点对于两个物体均为瞬时点，不能选为动点。观察可以发现轮心C到摇杆O_1A的距离始终为半径R，如果选取轮心C为动点，摇杆O_1A为动系，则是已知绝对速度和加速度，求牵连速度和加速度。

【解】 动点：轮心C，作圆周运动；

动系：摇杆O_1A，作绕O_1定轴转动；

相对运动为与杆O_1A平行的直线运动，牵连点位于摇杆O_1A的扩展部分点C处。速度矢量分析如图 2-24(b)所示，则

$$\boldsymbol{v}_a=\boldsymbol{v}_e+\boldsymbol{v}_r$$

将上式向垂直于$\boldsymbol{v}_r$的方向投影：$v_a\cos30°=v_e\cos30°$

$$v_e=v_a=R\omega$$

$$\omega_1=\omega_e=\frac{v_e}{O_1C}=\frac{R\omega}{2R}=\frac{\omega}{2}$$

$$v_r=v_a=R\omega$$

加速度矢量分析如图 2-24(c)所示，则

$$\boldsymbol{a}_a=\boldsymbol{a}_{en}+\boldsymbol{a}_{et}+\boldsymbol{a}_r+\boldsymbol{a}_c$$

将上式向$\boldsymbol{a}_c$方向投影，得：

$$a_a\cos60°=-a_{en}\cos60°-a_{et}\cos30°+a_c$$

其中：$a_a=\omega^2R$，$a_{en}=\omega_1^2\cdot\overline{O_1C}$，$a_c=2\omega_1\cdot v_r$

解得：

$$a_{et}=\frac{1}{2\sqrt{3}}R\omega^2$$

摇杆 O_1A 的角加速度：

$$\alpha_1=\frac{a_{et}}{2R}=\frac{\sqrt{3}}{12}\omega^2$$

【讨论】 本题的关键在于正确选择动点，如果动点选为摇杆 O_1A 和轮 C 的接触点，则相对运动轨迹是未知的，相对速度和加速度的大小和方向均未知，最后导致结果求不出。

【例 2-24】 如图 2-25(a)所示中，销钉 M 的运动受到两个丁字形槽杆 A 和 B 的约束，两杆之间的夹角为 135°。在图示瞬时，槽杆 A 各点速度 $v_A=3$ cm/s，加速度 $a_A=30$ cm/s²，而槽杆 B 各点的速度 $v_B=5$ cm/s，加速度 $a_B=20$ cm/s²。试求销子 M 的轨迹在图示位置的曲率半径。

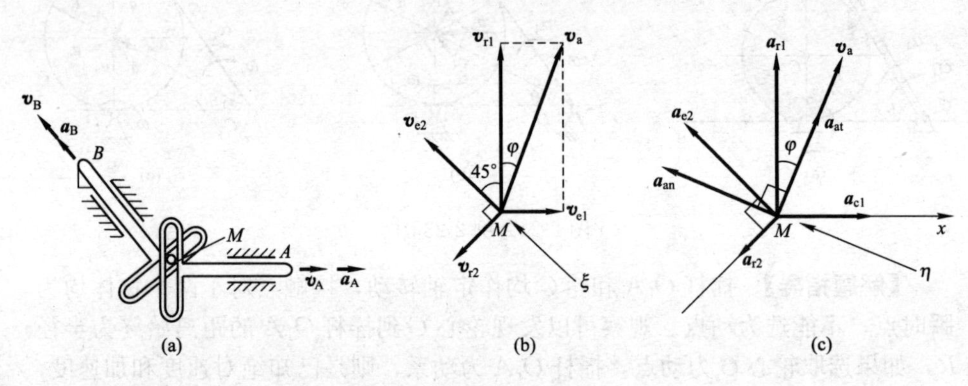

图 2-25 例 2-24 图

【解题指导】 因销子 M 的轨迹方程并不知道，故只能通过法向加速度 $a_{Mn}=\frac{v_M^2}{\rho}$ 得到曲率半径 ρ。为此，必须分析销钉 M 的速度和加速度。又因本题牵涉到一个点 M 及两个刚体 A 和 B，是三个物体之间的关系。取动点为销子 M，这销子分别相对两个刚体运动，动系取两个物体。

【解】 动点：销子 M，作(未知)曲线运动；

动系：丁字形槽杆 A 及 B，作平行移动；

动点相对动系 A 作竖直线，相对动系 B 沿斜直线运动。

速度矢量图分别如图 2-25(b)所示。

对动点 M 和动系 A，由点的速度合成定理可列写出：

$$\boldsymbol{v}_a=\boldsymbol{v}_{e1}+\boldsymbol{v}_{r1}$$

此式有三个未知量。对动点 M 和动系 B，由点的速度合成定理可列写出：

$$\boldsymbol{v}_a=\boldsymbol{v}_{e2}+\boldsymbol{v}_{r2}$$

此式也有三个未知量。注意到动点是共同的，所以对两个研究对象，一共只有四个未知量，即：

$$\boldsymbol{v}_a=\boldsymbol{v}_{e1}+\boldsymbol{v}_{r1}=\boldsymbol{v}_{e2}+\boldsymbol{v}_{r2}$$

从 $\boldsymbol{v}_{e1}+\boldsymbol{v}_{r1}=\boldsymbol{v}_{e2}+\boldsymbol{v}_{r2}$ 的关系看，只有两个未知量，将其向 ξ 轴投影，有：

$$-v_{e1}\cos45°+v_{r1}\cos45°=v_{e2}$$

得：$v_{r1}=\dfrac{v_{e2}+v_{e1}\cos45^\circ}{\cos45^\circ}=10.07\ \text{cm/s}$

于是，销子 M 的速度 $\boldsymbol{v}_a$ 的大小：

$$v_a=\sqrt{v_{e1}^2+v_{r1}^2}=10.51\ \text{cm/s}$$

其方向可由 $\boldsymbol{v}_a$ 与 $\boldsymbol{v}_{r1}$ 间的夹角 φ 来表示，即：

$$\varphi=\arctan\frac{v_{e1}}{v_{r1}}=16.59^\circ$$

作加速度矢量图如图 2-25(c)所示。对动点 M 和动系 A，由点的加速度合成定理可列写出：

$$\boldsymbol{a}_a=\boldsymbol{a}_{e1}+\boldsymbol{a}_{r1}$$

又对动点 M 和动系 B，由点的加速度合成定理可列写出：

$$\boldsymbol{a}_a=\boldsymbol{a}_{e2}+\boldsymbol{a}_{r2}$$

于是有：

$$\boldsymbol{a}_{e1}+\boldsymbol{a}_{r1}=\boldsymbol{a}_{e2}+\boldsymbol{a}_{r2}$$

可见，上述矢量中，仅有 $\boldsymbol{a}_{r1}$ 和 $\boldsymbol{a}_{r2}$ 两个大小为未知量，故将上式向 x 轴投影，有：

$$a_{e1}=-a_{e2}\cos45^\circ-a_{r2}\cos45^\circ$$

得：$$a_{r2}=-\frac{a_{e2}\cos45^\circ+a_{e1}}{\cos45^\circ}=-62.43\text{cm/s}^2$$

负号表示 $\boldsymbol{a}_{r2}$ 的指向与图示的相反。

因销子 M 作平面曲线运动，所以其加速度 $\boldsymbol{a}_a$ 可表示为：

$$\boldsymbol{a}_a=\boldsymbol{a}_{at}+\boldsymbol{a}_{an}$$

因此得：$$\boldsymbol{a}_{at}+\boldsymbol{a}_{an}=\boldsymbol{a}_{e2}+\boldsymbol{a}_{r2}$$

其中 $\boldsymbol{a}_{at}$ 和 $\boldsymbol{a}_{an}$ 的大小均未知，方位分别沿着 $\boldsymbol{v}_a$ 和垂直 $\boldsymbol{v}_a$；设其指向如图 2-25(c)所示。将上式投影到 η 轴上，有：

$$a_{an}=a_{e2}\sin(\varphi+45^\circ)+a_{r2}\cos(\varphi+45^\circ)=-12.11\text{cm/s}^2$$

负号表示 $\boldsymbol{a}_{an}$ 的指向与图示的相反。

最后计算轨迹在图示 M 位置的曲率半径 ρ。由

$$|a_{an}|=\frac{v_a^2}{\rho}$$

得：$$\rho=\frac{v_a^2}{a_{an}}=9.121\ \text{cm}$$

因 $\boldsymbol{a}_{an}$ 得负值，所以销子 M 的曲率中心在 $\boldsymbol{v}_a$ 的右方。

【讨论】 对于一个动点同时相对两个动系的运动，只能如上那样联立求解。在分析的过程中，应明了哪些是未知量，选择恰当的投影轴去求出应求的未知量。

【例 2-25】 牛头刨床机构如图 2-26(a)所示。已知 $O_1A=200$ mm，角速度 $\omega_1=2$ rad/s。求图示位置滑枕 CD 的速度和加速度。

【解题指导】 牛头刨床机构中杆 O_1A 和 O_2B 作定轴转动，滑枕 CD 作平行移动，要求滑枕 CD 的速度和加速度就是求其上任一点的速度和加速度。

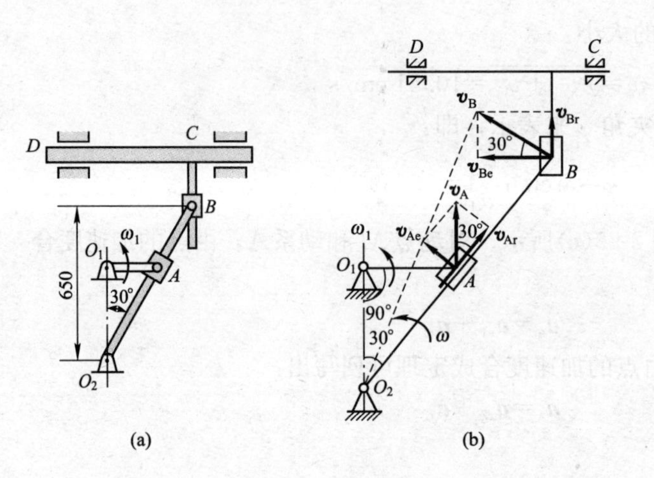

图 2-26　例 2-25 图

滑块 B 套在滑枕 CD 上，作相对直线运动，同时铰接在杆 O_2B 上，作圆周运动，可以通过杆 O_2B 的角速度和角加速度求得速度和加速度。而已知滑块 A 的速度和加速度，滑块 A 相对于杆 O_2B 作直线运动。因此本题需要通过以滑块 A 为动点，杆 O_2B 为动系，求出 O_2B 的角速度和角加速度，再以滑块 B 为动点，滑枕 CD 为动系，求速度和加速度。

【解】（1）动点：滑块，作圆周运动；

动系：杆 O_2B，作定轴转动；

相对运动为沿直线 O_2B，速度、加速度分析如图 2-26(b)、(c)所示。设 O_2B 的角速度为 ω，角加速度为 α。

由速度分析图 2-26(b)：$\boldsymbol{v}_A=\boldsymbol{v}_{Ae}+\boldsymbol{v}_{Ar}$

其中：$v_A=\omega_1\cdot\overline{O_1A}=0.4\ \text{m/s}$

$$v_{Ar}=v_A\cos30°=0.20\sqrt{3}\ \text{m/s},\ v_{Ae}=v_A\sin30°=0.20\ \text{m/s}$$

又
$$v_{Ae}=\omega\cdot\overline{O_2A}$$

所以：
$$\omega=\frac{v_{Ae}}{\overline{O_2A}}=0.5\ \text{rad/s(逆)}$$

由加速度分析图 2-26(c)：$\boldsymbol{a}_A=\boldsymbol{a}_{Aen}+\boldsymbol{a}_{Aet}+\boldsymbol{a}_{Ar}+\boldsymbol{a}_{Ac}$

分别向轴 x、y 投影得：

$$-a_A=-a_{Aen}\cos60°-a_{Aet}\cos30°+a_{Ar}\cos60°-a_{Ac}\cos30°$$
$$0=-a_{Aen}\sin60°+a_{Aet}\sin30°+a_{Ar}\sin60°+a_{Ac}\sin30°$$

其中：$a_A=\omega_1^2\cdot\overline{O_1A}=0.8\ \text{m/s}^2$，$a_{Aen}=\omega^2\cdot\overline{O_2A}=0.10\ \text{m/s}^2$

$$a_{Aet}=\alpha\cdot\overline{O_2A}=0.40\alpha,\ a_{Ac}=2\omega v_{Ar}=0.20\sqrt{3}\ \text{m/s}^2$$

解得：$\alpha=\dfrac{\sqrt{3}}{2}\ \text{rad/s}^2$(逆)

(2) 动点：滑块 B，作圆周运动；

动系：滑枕 CD，作平动；

相对运动为上下直线运动，速度、加速度分析如图 2-26(b)、(c)所

示，则

$$\boldsymbol{v}_B=\boldsymbol{v}_{Be}+\boldsymbol{v}_{Br}$$

其中：$v_B=\overline{O_2B}\cdot\omega=\frac{0.65}{3}\sqrt{3}\text{m/s}$

投影得：$v_{Be}=v_B\cos30°=0.325\text{m/s}$

滑枕 CD 的速度：$v_{CD}=v_{Be}=0.325\text{m/s}$ (←)

$$\boldsymbol{a}_{Bt}+\boldsymbol{a}_{Bn}=\boldsymbol{a}_{Be}+\boldsymbol{a}_{Br}$$

向轴 x 投影得：

$$-a_{Bt}\cos30°-a_{Bn}\cos60°=-a_{Be}$$

其中：$a_{Bt}=\alpha\cdot\overline{O_2B}=0.65\ \text{m/s}^2$，$a_{Bn}=\omega^2\cdot\overline{O_2B}=0.1876\ \text{m/s}^2$

解得：$a_{CD}=a_{Be}=0.657\ \text{m/s}^2$(←)

【讨论】 本题先后两次应用点的合成运动，对应的矢量关系一定不能混淆。

【例 2-26】 如图 2-27(a)所示机构中，曲柄 O_1M_1 长 $r=20$ cm，以匀角速 $\omega_1=3$ rad/s 转动，通过销钉 M_1 带动导槽 CD 运动；同时再通过水平杆上的销钉 M_2 带动杆 O_2E 摆动。已知：$l=30$ cm。当 $\theta=30°$时，$\varphi=\theta$，试求此瞬时杆 O_2E 的角速度与角加速度。

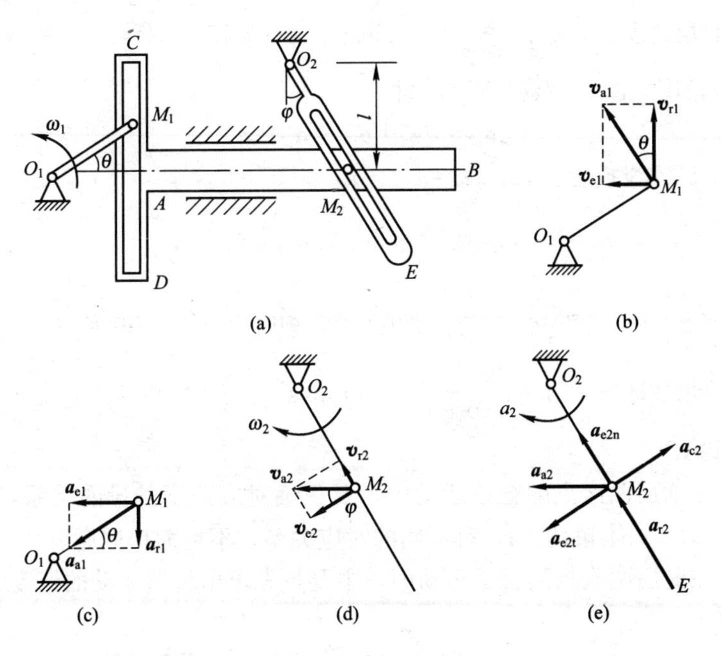

图 2-27　例 2-26 图

【解题指导】 机构包含三个刚体，其中曲柄 O_1M_1 和杆 O_2E 作定轴转动，水平杆 AB 作平动，三个物体的运动，通过销钉 M_1 和销钉 M_2 联系在一起，销钉 M_1 相对于水平杆 AB 作直线运动，销钉 M_2 相对于杆 O_2E 作直线运动，相对运动简单明了。因此可以销钉 M_1 和销钉 M_2 为动点，分成两次的点的合成运动，通过水平杆 AB 来传递。

【解】 (1) 动点：销钉 M_1，作圆周运动；

动系：水平杆 AB，作平动；

相对运动为直线运动，速度矢量图，如图 2-27(b)所示，则

$$\boldsymbol{v}_{a1}=\boldsymbol{v}_{e1}+\boldsymbol{v}_{r1}$$

由几何关系：$v_{e1}=v_{a1}\sin\theta=\omega_1 r\sin\theta$

加速度矢量图如图 2-27(c)所示，则

$$\boldsymbol{a}_{a1}=\boldsymbol{a}_{e1}+\boldsymbol{a}_{r1}$$

由几何关系：$a_{e1}=a_{a1}\cos\theta=\omega_1^2 r\cos\theta$

(2) 动点：销钉 M_2，作水平直线运动；

动系：杆 O_2E，作定轴转动运动；

动点相对为沿 O_2E 作直线运动，其速度矢量图如图 2-27(d)所示，则

$$\boldsymbol{v}_{a2}=\boldsymbol{v}_{e2}+\boldsymbol{v}_{r2}$$

由几何关系：$v_{e2}=v_{a2}\cos\varphi$

其中：$v_{a2}=v_{e1}$，则 $v_{e2}=\omega_1 r\sin\theta\cos\phi$

$$v_{r2}=v_{a2}\sin\varphi=\omega_1 r\sin\theta\sin\varphi$$

杆 O_2E 的角速度：$\omega_2=\dfrac{v_{e2}}{l/\cos\varphi}=\dfrac{\omega_1 r}{l}\sin\theta\cos^2\varphi=0.75\ \text{rad/s}$

加速度矢量图如图 2-27(e)所示，则

$$\boldsymbol{a}_{a2}=\boldsymbol{a}_{e2n}+\boldsymbol{a}_{e2t}+\boldsymbol{a}_{r2}+\boldsymbol{a}_{c2}$$

向垂直 O_2E 的线投影：$a_{a2}\cos\varphi=a_{e2t}-a_{c2}$

其中：$a_{a2}=a_{e1}$，$a_{c2}=2\omega_2 v_{r2}=2\dfrac{\omega_1^2 r^2}{l}\sin^2\theta\cos^2\varphi\sin\varphi$

代入得：$a_{e2t}=\omega_1^2 r\cos\theta\cos\varphi+\dfrac{2\omega_1^2 r^2}{l}\sin^2\theta\cos^2\varphi\sin\varphi=157.5\ \text{cm/s}^2$

杆 O_2E 的角加速度：$\alpha_2=\dfrac{a_{e2t}}{l/\cos\varphi}=4.55\ \text{rad/s}^2$

【讨论】

(1) 在前后两次点的合成运动中，要正确对应速度矢量的关系，如 $v_{a2}=v_{e1}$，$a_{a2}=a_{e1}$。不同的机构，有不同的对应关系，不可简单照搬。

(2) 在前后两次点的合成运动中，主要是先求出传递运动的速度、加速度矢量，如 v_{e1}、a_{e1}。

【例 2-27】 在图 2-28 所示机构中，已知：杆长 $\overline{OA}=\overline{O_1B}=r$。在图示瞬间，曲柄 OA 的角速度为 ω，角加速度为 α，$\overline{AB}=\overline{BC}=r$，$OA//O_1B$，且垂直于 OC。试求该瞬间：(1)滑块 B 的绝对速度 v_B；(2)滑块 C 的绝对加速度 a_C。

【解题指导】 机构包含有三个刚体，其中曲柄 OA 和杆 O_1B 作定轴转动，杆 AC 作平面运动。滑块 B 相对于杆 AC 作直线运动，选取滑块 B 为动点，杆 AC 为动系，则动系为平面运动，求牵连速度和加速度时要采用平面运动的求解方法。滑块 C 位于平面运动刚体上，求加速度采用基点法。

【解】 (1) 求滑块 B 的绝对速度 v_B。

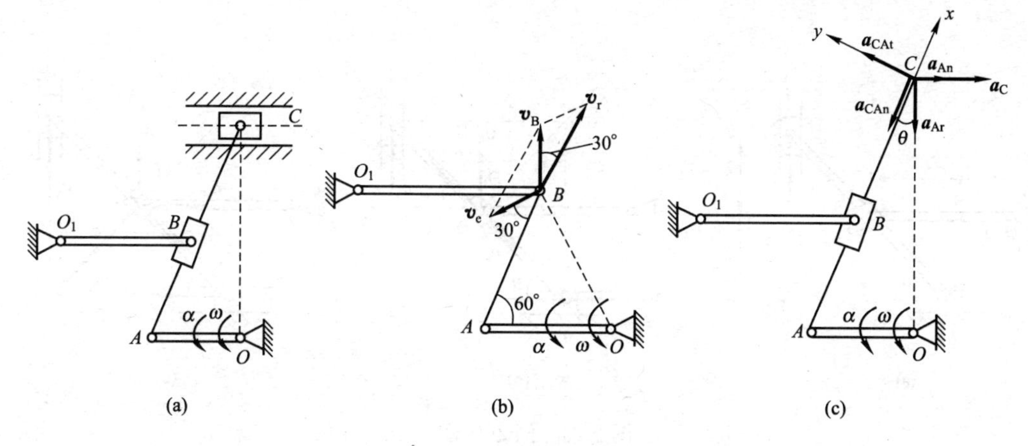

图 2-28　例 2-27 图

动点：滑块 B，作圆周运动；

动系：杆 AC，作平面运动；

相对运动为直线运动，速度图如图 2-28(b)所示，注意根据 AC 杆上点 A 和点 C 的速度方向可知速度瞬心在 O 点，因此动点 B 的牵连速度垂直于 OB 的连线，并且：$\omega_{AC}=\omega$。

$$\boldsymbol{v}_B=\boldsymbol{v}_e+\boldsymbol{v}_r$$

其中：

$$v_e=\omega r$$

将矢量式向水平方向投影：

$$v_r\sin 30^\circ=v_e\cos 30^\circ$$

则：

$$v_r=v_e\cot 30^\circ=r\omega\cot 30^\circ$$

将矢量式向竖直方向投影：

$$v_B=v_r\cos 30^\circ-v_e\sin 30^\circ=\omega r(\uparrow)$$

(2) 滑块 C 的绝对加速度 a_C。

以 A 为基点，加速度图，投影轴如图 2-28(c)所示，则

$$\boldsymbol{a}_C=\boldsymbol{a}_{An}+\boldsymbol{a}_{At}+\boldsymbol{a}_{CAn}+\boldsymbol{a}_{CAt}$$

将上式向 x 轴投影：

$$a_C\sin\theta=a_{An}\sin\theta-a_{At}\cos\theta-a_{CAn}$$

其中：$a_{An}=\omega^2 r$，$a_{At}=\alpha r$，$a_{CAn}=\omega_{AC}^2\cdot 2r=2\omega^2 r$，$\theta=30^\circ$

得：

$$a_C=-(\sqrt{3}\alpha+3\omega^2)r$$

【讨论】 这是刚体平面运动与合成运动的综合性问题，求解时应综合考虑问题。本题中在求解滑块 C 的加速度时，由于建立了与 $\boldsymbol{a}_{CAt}$ 矢量成垂直的 x 轴，因此避免了求解杆 AC 的角加速度。

【例 2-28】 图 2-29 所示(a)滑块 A 以 $v_A=600\ \mathrm{mm/s}$ 的不变速率沿铅直导槽向下运动。图示位置杆 AB 与水平导槽呈 $\theta=45^\circ$角，铰接于杆 OD 端点的套筒 D 可沿着杆 AB 运动。已知：$r=0.5\ \mathrm{m}$，$h=1\ \mathrm{m}$。求杆 OD 处于该瞬时的角加速度。

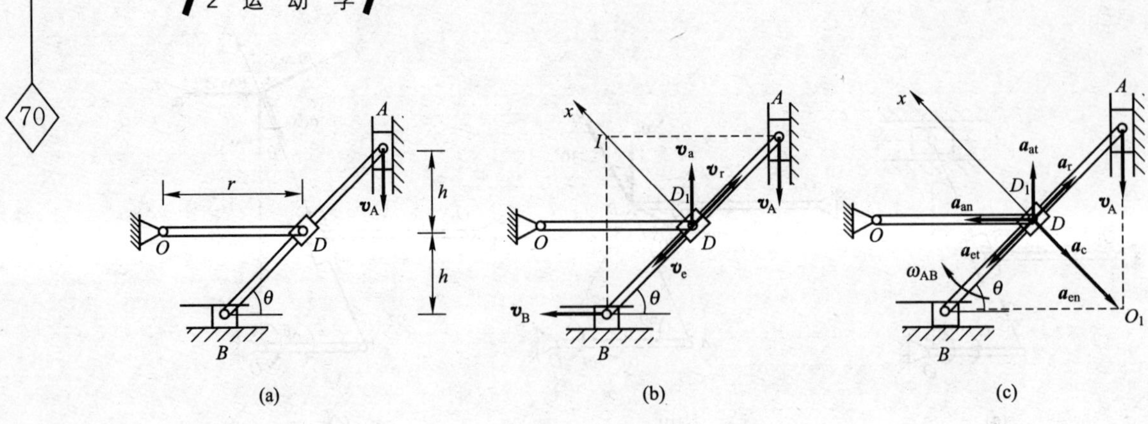

图 2-29　例 2-28 图

【解题指导】 机构包含有两个刚体，其中曲柄 OD 作定轴转动，杆 AB 作平面运动。套筒 D 相对于杆 AB 作直线运动，选取套筒 D 为动点，杆 AB 为动系，则动系为平面运动，牵连点位于平面运动刚体上，求牵连速度和加速度时要采用平面运动的求解方法。

【解】 动点：套筒 D，作圆周运动；

动系：杆 AB，作平面运动；

相对运动为直线运动，根据点 A 和点 B 的速度方向可知杆 AB 的速度瞬心处于点 I 处，如图 2-29(b)所示，则杆 AB 的角速度大小：

$$\omega_{AB}=\frac{v_A}{AC}=\frac{600}{1000}=0.6\ \text{rad/s}$$ 转向为顺时针向。

套筒 D 的速度分析图和加速度分析图如图 2-29(b)所示。

套筒 D 的牵连点为杆 AB 上的点 D_1，图示位置是杆 AB 的中点，其速度大小为：

$v_{D_1}=\overline{D_1C}\omega_{AB}=500\sqrt{2}\times0.6=300\sqrt{2}\ \text{mm/s}$，$v_e=v_{D_1}$，方向如图 2-29 所示。

速度合成定理：$\boldsymbol{v}_a=\boldsymbol{v}_e+\boldsymbol{v}_r$

其中：$v_e=v_{D_1}=300\sqrt{2}\ \text{mm/s}$，因 v_e 与 v_r 共线，得：

$$v_a=0,\quad \omega_{OD}=0,\quad v_r=300\sqrt{2}\text{mm/s}$$

加速度合成定理：$\boldsymbol{a}_{at}+\boldsymbol{a}_{an}=\boldsymbol{a}_{et}+\boldsymbol{a}_{en}+\boldsymbol{a}_r+\boldsymbol{a}_c$

由于 $v_a=0$，则 $a_{an}=0$。

由于牵连点 D_1 是杆 AB 的中点，从几何关系可以发现，点 D_1 作以 O_1 为圆心的圆周运动，所以：

$$\boldsymbol{a}_{et}=\boldsymbol{a}_{D_1t},\quad \boldsymbol{a}_{en}=\boldsymbol{a}_{D_1n}$$

法向加速度大小为：

$a_{D_1n}=\dfrac{v_{D_1}^2}{O_1D_1}=\dfrac{(300\sqrt{2})^2}{500\sqrt{2}}=254.6\ \text{mm/s}^2$，$a_{en}=a_{D_1n}$，方向如图所示。

由于牵连运动是杆 AB 的平面运动，其 ω_{AB} 又不等于零，因此有科氏加速度存在。科氏加速度 a_c 的大小为：

$a_c = 2\omega_{AB} v_r = 2\times 0.6\times 300\sqrt{2} = 509.1\ \text{mm/s}^2$，方向如图所示。

将加速度矢量关系式投影到 x 轴上，得：

$$a_{at}\cos\theta = -(a_{en} + a_c)$$

即
$$a_{at} = -\frac{a_{en} + a_c}{\cos\theta} = -1080\ \text{mm/s}^2$$

于是，杆 OD 的角加速度大小：

$$\alpha_{OD} = \frac{a_{at}}{OD} = -\frac{1080}{1000} = -1.08\ \text{rad/s}^2\text{(顺时针)}$$

【讨论】 由本题分析可知，在具体计算过程中，为了减少中间未知量的求解，一般可先作图示分析，然后根据需要在作计算。如本题从 $\boldsymbol{a}_a$ 的图示分析中，表明求解 a_{at} 不需要预先计算出 a_{et}，这样就能省略一定的计算工作量。

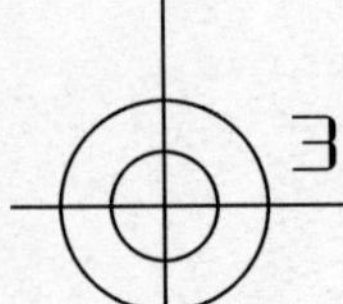

3 动力学基本定理

3.1 理论知识点概要

动力学是研究力与运动之间的关系。基于牛顿动力学三大定律，导出各种有关定理、方程。

3.1.1 动力学基本方程（牛顿第二定律）知识点

牛顿第二定律是相对绝对坐标系而言的。当质量恒定时，可写为：

$$m\boldsymbol{a}=\boldsymbol{F}$$

因为质量与速度的乘积($m\boldsymbol{v}$)为质点的动量，所以此式也可称为质点动量定理的微分形式。

直角坐标系的质点运动微分方程：

$$m\frac{\mathrm{d}^2x}{\mathrm{d}t^2}=F_x,\quad m\frac{\mathrm{d}^2y}{\mathrm{d}t^2}=F_y,\quad m\frac{\mathrm{d}^2z}{\mathrm{d}t^2}=F_z$$

自然坐标形式的质点运动微分方程：

$$m\frac{\mathrm{d}^2s}{\mathrm{d}t^2}=F_t,\quad m\frac{v^2}{\rho}=F_n,\quad 0=F_b$$

质点动力学问题一般可分为两类，一是已知质点的运动，求作用于质点上的力，二是已知作用于质点上的力，求质点的运动。动力学基本方程是研究动力学的理论基础，它建立了质点的运动与其受力之间的关系。其中，直角坐标形式与自然坐标形式为两种常用的质点运动投影形式的微分方程。在应用这些方程时，必须先分析质点的受力情况，画出正确的受力图并分析质点的运动情况，然后再建立方程。在具体解题时，应根据问题的条件选取不同形式的质点运动微分方程。第二类问题一般需要将微分方程进行积分，所出现的积分常数可根据质点运动的起始条件求出。

3.1.2 动量定理、质心运动定理知识点

1. 动量的计算

质点的动量：$\boldsymbol{p}=m\boldsymbol{v}$

质点系的动量：$\boldsymbol{p}=\sum\limits_{i=1}^{n}m_i\boldsymbol{v}_i=m\boldsymbol{v}_C$

2. 冲量计算

力对时间的累积效应为冲量。

元冲量： 力在 $\mathrm{d}t$ 时间内的累积效应为元冲量，即

$$\delta \boldsymbol{I}=\boldsymbol{F}\mathrm{d}t$$

冲量： 力在时间 $t_1 \sim t_2$ 内的累积效应为冲量，即

$$\boldsymbol{I}=\int_{t_1}^{t_2} \boldsymbol{F}\mathrm{d}t$$

合力的冲量：

$$\boldsymbol{I}=\int_{t_1}^{t_2} \boldsymbol{F}\mathrm{d}t=\int_{t_1}^{t_2}\left(\sum_{i=1}^{n} \boldsymbol{F}_i\right)\mathrm{d}t=\sum_{i=1}^{n}\int_{t_1}^{t_2} \boldsymbol{F}_i \mathrm{d}t=\sum_{i=1}^{n} \boldsymbol{I}_i$$

3. 质点系的动量定理

质点系动量定理的微分形式：

$$\frac{\mathrm{d}\boldsymbol{p}}{\mathrm{d}t}=\sum_{i=1}^{n} \boldsymbol{F}_i^{\mathrm{e}}$$

此式表示，只有系统外部的力，才能改变质点系的总动量。

质点系动量定理的积分形式(冲量定理)：

$$\boldsymbol{p}_2-\boldsymbol{p}_1=\sum_{i=1}^{n} \boldsymbol{I}_i^{\mathrm{e}}$$

4. 质心运动定理

$$m\boldsymbol{a}_{\mathrm{C}}=\sum_{i=1}^{n} \boldsymbol{F}_i^{\mathrm{e}}$$

此式表示，只有系统外部的力，才能改变质点系质心的运动规律。

5. 动量守恒定理

当 $\sum_{i=1}^{n} \boldsymbol{F}_i^{\mathrm{e}}=0$ 时，$\boldsymbol{p}=m\boldsymbol{v}_{\mathrm{C}}=$常矢量，特例：若 $\sum_{i=1}^{n} F_{i\mathrm{x}}^{\mathrm{e}}=0$,则 $p_{\mathrm{x}}=\mathrm{const}$。

3.1.3 动量矩定理知识点

动量定理只能描述质点系随质心移动部分的运动规律，而不能反映质点系转动部分的运动规律。动量矩定理可描述这种转动规律。

1. 刚体的转动惯量

转动惯量是度量刚体角动量改变时的旋转惯性。转动惯量不仅与质量大小有关，更取决于质量的分布。

(1) 对轴与对点的转动惯量

空间刚体和平面(不计厚度)刚体对轴与对点的转动惯量见表 3-1 表示。

刚体转动惯量的表达式 **表 3-1**

	空间刚体	平面刚体(刚体位于 Oxy 平面)
对轴	$J_{\mathrm{x}}=\sum_{i=1}^{n} m_i(y_i^2+z_i^2)$ $J_{\mathrm{y}}=\sum_{i=1}^{n} m_i(x_i^2+z_i^2)$ $J_{\mathrm{z}}=\sum_{i=1}^{n} m_i(x_i^2+y_i^2)$	$J_{\mathrm{x}}=\sum_{i=1}^{n} m_i y_i^2$ $J_{\mathrm{y}}=\sum_{i=1}^{n} m_i x_i^2$
对点	$J_{\mathrm{O}}=\frac{1}{2}(J_{\mathrm{x}}+J_{\mathrm{y}}+J_{\mathrm{z}})$	$J_{\mathrm{z}}=J_{\mathrm{O}}=J_{\mathrm{x}}+J_{\mathrm{y}}$

(2) 用回转半径表示的转动惯量

对任一轴 l，有：

$$J_l = m\rho_l^2$$

(3) 转动惯量的平行轴定理

刚体对任意轴的转动惯量等于它对过质心的平行轴的转动惯量加上刚体的质量与两轴间距平方的乘积。

$$J_z = J_{C z'} + md^2$$

2. 质系动量矩计算

质点对固定点 O 的动量矩：$\boldsymbol{L}_O = \boldsymbol{r} \times m\boldsymbol{v}$，质点系和刚体的动量矩计算见表 3-2。

动量矩的表达式 **表 3-2**

	对固定点 O	对质心 C
任意质系	$\boldsymbol{L}_O = \sum_{i=1}^{n} \boldsymbol{r}_i \times m_i \boldsymbol{v}_i$ 式中 $\boldsymbol{v}_i$——质点的绝对速度	$\boldsymbol{L}_C = \sum_{i=1}^{n} \boldsymbol{r}_{iC} \times m_i \boldsymbol{v}_i$ $= \sum_{i=1}^{n} \boldsymbol{r}_{iC} \times m_i \boldsymbol{v}_{iC}$ 式中 $\boldsymbol{r}_{iC}$——任意点到质心的矢径； $\boldsymbol{v}_{iC}$——任意点相对质心的速度
刚体	$\boldsymbol{L}_O = \boldsymbol{L}_C + \boldsymbol{r}_C \times \boldsymbol{p}$ $= J_C\boldsymbol{\omega} + \boldsymbol{r}_C \times \boldsymbol{p}$	$\boldsymbol{L}_C = J_C\boldsymbol{\omega}$
特例	定轴转动对转轴 $L_z = J_z\omega$	平面运动 $L_C = J_C\omega$

3. 动量矩定理

所谓动量矩定理主要是指动量矩定理的微分形式，具体表达见表 3-3。

动量矩定理的各种表达式 **表 3-3**

	对固定点 O	对质心 C
任意质系	$\frac{d\boldsymbol{L}_O}{dt} = \sum_{i=1}^{n} \boldsymbol{M}_O(\boldsymbol{F}_i^e)$	$\frac{d\boldsymbol{L}_C}{dt} = \sum_{i=1}^{n} \boldsymbol{M}_C(\boldsymbol{F}_i^e)$
刚体	$\frac{d}{dt}[J_C\boldsymbol{\omega} + \boldsymbol{r}_C \times \boldsymbol{p}] = \sum_{i=1}^{n} \boldsymbol{M}_O(\boldsymbol{F}_i^e)$	$J_C\boldsymbol{\alpha} = \sum_{i=1}^{n} \boldsymbol{M}_C(\boldsymbol{F}_i^e)$
特例	定轴转动 $J_z\alpha = \sum_{i=1}^{n} M_z(\boldsymbol{F}_i^e)$	平面运动 $J_C\alpha = \sum_{i=1}^{n} M_C(\boldsymbol{F}_i^e)$

4. 动量矩守恒

(1) 若 $\sum_{i=1}^{n} \boldsymbol{M}_O(\boldsymbol{F}_i^e) = 0$，则$\boldsymbol{L}_O$ = 常矢量；特例：若 $\sum_{i=1}^{n} M_z(\boldsymbol{F}_i^e) = 0$，则 $L_z = \text{const}$。

(2) 若 $\sum_{i=1}^{n}\boldsymbol{M}_C(\boldsymbol{F}_i^e)=0$，则$\boldsymbol{L}_C$=常矢量；特例：若 $\sum_{i=1}^{n}M_{Cz}(\boldsymbol{F}_i^e)=0$，则 $L_{Cz}=\text{const}$。

5. 刚体定轴转动微分方程

将动量矩定理应用到定轴转动刚体就得到其微分方程：

$$J_z\alpha=\sum_{i=1}^{n}M_z(\boldsymbol{F}_i^e)$$

6. 刚体平面运动微分方程

将质心运动定理与质点系相对质心的动量矩定理结合，就有刚体的平面运动微分方程：

$$m\boldsymbol{a}_C=\sum_{i=1}^{n}\boldsymbol{F}_i^e,\quad J_C\alpha=\sum_{i=1}^{n}M_C(\boldsymbol{F}_i^e)$$

3.1.4 动能定理知识点

动能定理主要研究力的功与质点系具有的动能之间的关系。动能定理是力学中重要理论之一，在工程实际中也有广泛的应用。

1. 力的功

1) 元功的定义：

$$\mathrm{d}W=\boldsymbol{F}\cdot\mathrm{d}\boldsymbol{r}$$

2) 功的定义：

$$W=\int_l\boldsymbol{F}\cdot\mathrm{d}\boldsymbol{r}$$

其解析式：

$$W=\int_l(F_x\mathrm{d}x+F_y\mathrm{d}y+F_z\mathrm{d}z)$$

几种常见力的功：

1) 质点重力的功：$W=mg(z_1-z_2)$

2) 质系重力的功：$W=mg(z_{C1}-z_{C2})$

3) 弹性力的功：$W=\frac{k}{2}(\delta_1^2-\delta_2^2)$

4) 万有引力的功：$W=Gm_om\left(\frac{1}{r_2}-\frac{1}{r_1}\right)$

5) 力偶的功：$W=\int_\varphi M\mathrm{d}\varphi$

2. 动能

(1) 质点的动能的定义式：

$$T=\frac{1}{2}mv^2$$

(2) 质点系的动能的定义式：

$$T=\sum_{i=1}^{n}\frac{1}{2}m_iv_i^2$$

(3) 若干刚体运动的动能计算

任意质点系的动能计算又可以表示为随质心的移动动能加上相对质心的转动动能，即柯尼希定理表达式成为 $T=\frac{1}{2}mv_C^2+T'$。将此种计算方法应运到刚体上，就有表 3-4 所示的刚体三种运动形式时动能计算的表达式。

刚体三种运动形式时的动能计算 **表 3-4**

	动能
移动	$T=\frac{1}{2}mv^2$
定轴转动	$T=\frac{1}{2}J_z\omega^2$
平面运动	$T=\frac{1}{2}mv_C^2+\frac{1}{2}J_C\omega^2$ 或 $T=\frac{1}{2}J_I\omega^2$ I 为速度瞬心

3. 动能定理

(1) 动能定理的微分形式：

$$\mathrm{d}T=\sum_{i=1}^{n}\mathrm{d}W_i$$

(2) 动能定理的积分形式：

$$T_2-T_1=\sum_{i=1}^{n}W_i$$

4. 势能的计算

(1) 元功与势能改变的关系：

$$\mathrm{d}W=-\mathrm{d}V$$

(2) 有势力与势能的关系：

$$F_x=-\frac{\partial V}{\partial x},\quad F_y=-\frac{\partial V}{\partial y},\quad F_z=-\frac{\partial V}{\partial z}$$

(3) 几种常见有势力的势能

1) 质点重力：若取 z_1 处为零势位时，z_2 改写为 z，则：

$$V=mgz$$

2) 质系重力：$V=mg(z_{C2}-z_{C1})$，若取 z_{C1} 处为零势位时，z_{C2} 改写为 z_C，则：

$$V=mgz_C$$

3) 弹性力：$V=\frac{k}{2}(\delta_2^2-\delta_1^2)$，若取 δ_1 处为零势位时，δ_2 改写为 δ，则：

$$V=\frac{1}{2}k\delta^2$$

4) 万有引力：$V=Gm_o m\left(\frac{1}{r_1}-\frac{1}{r_2}\right)$，若取 r_1 处为零势位时，r_2 改写为 r，则：

$$V=-Gm_om\frac{1}{r}$$

上列式表明，势能是相对的，取不同的零势能点，得到不同的结果。但从一特定位置(位置 1)到另一特定位置(位置 2)，有势力的功是一定的。

5. 机械能守恒定律

系统的主动力均为有势力时，系统的机械能守恒：

$$T_1+V_1=T_2+V_2=\text{const}$$

6. 动力学普遍定理的综合应用

动力学普遍定理中的各个定理有各自的特点，各有一定的适用范围。因此在求解动力学问题时，需要根据质点或质点系的运动及受力特点、给定的条件和要求的未知量，去选择适当的定理，灵活应用。

3.2 典型例题分析与讨论

3.2.1 质点运动微分方程范例

【例 3-1】 一质量为 m 的物体放在匀速转动的水平转台上，它与转轴的距离为 r，如图 3-1(a)所示。设物体与转台表面的静摩擦因数为 f_s，求当物体不致因转台旋转而滑出时，水平台的最大转速。

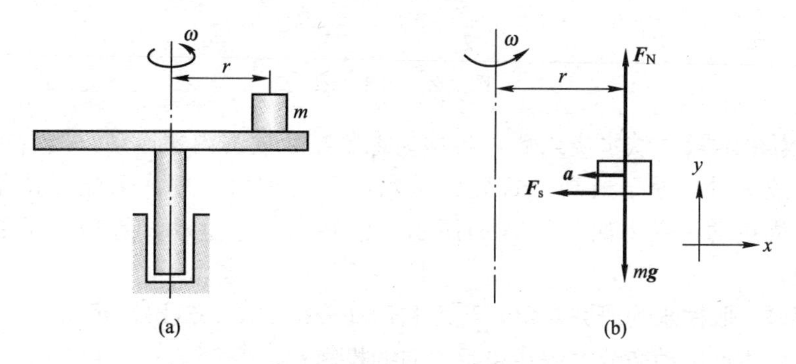

图 3-1　例 3-1 图

【解题指导】 物体跟随转台一起运动，在重力、法向约束力以及摩擦力共同作用下，以大小为 $\omega^2 r$ 的法向加速度运动，如图 3-1(b)所示，建立力和运动之间的关系即可求解。已知力，求运动，是动力学的第二类问题。

【解】 以物体 m 为研究对象，受力和运动分析如图 3-1(b)所示。

当转速达最大时，摩擦力达最大：

$$F_{smax}=f_sF_N$$

将 $m\boldsymbol{a}=\Sigma \boldsymbol{F}_i$ 分别向 x 和 y 方向投影：

$$-F_s=-ma$$

$$F_N-mg=0$$

其中
$$a=r\omega_{max}^2$$

解得：
$$\omega_{\max}=\sqrt{\frac{f_s g}{r}}$$

最大转速：
$$n_{\max}=\frac{30}{\pi}\omega_{\max}=\frac{30}{\pi}\sqrt{\frac{f_s g}{r}}\ \text{r/min}$$

【讨论】 从结果中可以看出：水平台的最大转速和物体的质量没有关系。

【例 3-2】 在图 3-2(a)所示离心浇铸装置中，电动机带动支承轮 A、B 作同向转动，管模放在两轮上靠摩擦传动而旋转。铁水浇入后，将均匀地紧贴管模的内壁而自动成型，从而可得到质量密实的管型铸件。如已知管模内径 D=400mm，求管模的最低转速 n。

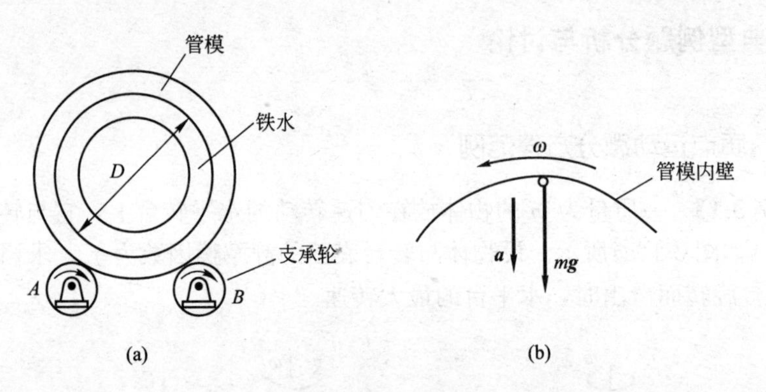

图 3-2 例 3-2 图

【解题指导】 铁水浇入后，将均匀地紧贴管模的内壁运动，当管模达到最低转速 n 时，处于最高位置处的铁水，只受重力作用，仍能保持紧贴管壁作圆周运动，受力如图 3-2(b)所示。已知力，求运动，是动力学的第二类问题。

【解】 取铁水为研究对象，受力和运动分析如图 3-2(b)所示。

运用质点运动微分方程在铅垂方向的投影式，得：
$$ma=mg$$

其中 a 为法向加速度：
$$a=\omega^2 r=\left(\frac{n\pi}{30}\right)^2\frac{D}{2}$$

代入得：
$$n=\frac{30}{\pi}\sqrt{\frac{2g}{D}}=67\text{r/min}$$

【讨论】 从结果中可以看出：管模的最低转速和管模的直径有关，直径越大，最低转速越小。

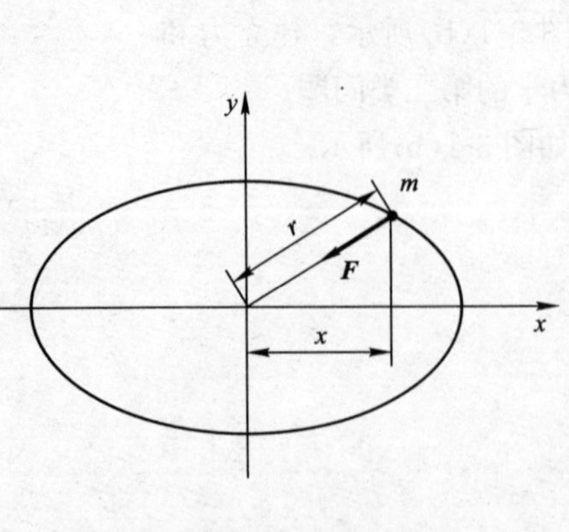

图 3-3 例 3-3 图

【例 3-3】 如图 3-3 所示，质量为 m 的质点位于水平面内，受指向原点 O 的力 $\boldsymbol{F}=-k\,\boldsymbol{r}$ 作用，力与质点到点 O 的距离成正比。如初瞬时质点的

坐标为 $x=x_0$，$y=0$，而速度的分量为 $v_x=0$，$v_y=v_0$。求质点的轨迹。

【解题指导】 要求质点的轨迹就是要求出质点所在的位置关于时间 t 的函数，将时间 t 消去即可得到。本题中已知作用在质点上的力，求运动，属于质点动力学的第二类问题。

【解】 以质点 m 为研究对象，建立图示直角坐标系 Oxy，在水平面内质点受力$\boldsymbol{F}$作用。

$$m\boldsymbol{a}=\sum \boldsymbol{F}_i$$

将其向 x 和 y 轴投影，得：

$$m\ddot{x}=-kx$$
$$m\ddot{y}=-ky$$

解这两个微分方程，并注意到初始条件：

$$x|_{t=0}=x_0,\ \dot{x}|_{t=0}=0,\ y|_{t=0}=0,\ \dot{y}|_{t=0}=v_0$$

得微分方程的解：

$$x=x_0\cos\sqrt{\frac{k}{m}}t,\quad y=v_0\sqrt{\frac{m}{k}}\sin\sqrt{\frac{k}{m}}t$$

在上述解答中消去时间 t，得质点的轨迹方程：

$$\frac{x^2}{x_0^2}+\frac{k}{m}\frac{y^2}{v_0^2}=1$$

轨迹为一个椭圆，圆心在(0，0)，长、短半轴分别为 x_0 和 $v_0\sqrt{\frac{m}{k}}$。

【讨论】 对于质点动力学的第二类问题，在求解时，属于积分问题，注意将初始条件代入。

【例 3-4】 在图 3-4 所示机构中，已知滑块 A 重 P，可沿光滑铅垂杆滑动，鼓轮 A 以匀角速 ω 转动。试求绳子拉力与距离 x 之间的关系。

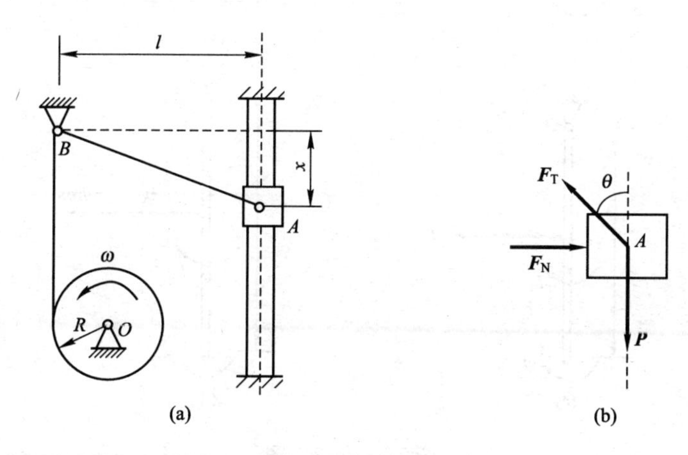

图 3-4 例 3-4 图

【解题指导】 本题中已知鼓轮的匀角速度，即可计算出绳子长度的变化，根据几何关系可以得到滑块移动的距离 x 的变化，属于已知运动，求力，是动力学的第一类问题。

【解】 以滑块 A 为研究对象，作受力图如图 3-4(b)所示。

在竖直方向：
$$P-F_{\mathrm{T}}\cos\theta=\left(\frac{P}{g}\right)\ddot{x}$$

因 $\overline{AB}=\sqrt{l^2+x^2}$，则 $\dfrac{\mathrm{d}\,\overline{AB}}{\mathrm{d}t}=\dfrac{x}{\sqrt{l^2+x^2}}\cdot\dfrac{\mathrm{d}x}{\mathrm{d}t}=R\omega$

即 $\dfrac{\mathrm{d}x}{\mathrm{d}t}=R\omega\dfrac{\sqrt{l^2+x^2}}{x}$，$\dfrac{\mathrm{d}^2x}{\mathrm{d}t^2}=-\dfrac{(R\omega l)^2}{x^3}$，$\cos\theta=\dfrac{x}{\sqrt{l^2+x^2}}$

则绳子的拉力：
$$F_{\mathrm{T}}=\left(\frac{1}{\cos\theta}\right)\left(P-\frac{P}{g}\ddot{x}\right)=\left(\frac{\sqrt{l^2+x^2}}{x}\right)\left[P+\left(\frac{P}{g}\right)\frac{(R\omega l)^2}{x^3}\right]$$

【讨论】 再试求滑杆反力 F_{N} 与距离 x 之间的关系。

3.2.2 动量定理范例

【例 3-5】 质量为 m、长为 l、以角速度 ω 绕 O 轴转动的均质细杆 OA，见图 3-5(a)所示，求其动量。

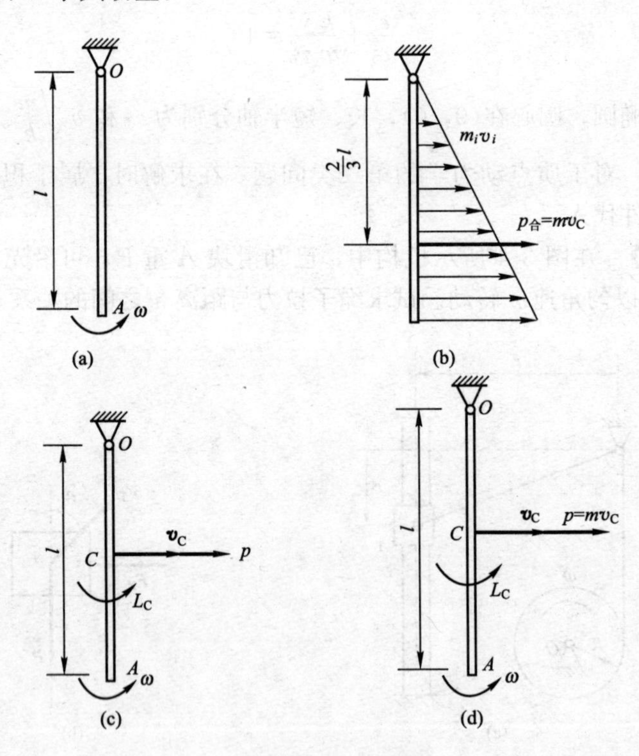

图 3-5 例 3-5 图

【解题指导】 求质点系的动量，可以利用公式：

$\boldsymbol{p}=m\,\boldsymbol{v}_{\mathrm{C}}$ 计算

【解】 杆 OA 绕 O 轴以角速度 ω 作定轴转动时，质心的速度：
$$v_{\mathrm{C}}=\frac{1}{2}\omega l$$

动量的大小为：

$$p=\frac{1}{2}m\omega l$$

方向水平向右，如图 3-5(b)所示。

【讨论】 当杆 OA 绕 O 轴以角速度 ω 作定轴转动时，杆上所有各质点的动量形成一个动量系(相当于力系)，如图 3-5(c)所示。此动量系可以简化为一合动量$\boldsymbol{p}_{合}$(相当于力系可以简化为一合力那样)，此合动量的大小和方向与动量主矢$\boldsymbol{p}=m\,\boldsymbol{v}_C$相同，但动量矢$\boldsymbol{p}_{合}$并不通过质点 C，而通过距转轴$\frac{2}{3}l$处，见图 3-5(b)。这一结论既可以从动量系呈三角形分布看出，也可以通过将此动量系向质心进行简化(就像力系向已知点简化那样)而得到。

将杆上所有各质点的动量向质心 C 简化，于是，得到一个通过质心 C 的动量主矢$\boldsymbol{p}=\Sigma m_i\,\boldsymbol{v}_i=m\,\boldsymbol{v}_C$，并非合动量。

因为表达式$\boldsymbol{p}=\Sigma m_i\,\boldsymbol{v}_i=m\,\boldsymbol{v}_C$的存在，往往是解者误认为$\boldsymbol{p}$通过质心，实际上，质点系的动量主矢$\boldsymbol{p}=m\,\boldsymbol{v}_C$只说明$\boldsymbol{p}$的大小 $p=mv_C$以及$\boldsymbol{p}$的方向与$\boldsymbol{v}_C$相同，并不说明矢量$\boldsymbol{p}$是通过质心 C 的，如图 3-5(d)所示。

【例 3-6】 匀质杆 AB 长为 l，质量为 m；匀质圆盘半径 $r=\frac{l}{5}$，质量为 $2m$，可在水平面上无滑动的滚动，如图 3-6(a)所示。当 $\varphi=30°$时，杆上 B 端沿铅垂方向向下滑的速度为 v_B，试求此瞬时系统的总动量。

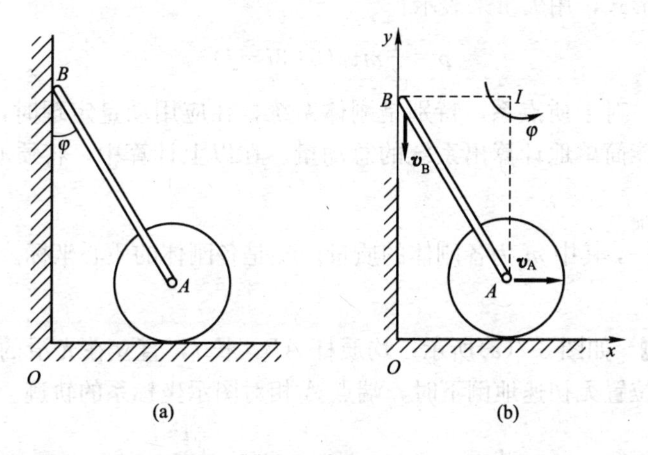

图 3-6　例 3-6 图

【解题指导】 系统包含两个刚体，均作平面运动，由于在各种约束条件下，只需一个运动参变量 φ 就可描述。对于质点系(刚体系)，求系统的总动量，可利用公式：

$$\boldsymbol{p}=\sum_{i=1}^{n}m_i\,\boldsymbol{v}_i=m\,\boldsymbol{v}_C$$

【解】 在点 O 建立直角坐标，如图 3-6(b)所示。利用质心公式：

$$x_C=\frac{2ml\sin\varphi+m\,\dfrac{l}{2}\sin\varphi}{2m+m}=\frac{5}{6}l\sin\varphi$$

$$y_C=\frac{2mr+m\left(r+\dfrac{l}{2}\cos\varphi\right)}{2m+m}=\frac{l}{5}+\frac{l}{6}\cos\varphi$$

当 $\varphi=30°$时，有：

$$\dot{x}_C=\frac{5}{6}l\,\dot{\varphi}\cos\varphi$$

$$\dot{y}_C=-\frac{1}{6}l\,\dot{\varphi}\sin\varphi$$

根据运动学(平面运动)的关系式，式中 $\dot{\varphi}=\dfrac{v_B}{l\sin\varphi}$，代入得：

$$\dot{x}_C=\frac{5}{6}v_B\cot\varphi=\frac{5\sqrt{3}}{6}v_B$$

$$\dot{y}_C=-\frac{1}{6}v_B$$

由此得：

$$p_x=3m\,\dot{x}_C=\frac{5\sqrt{3}}{2}mv_B$$

$$p_y=3m\,\dot{y}_C=-\frac{1}{2}mv_B$$

写成合动量形式，用矢量来表示：

$$\boldsymbol{p}=\frac{1}{2}mv_B(5\sqrt{3}\boldsymbol{i}-\boldsymbol{j})$$

【讨论】 对于质点系，特别是刚体系统，在应用动量定理时，只有利用质心公式才能简单地计算出系统的总动量。在以上计算中，将质心公式写成 $\boldsymbol{r}_C=\dfrac{\sum_{i=1}^{n}m_i\boldsymbol{r}_{iC}}{\sum_{i=1}^{n}m_i}$，其中 m_i 为各刚体的质量；$\boldsymbol{r}_{iC}$是各刚体的质心坐标。

【例 3-7】 如图 3-7(a)所示，均质杆 AB，长 l，直立在光滑的水平面上。求它从铅直位置无初速地倒下时，端点 A 相对图示坐标系的轨迹。

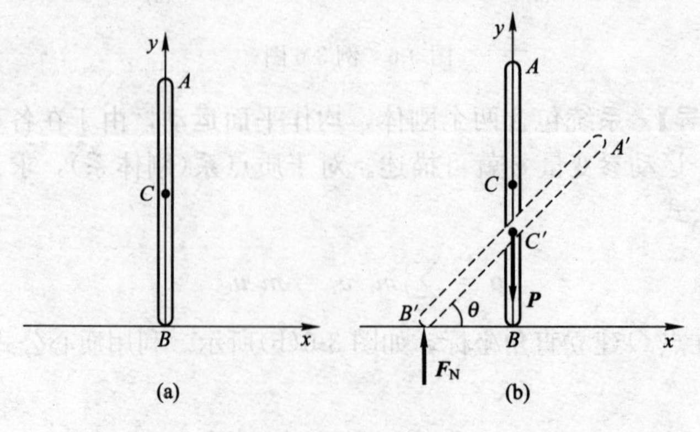

图 3-7 例 3-7 图

【解题指导】 杆 AB 倒下过程中作平面运动，因杆只受铅垂方向的重力 $\boldsymbol{P}$ 和地面约束力 $\boldsymbol{F}_N$作用，且系统开始时静止，所以杆 AB 的质心沿轴 x 坐标恒为零。

【解】 以杆 AB 为研究对象，建立图示坐标系 Oxy，原点 O 与杆 AB 运动初始时的点 B 重合，则：$x_C=0$。
设任意时刻杆 AB 与水平 x 轴的夹角为 θ，则点 A 坐标：

$$x=\frac{l}{2}\cos\theta,\quad y=l\sin\theta$$

从点 A 坐标中消去角度 θ，得点 A 轨迹方程：

$$4x^2+y^2=l^2 \quad \text{（椭圆）}$$

【讨论】 请问坐标原点能否建立在点 B'处？

【例 3-8】 三个物体的质量分别为 $m_1=20$ kg，$m_2=15$ kg，$m_3=15$ kg，由一绕过两个定滑轮 M 与 N 的绳子相连接，放在质量 $m_4=100$ kg 的截头锥 $ABED$上，如图 3-8(a)所示。当物块 m_1 下降时，物块 m_2 在截头锥 $ABED$ 的上面向右移动，而物块 m_3 则沿斜面上升。如略去一切摩擦和绳子的质量，求当重物 m_1 下降 1 m 时，截头锥相对地面的位移。

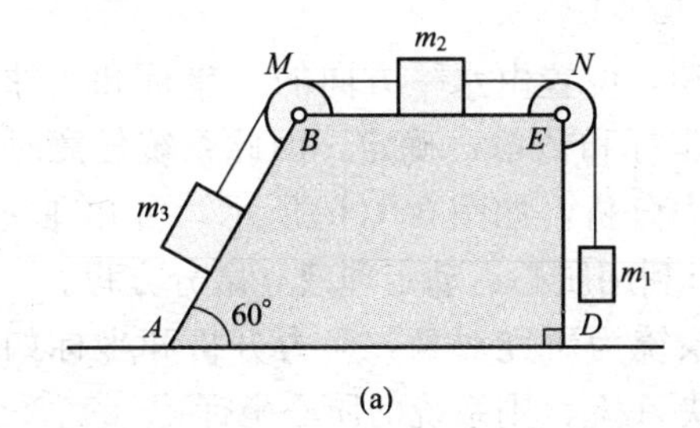

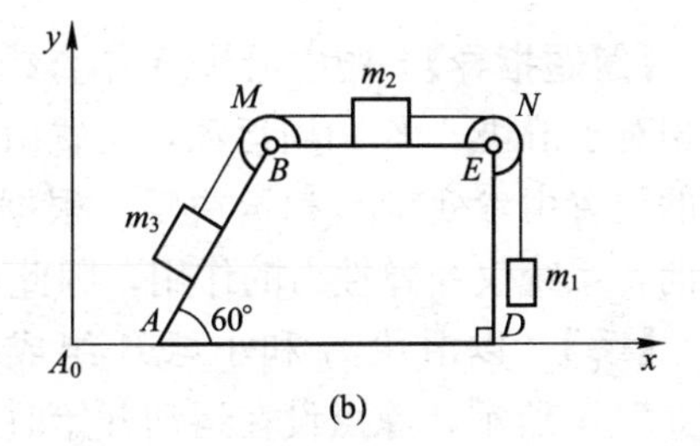

图 3-8　例 3-8 图

【解题指导】 由于不考虑摩擦的作用，系统在运动过程中水平受力为零，初始静止，故系统水平质心坐标守恒。

【解】 以系统为研究对象，初始位置 A_0 点为坐标原点建立坐标系，如图 3-8(b)所示，设当 m_1 下降 1 m 时，截头锥相对地面的位移为 s，则：

$$x_{C1}=\frac{m_1x_1+m_2x_2+m_3x_3+m_4x_4}{m_1+m_2+m_3+m_4}$$

$$x_{C2}=\frac{m_1(x_1+s)+m_2(x_2+s+1)+m_3(x_3+s+1\times\cos60^\circ)+m_4(x_4+s)}{m_1+m_2+m_3+m_4}$$

由质心守恒：

$$x_{C1}=x_{C2}$$

$$m_1x_1+m_2x_2+m_3x_3+m_4x_4$$
$$=m_1(x_1+s)+m_2(x_2+s+1)+m_3(x_3+s+1\times\cos60^\circ)+m_4(x_4+s)$$

解得：

$$s=\frac{-(m_2\times1+m_3\times0.5)}{m_1+m_2+m_3+m_4}=-0.138\text{ m}(\leftarrow)$$

【讨论】 题中静坐标的选择可以是任意的，坐标的选择不影响计算结果。

【例 3-9】 如图 3-9(a)所示，质量为 m 的滑块 A，可以在水平滑槽中运动，具有刚性系数为 k 的弹簧一端与滑块相连接，另一端固定。杆 AB 长度为 l，质量忽略不计，A 段与滑块 A 铰接，B 端装有质量 m_1，在铅直平面内可绕点 A 旋转。设在力偶 M 作用下转动角速度 ω 为常数。求滑块 A 的运动微分方程。

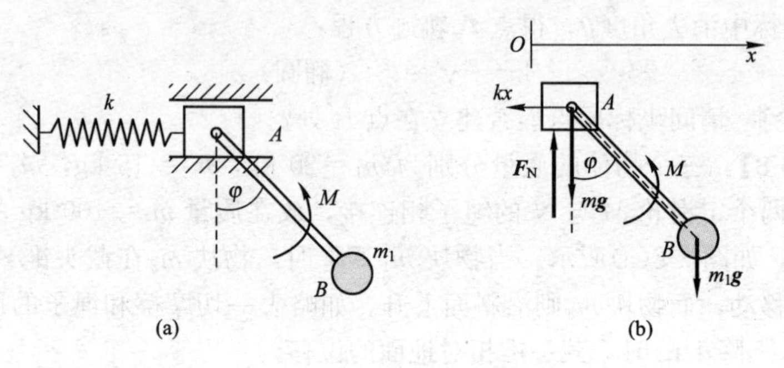

图 3-9 例 3-9 图

【解题指导】 题中滑块 A 作直线运动，位置由水平方向的 x 坐标和小球 B 相对于滑块 A 作圆周运动，位置由 x 坐标和转角 φ 确定，因此系统任意时刻的位置由参变量 x 和 φ 决定。根据受力分析，如图 3-9(b)所示，可知在 x 方向，系统仅受弹性力的作用，因此可以利用质心运动定理建立微分方程。

【解】 以滑块 A 和小球 B 组成的系统为研究对象，受力分析和坐标如图 3-9(b)所示，原点设在运动开始时滑块 A 上，则系统的质心坐标：

$$x_C=\frac{mx+m_1(x+l\sin\omega t)}{m+m_1},\quad 其中(\varphi=\omega t)$$

$$\ddot{x}_C=\ddot{x}+\frac{-m_1}{m+m_1}l\omega^2\sin\omega t$$

系统质心运动定理：

$$(m+m_1)\ddot{x}_C=-kx$$

$$\ddot{x}-\frac{m_1}{m+m_1}l\omega^2\sin\omega t=-\frac{k}{m+m_1}x$$

即
$$\ddot{x}+\frac{k}{m+m_1}x=\frac{m_1}{m+m_1}l\omega^2\sin\omega t$$

此即滑块 A 的运动微分方程。

【讨论】 设 $t=0$，$x=0$，$\dot{x}=0$，则由上述方程得滑块 A 的稳态运动规律(特解)：

$$x_p=\frac{m_1l\omega^2}{k-(m+m_1)\omega^2}\sin\omega t$$

原题力矩 M 只起保证 $\omega=$常数的作用，在实际情况上 M 是随 φ 变化的。

【例 3-10】 质量为 m_1 的物块，沿倾角为 θ 的光滑楔块滑下，楔块放在光滑的水平面上，如图 3-10(a)所示。已知楔块质量为 m_2，求：(1)物块水平方向的加速度 $\ddot{x}_1$ 及楔块的加速度 $\ddot{x}_2$；(2)楔块对物体的反作用力 $\boldsymbol{F}_1$ 及水平面对楔

块的反作用力 F_2。

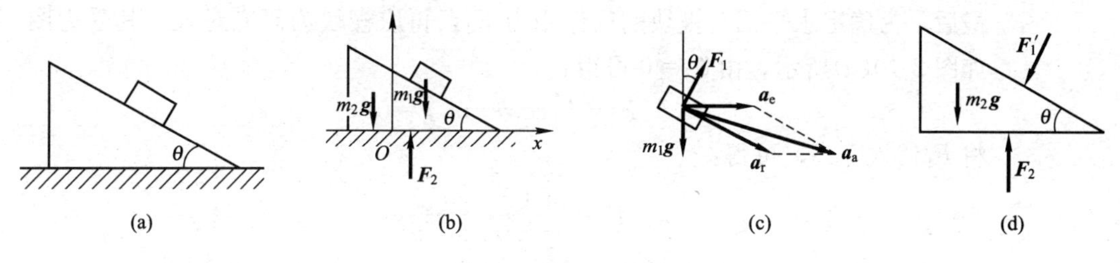

图 3-10　例 3-10 图

【解题指导】 题中楔块沿水平方向作平动，物块相对于楔块作直线运动，系统独立的运动量有两个。从运动学的角度，可以得到两物体加速度之间的关系。另外，系统所受的力沿垂直方向，外力在轴 x 上的投影的代数和$\Sigma F_x^e=0$，质心运动守恒，可以得到两物体在水平方向上加速度之间的关系。从而可以求出两物体的加速度。最后根据物体所受的力与加速度关系将力求出。

【解】 以系统为研究对象。其受力图如图 3-10(b)所示。外力在轴 x 上的投影的代数和 $\Sigma F_x^e=0$，根据质心运动守恒定理，得：

$$ma_{Cx}=m_1\ddot{x}_1+m_2\ddot{x}_2=0$$

即

$$\ddot{x}_2=-\frac{m_1}{m_2}\ddot{x}_1 \tag{1}$$

以物块为动点，楔块为动系，由加速度合成定理得物块的加速度：$\boldsymbol{a}_a=\boldsymbol{a}_e+\boldsymbol{a}_r$，方向如图 3-10(c)所示，其中：$\boldsymbol{a}_a=\ddot{x}_1\boldsymbol{i}+\ddot{y}_2\boldsymbol{j}$，$a_e=\ddot{x}_2$，将矢量关系式在 x、y 轴上的投影：

$$\ddot{x}_1=\ddot{x}_2+a_r\cos\theta$$

$$\ddot{y}_1=-a_r\sin\theta$$

联立上述两式，将 a_r消去，并将式(1)代入，得：

$$\ddot{y}_1=(\ddot{x}_2-\ddot{x}_1)\tan\theta=-\frac{m_1+m_2}{m_2}\ddot{x}_1\tan\theta \tag{2}$$

再取物体为研究对象，其受力图如图 3-10(c)所示。由质点运动微分方程得：

$$m_1\ddot{x}_1=F_1\sin\theta \tag{3}$$

$$m_1\ddot{y}_1=F_1\cos\theta-m_1g \tag{4}$$

式中　F_1——　楔块对物体的反力。

联立式(2)、式(3)、式(4)，解得：

$$\ddot{x}_1=\frac{m_2\sin\theta\cos\theta}{m_2+m_1\sin^2\theta}g=\frac{m_2\sin 2\theta}{2(m_2+m_1\sin^2\theta)}$$

$$F_1=\frac{m_1m_2\cos\theta}{m_2+m_1\sin^2\theta}g$$

由式(1)得：

$$\ddot{x}_2=-\frac{m_1\sin\theta\cos\theta}{m_2+m_1\sin^2\theta}g$$

最后，为确定水平面对楔块的反作用力 F_2，再取楔块为研究对象，其受力图如图 3-10(d)所示，由 $\ddot{y}_2=0$ 可得：

$$F_2-F_1\cos\theta-m_2g=0$$

将 F_1 代入上式，可得：

$$F_2=\frac{m_2(m_1+m_2)}{m_2+m_1\sin^2\theta}g$$

【讨论】 可试求物块滑至最低点时楔块的位移和经过的时间。

【例 3-11】 在图 3-11(a)所示曲柄滑杆机构中曲柄以等角速度 ω 绕轴 O 转动。开始时，曲柄 OA 水平向右。已知：曲柄的质量为 m_1 滑块 A 的质量为 m_2，滑杆的质量为 m_3，曲柄的质心在 OA 的中点，$OA=l$；滑杆的质心在点 C，而 $BC=\frac{l}{2}$。求：(1)机构质量中心的运动方程；(2)作用点 O 的最大水平力。

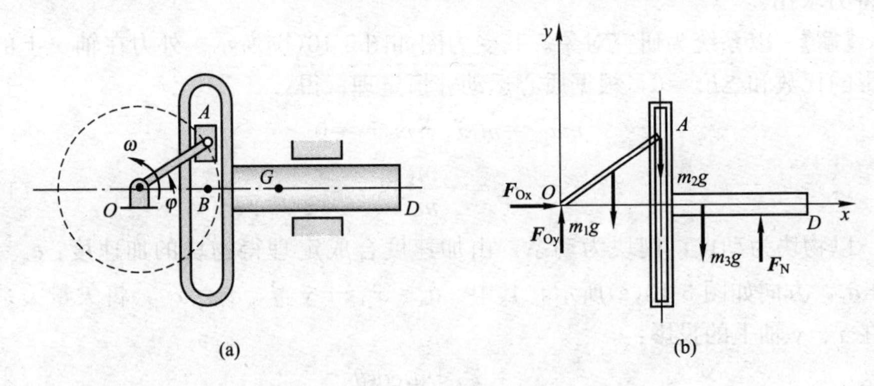

图 3-11 例 3-11 图

【解题指导】 系统包含三个物体，要求机构质量中心的运动方程，只需在任一时刻 t，利用质心公式求得机构的中心的位置即可，表示成时间 t 的函数，将其求导得到质心的速度和加速度。再利用质心运动定理求得系统所受的外力。

【解】 (1) 以系统为研究对象，建立如图 3-11(b)所示的直角坐标系 Oxy。系统的质心坐标：

$$x_C=\frac{m_1\frac{l}{2}\cos\omega t+m_2l\cos\omega t+m_3\left(l\cos\omega t+\frac{l}{2}\right)}{m_1+m_2+m_3}$$

$$=\frac{m_3l}{2(m_1+m_2+m_3)}+\frac{m_1+2m_2+2m_3}{2(m_1+m_2+m_3)}l\cos\omega t$$

$$y_C=\frac{m_1\frac{l}{2}\sin\omega t+m_2l\sin\omega t}{m_1+m_2+m_3}=\frac{m_1+2m_2}{2(m_1+m_2+m_3)}l\sin\omega t$$

(2) 以系统为研究对象，其受力分析如图 3-11(b)所示，在 x 方向系统只受点 O 约束力 F_{Ox} 作用，根据质心运动定理在轴 x 上的投影式得：

$$F_{Ox}=(m_1+m_2+m_3)a_{Cx}$$

其中：
$$a_{Cx}=\ddot{x}_C=-\frac{m_1+2m_2+2m_3}{2(m_1+m_2+m_3)}l\omega^2\cos\omega t$$
$$F_{Ox}=\frac{m_1+2m_2+2m_3}{2}l\omega^2\cos\omega t$$
作用在 O 处最大水平约束力为：
$$F_{Ox\max}=\frac{m_1+2m_2+2m_3}{2}l\omega^2$$

【讨论】 能否求出点 O 处 y 方向的约束力？

3.2.3 动量矩定理范例

【例 3-12】 如图 3-12(a)所示，匀质薄板尺寸为 l、b，板面积为 bl 时，质量为 m。试求其对 x、y 轴的转动惯量。

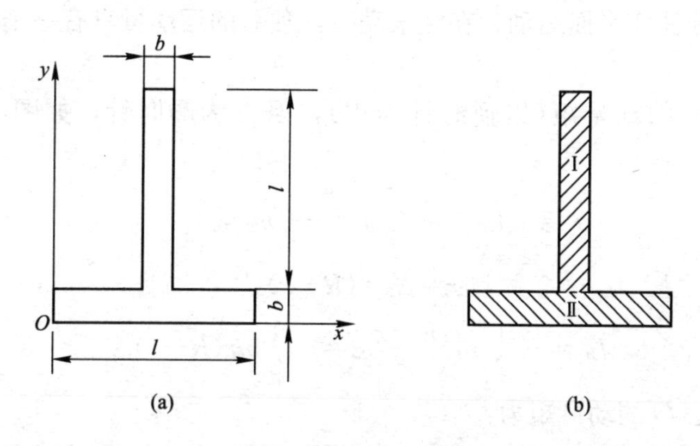

图 3-12 例 3-12 图

【解题指导】 薄板可以分成两块规则的图形，采用分割法求解。

【解】 将图形分割成两块，如图 3-12(b)所示，每一块面积均为 bl，利用转动惯量平行轴定理。
$$J_x=\frac{1}{12}ml^2+m\left(\frac{l}{2}+b\right)^2+\frac{1}{3}mb^2$$
$$=\frac{1}{3}m(l^2+3bl+4b^2)$$
$$J_y=\frac{1}{12}mb^2+m\left(\frac{l}{2}\right)^2+\frac{1}{3}ml^2$$
$$=\frac{1}{12}m(b^2+7l^2)$$

【讨论】 (1) 在求解组合形体的转动惯量时，一般应用分割法的思想求解，将图形分割成若干个规则图形求解。

(2) 对每个图形，尽量利用转动惯量的平行轴定理，使计算简化。

(3) 本题若求 J_O，则可利用公式 $J_O=J_x+J_y$ 即可求出。

【例 3-13】 一半径为 r，质量为 m 的匀质圆柱在半径为 R 的固定圆弧槽内作无滑动的滚动。试求圆柱对 C、O、I 三点(图 3-13a)的动量矩(表示为 φ 的函数)。

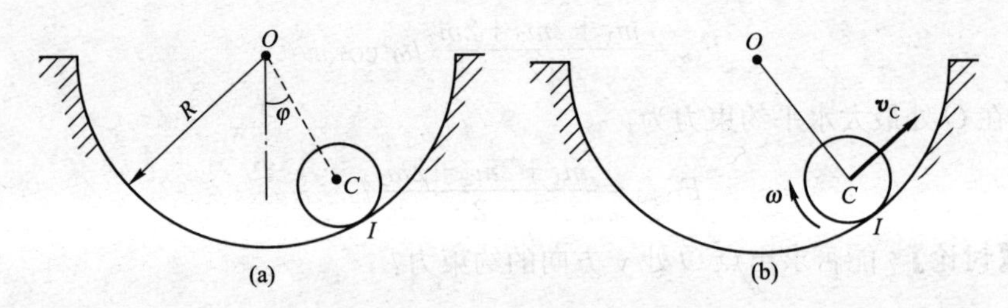

图 3-13 例 3-13 图

【解题指导】 圆柱作平面运动，需采用平面运动刚体动量矩的计算公式求解。

【解】 圆柱作平面运动，在纯滚动时，独立的运动量只有一个，用角度 φ 就可描述。

对质心 C 的动量矩（以逆时针为正），因 ω 为顺时针，如图 3-13(b)所示，则：

$$L_C=-J_C\omega=-\frac{1}{2}mr^2\omega$$

$$\omega r=v_C=(R-r)\dot{\varphi}$$

$$L_C=-\frac{1}{2}mr^2\frac{R-r}{r}\dot{\varphi}=-\frac{1}{2}mr(R-r)\dot{\varphi}$$

对圆弧槽中心 O 的动量矩为：

$$L_O=mv_C(R-r)+L_C=m(R-r)^2\dot{\varphi}-\frac{1}{2}mr(R-r)\dot{\varphi}$$

对 I 点（速度瞬心）的动量矩为：

$$L_I=-mv_Cr+L_C=-mr(R-r)\dot{\varphi}-\frac{1}{2}mr(R-r)\dot{\varphi}=-\frac{3}{2}mr(R-r)\dot{\varphi}$$

【讨论】

(1) 质点系相对动量对质心之矩的和等于绝对动量对质心之矩之和。但要注意刚体各质量的相对动量为 $m_iv_{ir}=m_i\omega\rho_i$，$\omega$ 为刚体绝对角速度，ρ_i 为各质点到质心的距离。

(2) 刚体对质心之外点的动量矩，相当于将全部质量集中在质心上后的动量对点之矩与对质心动量矩的代数和，即由于转向不同，可能相加，也可能相减。

【例 3-14】 图 3-14 所示摆锤机构位于铅垂面内，已知：匀质圆盘半径 $r=0.25$ m，质量 $m_1=20$ kg，匀质杆 AB 长 $l=4r$，质量为 $m_2=10$ kg，力偶矩 $M=15$ N·m，$h=2$ cm。试求图示瞬时：(1)当杆 AB 与圆盘 C 在 B 处铰接时，杆 AB 和圆盘 C 的角加速度；(2)当杆 AB 与圆盘 C 处刚接时，系统的角加速度。

【解题指导】 当杆 AB 与圆盘 C 在 B 处铰接时，杆 AB 作定轴转动，圆盘 C 作平面运动，求角加速度，可以分别根据运动微分方程求解。当杆 AB 与圆盘 C 处刚接时，成为一个整体，作定轴转动，利用定轴转动微分方程

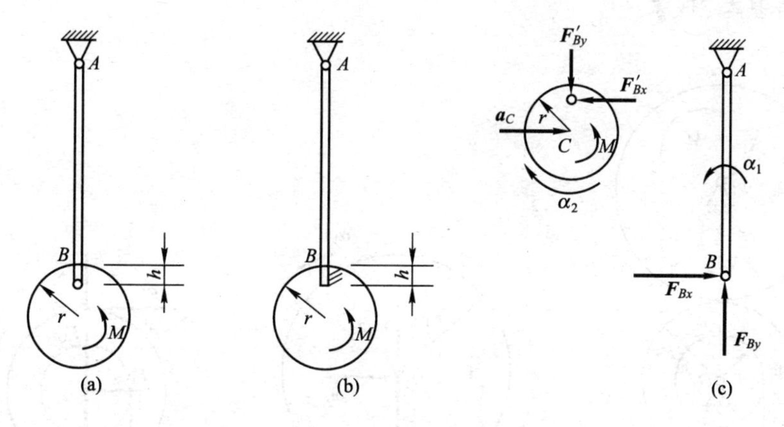

图 3-14　例 3-14 图

求解。

【解】 (1) 当杆 AB 与圆盘铰接时，将杆与圆盘分开研究，受力与运动分析如图 3-14(c)所示。

杆 AB 作定轴转动：

$$\frac{1}{3}m_2l^2\alpha_1=F_{Bx}l$$

轮 C 作平面运动：

$$\frac{1}{2}m_1r^2\alpha_2=M+F'_{Bx}(r-h)$$

$$m_1a_C=-F'_{Bx}$$

以 B 为基点，求 a_C：

$$a_C=\alpha_1l+\alpha_2(r-h)$$

解得：　　　$\alpha_1=-3.81\ \text{rad/s}^2$，　$\alpha_2=19.33\ \text{rad/s}^2$

(2) 当杆 AB 与圆盘 C 固接时，设系统角加速度为 α，根据定轴转动微分方程：

$$\left[\frac{1}{3}m_2l^2+\frac{1}{2}m_1r^2+m_1(l+r-h)^2\right]\alpha=M$$

解得：$\alpha=0.44\ \text{rad/s}^2$

【讨论】 能否求出点 C 处的约束反力。

【例 3-15】 齿轮传动机构如图 3-15 所示，已知：齿轮Ⅰ的质量 $m_1=100$ kg，半径 $R_1=60$ cm，对 O_1 轴的回转半径 $\rho_1=25$ cm；齿轮Ⅱ(包括鼓轮)的质量 $m_2=150$ kg，对 O_2 轴的回转半径 $\rho_2=30$ cm，半径 $R_2=40$ cm，$r=20$ cm。重物的质量 $m_3=400$ kg。作用在Ⅰ上的力偶的力偶矩 $M=4200+200t$(N·cm)，当 $t=0$ 时，$\varphi_1=0$，$\omega=2$ rad/s，试求轮Ⅱ的运动规律 $\varphi_2(t)$。

【解题指导】 齿轮Ⅰ和齿轮Ⅱ均作定轴转动，并且外啮合，啮合点处的作用力满足作用与反作用定律，啮合点处的速度大小相等。由于本题中要求轮Ⅱ的运动变化规律，因此在列方程时，尽量避免支座 O_1 和 O_2 处约束力的出现，此时可以考虑对点取矩，利用动量矩定理求解。

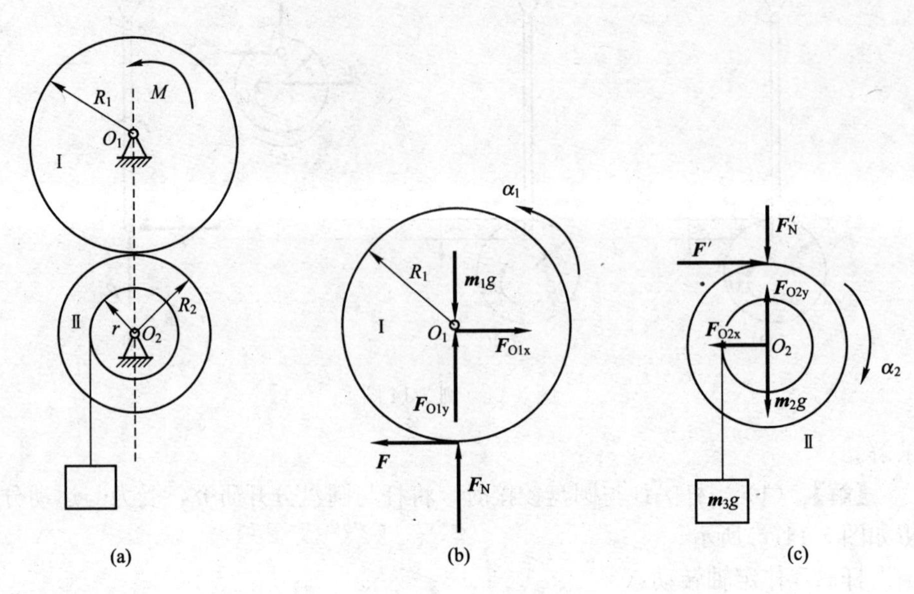

图 3-15 例 3-15 图

【解】 轮Ⅰ和轮Ⅱ的受力和运动分析如图 3-15(b)和(c)所示。

齿轮Ⅰ： $$J_1\alpha_1=M-FR_1 \tag{1}$$

齿轮Ⅱ和重物： $$J_2\alpha_2+m_3r^2\alpha_2=F'R_2-m_3gr \tag{2}$$

由于啮合点处的速度大小相等：$\omega_1R_1=\omega_2R_2$

两边求导得： $$\alpha_1R_1=\alpha_2R_2 \tag{3}$$

由式(1)、式(2)、式(3)得：

$$(m_2\rho_2^2R_1^2+m_3r^2R_1^2+m_1\rho_1^2R_2^2)\frac{\mathrm{d}\omega_2}{\mathrm{d}t}=R_1R_2M-m_3grR_1^2$$

代入数值后，得： $$\frac{\mathrm{d}\omega_2}{\mathrm{d}t}=0.0413t-23.422 \tag{4}$$

当 $t=0$ 时： $$\omega_1=2,\quad \omega_2=\frac{R_1\omega_1}{R_2}=3\ \mathrm{rad/s}$$

式(4)两边积分：

$$\int_3^{\omega_2}\mathrm{d}\omega_2=\int_0^t(0.0413t-23.422)\mathrm{d}t$$

$$\omega_2=0.0207t^2-23.422t+3 \tag{5}$$

当 $t=0$ 时，$\varphi_1=0$，$\varphi_2=0$。

式(5)两边积分：

$$\int_0^{\varphi_2}\mathrm{d}\varphi_2=\int_0^t(0.0207t^2-23.422t+3)\mathrm{d}t$$

$$\varphi_2=0.007t^3-11.711t^2+3t$$

【讨论】 是否可以整体考虑动量矩方程，如对 O_1 建立整体动量矩方程。

【例 3-16】 均值杆 AB 重为 P，长为 l，放在铅垂平面内，杆的一端 A 靠在光滑的铅垂墙上，并与铅垂墙呈 φ 角，另一端 B 放在光滑的水平地板上，令杆无初速度滑下。求开始滑动时地板与墙面对杆的约束反力。

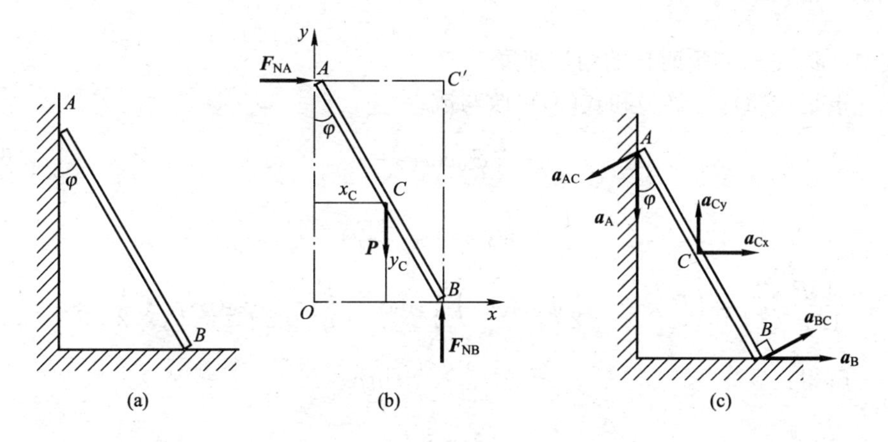

图 3-16　例 3-16 图

【解题指导】 杆 AB 作平面运动，收到墙面和地面的约束，未知的约束力有两个，未知的运动量有一个，求开始滑动时的约束反力，宜用刚体平面运动微分方程求解。

【解】 以杆 AB 为研究对象，将其置于一般位置，杆 AB 与铅垂墙面夹角为 φ，受力和坐标如图 3-16(b)所示。

对杆 AB 作运动分析，设刚体的角速度为 $\dot{\varphi}$，角加速度为 $\ddot{\varphi}$，则由图 3-16(b)知刚体质心：

$$x_C=\frac{l}{2}\sin\varphi,\quad y_C=\frac{l}{2}\cos\varphi$$

将上述式子分别对时间求一阶导数和两阶导数，得：

$$\dot{x}_C=\frac{l}{2}\dot{\varphi}\cos\varphi,\quad y_C=-\frac{l}{2}\dot{\varphi}\sin\varphi$$

$$\ddot{x}_C=-\frac{l}{2}\dot{\varphi}^2\sin\varphi+\frac{l}{2}\ddot{\varphi}\cos\varphi \tag{1}$$

$$\ddot{y}_C=-\frac{l}{2}\dot{\varphi}^2\cos\varphi-\frac{l}{2}\ddot{\varphi}\sin\varphi \tag{2}$$

式(1)、式(2)即为运动学补充方程，表示刚体质心的加速度与刚体角速度和角加速度之间的关系。

建立刚体平面运动微分方程：

$$\frac{P}{g}\ddot{x}_C=F_{NA} \tag{3}$$

$$\frac{P}{g}\ddot{y}_C=F_{NB}-P \tag{4}$$

$$J_C\ddot{\varphi}=F_{NB}\cdot\frac{l}{2}\sin\varphi-F_{NA}\cdot\frac{l}{2}\cos\varphi \tag{5}$$

因初瞬时，$t=0$，$\varphi=\varphi_0$，$\dot{\varphi}=0$，则由式(1)、式(2)得该瞬时质心的加速度：

$$\ddot{x}_C=\frac{l}{2}\ddot{\varphi}_0\cos\varphi_0,\quad \ddot{y}_C=-\frac{l}{2}\ddot{\varphi}_0\sin\varphi_0$$

式中 $\ddot{\varphi}_0$——初瞬时杆的角加速度。

于是式(3)、式(4)和式(5)可改写成：

$$\frac{P}{g}\cdot\frac{l}{2}\ddot{\varphi}_0\cos\varphi_0=F_{NA} \tag{6}$$

$$-\frac{P}{g}\cdot\frac{l}{2}\ddot{\varphi}_0\sin\varphi_0=F_{NB}-P \tag{7}$$

$$\frac{1}{12}\frac{P}{g}l^2\ddot{\varphi}_0=\left(P-\frac{P}{g}\cdot\frac{l}{2}\ddot{\varphi}_0\sin\varphi_0\right)\frac{l}{2}\sin\varphi_0-\frac{P}{g}\cdot\frac{1}{2}\ddot{\varphi}_0\cos\varphi_0\cdot\frac{l}{2}\cos\varphi_0 \tag{8}$$

解得：

$$\ddot{\varphi}_0=\frac{3}{2}\times\frac{g}{l}\sin\varphi_0$$

$$F_{NA}=\frac{3}{4}P\sin\varphi_0\cos\varphi_0$$

$$F_{NB}=P\left(1-\frac{3}{4}\cos^2\varphi_0\right)$$

【讨论】 研究刚体平面运动的动力学问题，一般要建立运动学补充方程，找出质心运动与刚体转动之间的关系。本题的运动学关系还可以用平面运动的方法来求解，具体解法如下：取 C 点为基点，则 B 点的加速度，方向如图 3-16(c)所示。

$$\boldsymbol{a}_B=\boldsymbol{a}_C+\boldsymbol{a}_{BCt}+\boldsymbol{a}_{BCn}$$

在 AB 杆开始滑动的瞬时，$\omega=0$，故 $a_{BCn}=\overline{BC}\omega^2=0$，$\boldsymbol{a}_{BC}=\boldsymbol{a}_{BCt}$。

将上式投影到 y 轴，可得：

$$0=a_{Cy}+a_{BC}\sin\varphi_0$$

所以，$\ddot{y}_C=a_{Cy}=-a_{BC}\sin\varphi_0=-\overline{BC}\ddot{\varphi}_0\sin\varphi_0=-\dfrac{l}{2}\ddot{\varphi}_0\sin\varphi_0$

取 C 点为基点，则 A 点的加速度，方向如图 3-16(c)所示。

$$\boldsymbol{a}_A=\boldsymbol{a}_C+\boldsymbol{a}_{ACt}+\boldsymbol{a}_{ACn}$$

在 AB 杆开始滑动的瞬时，$\omega=0$，故 $a_{AC}^n=0$，$\boldsymbol{a}_{AC}=\boldsymbol{a}_{ACt}$。

将上式投影到 x 轴，并注意到 $a_{Bx}=0$，可得：

$$0=a_{Cx}-a_{AC}\cos\varphi_0$$

所以

$$\ddot{x}_C=a_{Cx}=a_{AC}\cos\varphi_0=\overline{AC}\ddot{\varphi}_0\cos\varphi_0=\frac{l}{2}\ddot{\varphi}_0\cos\varphi_0$$

【例 3-17】 半径为 r，质量为 m 的匀质圆轮沿水平面作无滑动的滚动，如图 3-17(a)所示。已知：轮对质心的惯性半径为 ρ_C，作用于圆轮的力偶矩为 M，试求轮心的加速度。如果圆轮对地面静滑动摩擦因数为 f_s，试问力偶矩 M 必须满足什么条件方不致使圆轮滑动？

【解题指导】 圆轮作纯滚动，只需一个独立的运动参量 α，作受力分析，有 F_s、F_N 两个未知量，所以系统有 a_C、F_s、F_N 三个独立未知量。应用平面运动微分方程(三个方程)，则三个未知量均能解出。

【解】 由平面运动微分方程得：

$$ma_C=F_s$$

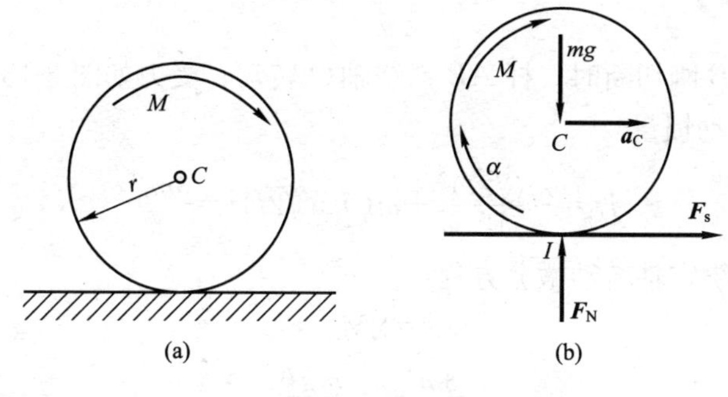

图 3-17　例 3-17 图

$$0=F_N-mg$$

$$m\rho_C^2\alpha=M-F_s r$$

根据运动学补充方程 $a_C=\alpha r$，联立求解得：

$$F_N=mg,\quad a_C=\frac{Mr}{m(\rho_C^2+r^2)},\quad F_s=\frac{Mr}{\rho_C^2+r^2}$$

欲使圆轮只滚不滑，必须有 $F_s\leqslant f_s F_N$，得：

$$M\leqslant f_s mg\frac{r+\rho_C^2}{r^2}$$

【讨论】

(1) 对一个研究体，平面运动微分方程只能求解三个未知量。

(2) 本题可直接对速度瞬心取动量矩定理，即：

$$J_I\alpha=M\text{，式中 }J_I=J_C+mr^2=m(\rho_C^2+r^2)$$

当质心距速度瞬心的长度不变时均如此。

【例 3-18】 均质杆 AB，质量 m，长 $\sqrt{2}l$，由三根绳支承，如图 3-18 所示。若绳 $OA=OB=l$，试求当绳 O_1B 刚切断瞬时，绳 OA、OB 的张力。

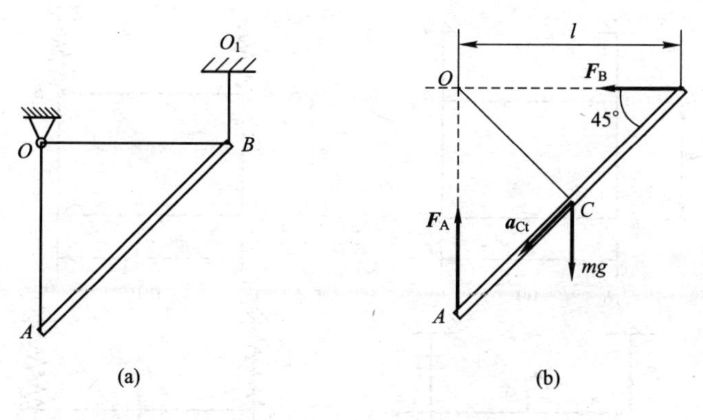

图 3-18　例 3-18 图

【解题指导】 本题为瞬时释放问题，当 O_1B 刚切断时，杆 AB 欲绕轴 O 转动，则可利用定轴转动微分方程求出该瞬时的角加速度，从而得到质心的加速度，再利用质心运动定理求绳的张力。

【解】 O_1B 刚切断时，杆 AB 欲绕轴 O 转动，受力如图 3-18(b)所示。绕 O 点转动惯量：

$$J_O=\frac{m(\sqrt{2}l)^2}{12}+m(0.5\sqrt{2}l)^2=\frac{3ml^2}{2}$$

根据刚体绕定轴转动微分方程：

$$J_O\alpha=\Sigma M_O(\boldsymbol{F})$$

即
$$\frac{3ml^2}{2}\alpha=\frac{mgl}{2}$$

所以
$$\alpha=\frac{3g}{4l},\quad a_{Ct}=\frac{\sqrt{2}}{2}l\alpha=\frac{3\sqrt{2}}{8}g$$

又由于杆 AB 原静止，刚切断绳 O_1B 时，仍有 $\omega=0$，故 $a_{Cn}=0$，于是

$$\boldsymbol{a}_C=\boldsymbol{a}_{Ct}$$

$$a_{Cx}=a_{Cy}=a_{Ct}\cos45°=\frac{3g}{8}$$

根据质心运动定理：

x 方向：
$$F_B=ma_{Cx},\quad F_B=\frac{3mg}{8}$$

y 方向：
$$F_A-mg=ma_{Cy},\quad F_A=\frac{5}{8}mg$$

【讨论】 是否可对杆 AB 的质心取动量矩方程，或者直接对杆 AB 的 A 点取动量矩方程求绳子张力。

【例 3-19】 完全相同的两块匀质板静止悬挂，如图 3-19(a)、(b)所示，其中质量：$m=4$ kg，长度 $l=500$ mm，高度 $h=250$ mm。求：点 B 处的绳或弹簧被剪断的瞬时，质心加速度各为多少？

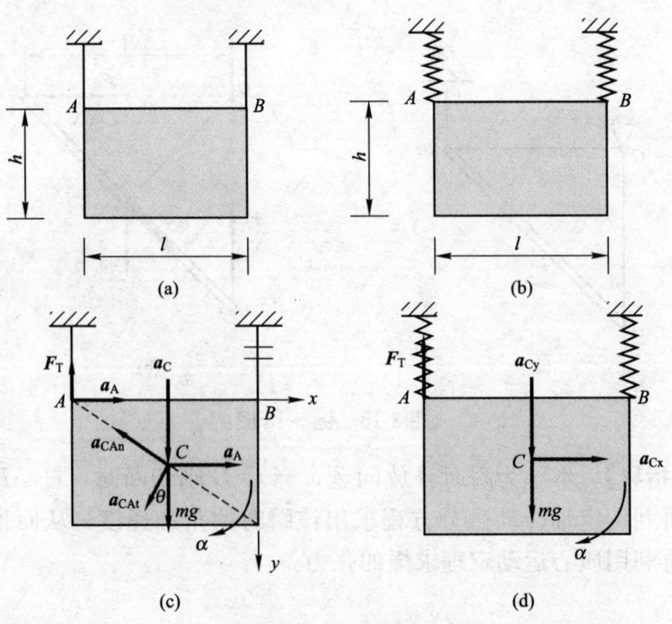

图 3-19 例 3-19 图

【解题指导】 本题为瞬时释放问题，第一种情况：点 B 处的绳被剪断的瞬时，板作平面运动，未知的运动量有两个，即点 A 的加速度和板的角加速度，未知的约束力一个，利用平面运动微分方程求解时，需补充质心加速度和点 A 加速度之间的关系。点 B 处的弹簧被剪断的瞬时，板也作平面运动，未知的运动量有三个：即质心的加速度大小、方向和板的角加速度，由于释放瞬时，板的位置还没有发生变化，因此点 A 处的弹簧力仍为静平衡时的大小，力是已知。

【解】 (1) 第一种情况：点 B 处的绳被剪断的瞬时，受力分析和运动分析，如图 3-19(c)所示。

应用刚体平面运动微分方程：

$$ma_{\mathrm{Cx}}=0 \tag{1}$$

$$ma_{\mathrm{Cy}}=mg-F_{\mathrm{T}} \tag{2}$$

$$J_{\mathrm{C}}\alpha=F_{\mathrm{T}}\cdot\frac{l}{2} \tag{3}$$

初瞬时 $\omega=0$，则有：$a_{\mathrm{CAn}}=0$

又由式(1)知：$a_{\mathrm{Cx}}=0$

$$a_{\mathrm{C}}=a_{\mathrm{Cy}}=a_{\mathrm{CAt}}\cos\theta=\overline{AC}\cdot\alpha\cos\theta=0.25\alpha \tag{4}$$

联立式(2)、式(3)、式(4)，解得：

$$\alpha=\frac{12}{17}\cdot\frac{g}{0.25},\quad a_{\mathrm{C}}=\frac{12}{17}g=6.92\mathrm{m/s^2}$$

(2) 第二种情况，点 B 处的弹簧被剪断的瞬时，受力和运动分析如图 3-19(d)所示。初瞬时弹簧还未变形，弹簧力为：$F_{\mathrm{T}}=\frac{1}{2}mg$

根据平面运动微分方程：

$$ma_{\mathrm{Cx}}=0 \tag{5}$$

$$ma_{\mathrm{Cy}}=mg-F_{\mathrm{T}} \tag{6}$$

$$J_{\mathrm{C}}\alpha=F_{\mathrm{T}}\cdot\frac{l}{2} \tag{7}$$

由式(6)解得：$$a_{\mathrm{C}}=a_{\mathrm{Cy}}=\frac{g}{2}=4.9\mathrm{m/s^2}$$

【讨论】 本题注意在剪断点 B 处的约束，绳的张力瞬时发生了变化，而弹簧需有变形力才会变化。

3.2.4 动能定理范例

【例 3-20】 曲柄连杆机构如图 3-20 所示，已知：$OA=AB=r$，$\omega=$常数，均质曲柄 OA 及连杆 AB 的质量均为 m，滑块 B 的质量为 $m/2$。图示位置时，AB 水平，OA 铅直，试求该瞬时系统的动能。

【解题指导】 系统中曲柄 OA 作定轴转动，连杆 AB 作平面运动，滑块 B 作直线运动，计算动能时需根据物体的运动形式，选取合适的公式计算。同时注意到系统虽然包含三个物体，但独立的运动量只有一个，因此可以根据运动学求出未知的速度。

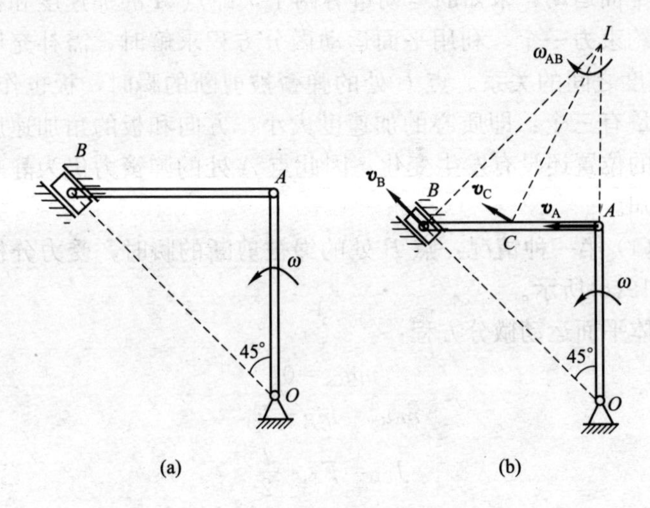

图 3-20 例 3-20 图

【解】 连杆 AB 作平面运动，速度分析如图 3-20(b)所示，瞬心在点 I，则：

$v_A = r\omega$，$v_B\cos45° = v_A$，$v_B = r\omega\times\dfrac{2}{\sqrt{2}} = \sqrt{2}r\omega$，$\omega_{AB} = \dfrac{v_A}{r} = \omega$，$v_C = \overline{IC}\cdot\omega = \dfrac{\sqrt{5}}{2}r\omega$

系统动能：

$$
\begin{aligned}
T &= T_{OA} + T_{AB} + T_B \\
&= \frac{1}{2}\times\frac{1}{3}mr^2\omega^2 + \frac{1}{2}m\left(\frac{\sqrt{5}}{2}r\omega\right)^2 + \frac{1}{2}\times\frac{1}{12}mr^2\omega^2 + \frac{1}{2}\times\frac{m}{2}(\sqrt{2}r\omega)^2 \\
&= \frac{4}{3}mr^2\omega^2
\end{aligned}
$$

【讨论】 求系统的动能时，一般分刚体写出，对于平面运动可利用柯尼希定理写动能。必须指出，柯尼希定理中，质心的速度是绝对速度，刚体相对质心的动能 $T' = \dfrac{1}{2}J_C\omega^2$，此 ω 为绝对角速度。

【例 3-21】 如图 3-21(a)所示，均质杆 OA 重为 P，长为 l，在水平位置时处于静止。两弹簧的刚度系数分别为 k_1、k_2。求杆 OA 由平衡位置转动微小角度 φ 时杆的动能及在这一过程中诸力所做的功之总和。已知此时杆的角速度为 ω。

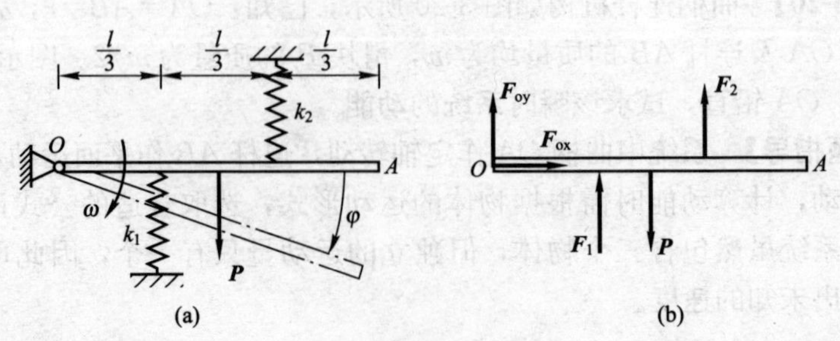

图 3-21 例 3-21 图

【解题指导】 杆 OA 作定轴转动，动能直接根据刚体定轴转动的动能写出即可。各力的功需根据力的性质进行计算，约束力不做功同时要注意杆 OA 在水平位置时，两弹簧存在变形。

【解】 杆 OA 作定轴转动，动能为：

$$T=\frac{1}{2}J_{O}\omega^{2}=\frac{P}{6g}l^{2}\omega^{2}$$

各力如图 3-21(b)所示，做功之和为：

$$W=P\frac{l}{2}\varphi+\frac{k_1}{2}(\delta_1^2-\delta_{st1}^2)+\frac{k_2}{2}(\delta_2^2-\delta_{st2}^2)$$

设在水平平衡位置，两弹簧的静伸长分别为 δ_{st1}、δ_{st2}，在此位置：

$$\Sigma M_{O}(\boldsymbol{F}_i)=0,\quad F_1\frac{l}{3}+F_2\frac{2l}{3}-P\frac{l}{2}=0$$

即：
$$k_1\delta_{st1}\cdot\frac{1}{3}+k_2\delta_{st2}\cdot\frac{2}{3}-\frac{P}{2}=0$$

又
$$\delta_1=\delta_{st1}+\frac{l}{3}\varphi,\quad \delta_2=\delta_{st2}+\frac{2l}{3}\varphi$$

将上式代入总功：
$$W=-\frac{k_1+4k_2}{18}l^2\varphi^2$$

【讨论】 从总功的计算结果可以看出，由于水平平衡位置弹簧已有初变形，因此在任一位置，重力所做的功被弹性力的功抵消。

【例 3-22】 如图 3-22(a)所示系统，物块 A 重 $P_1=90$ N，均质轮 C 重 $P_2=45$ N，半径 $r=30$ cm，A 与斜面间的动摩擦系数 $f_d=0.3$，B、D 两定滑轮质量不计。设绳与轮 C 之间无相对滑动，绳的倾斜段与斜面平行，试求物块 A 从静止开始沿斜面下滑 $s=10$ cm 时的速度。

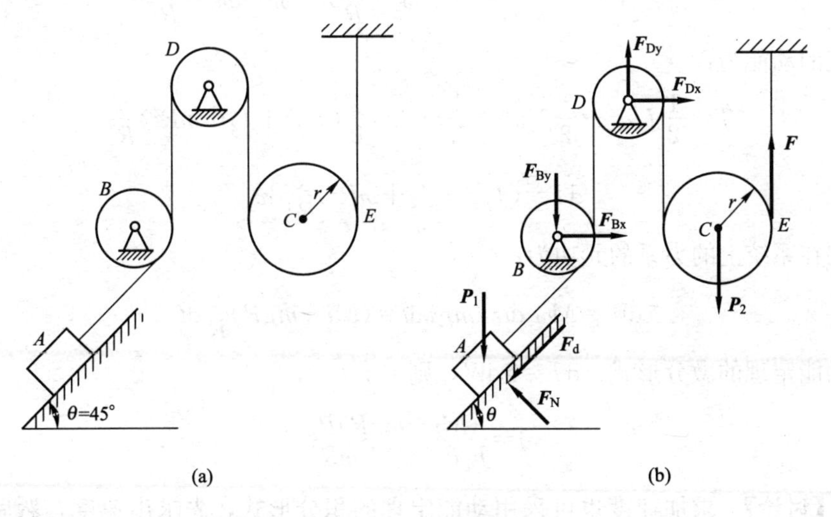

图 3-22 例 3-22 图

【解题指导】 系统中虽然包含有较多物体，但是从运动分析可知，独立的运动量只有一个，而且要求速度，可以采用动能定理的积分形式。

【解】 设物块 A 的速度为 v_A，受力分析如图 3-22(b)所示。

$$T_1=0$$

$$T_2=\frac{P_1}{2g}v_A^2+\frac{P_2}{2g}\left(\frac{v_A}{2}\right)^2+\frac{1}{2}\left(\frac{P_2}{2g}r^2\right)\left(\frac{v_A}{2r}\right)^2=\frac{v_A^2}{16g}(8P_1+3P_2)$$

$$\Sigma W=(P_1\sin\theta-P_1f\cos\theta)s-\frac{1}{2}P_2s=\left(P_1\sin\theta-P_1f\cos\theta-\frac{1}{2}P_2\right)s$$

由 $T_2-T_1=\Sigma W$，得：

$$v_A=\sqrt{\frac{8(2P_1\sin\theta-2P_1f_d\cos\theta-P_2)sg}{8P_1+3P_2}}=0.636\ \text{m/s}$$

【讨论】 动能定理求解只有一个独立运动量的动力学问题是非常方便的，特别是做功的力均为已知的情况下。无论系统包含多少物体，都可以整体为研究对象，用动能定理求解。

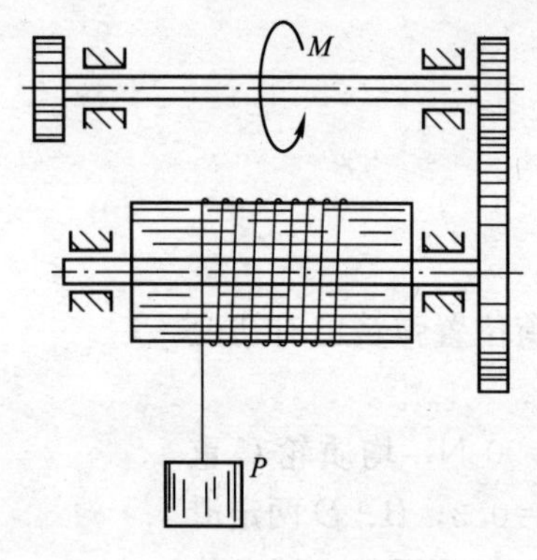

图 3-23　例 3-23 图

【例 3-23】 绞车提升一质量为 m 的重物 P，如图 3-23所示。绞车在主动轴上作用一不变的转动力矩 M。已知主动轴和从动轴连同安装在这两轴上的齿轮以及其他附属零件的转动惯量分别为 J_1 和 J_2，传速比 $z_1/z_2=i$。吊索缠绕在鼓轮上，鼓轮的半径为 R。设轴承的摩擦以及吊索的质量均可略去不计。试求重物的加速度。

【解题指导】 系统中独立的运动量只有一个，求加速度，可以采用动能定理的微分形式。

【解】 以整体系统为研究对象，由运动学关系得：

$$\omega_2=\frac{v}{R},\quad \omega_1=i\omega_2=\frac{vi}{R}$$

系统的动能为：

$$T=\frac{1}{2}J_1\omega_1^2+\frac{1}{2}J_2\omega_2^2+\frac{1}{2}mv^2=\frac{1}{2}(J_1i^2+J_2+mR^2)\frac{v^2}{R^2}$$

$$\mathrm{d}T=(J_1i^2+J_2+mR^2)\frac{v}{R^2}\mathrm{d}v$$

作用在系统上的力系的元功为：

$$\Sigma \mathrm{d}W=M\omega_1\mathrm{d}t-mgv\mathrm{d}t=(Mi-mgR)\frac{v}{R}\mathrm{d}t$$

由动能定理的微分形式：$\mathrm{d}T=\Sigma\mathrm{d}W$，则

$$a=\frac{(Mi-mgR)R}{J_1i^2+J_2+mR^2}$$

【讨论】 求加速度也可采用动能定理的积分形式，先求出速度，然后对速度进行求导得加速度。

【例 3-24】 系统如图 3-24(a)所示，两根长为 l、质量为 m 的匀质杆 AC 与 CB 用铰 C 相连接，A 端为铰支座，B 端用铰与一匀质圆盘连接，圆盘半径为 r，质量为 $2m$，它在水平面上作无滑动的滚动。当 $\theta=30°$时，此系统在重力作用下无初速开始运动，求此瞬时杆 AC 的角加速度。

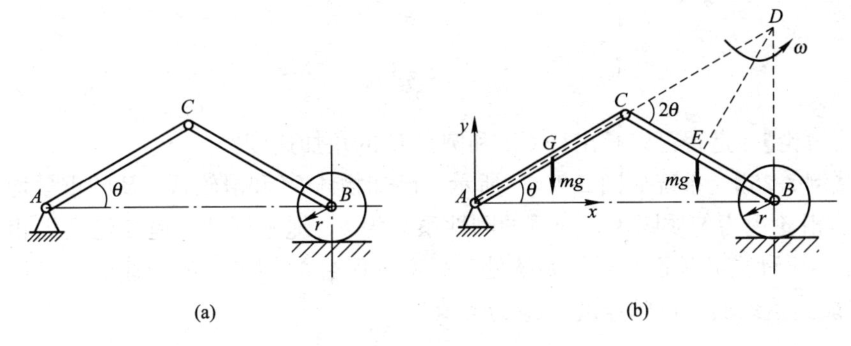

图 3-24 例 3-24 图

【解题指导】 系统具有一个独立的运动量，参变量 θ 唯一地确定了系统所处的位置，因此各物体的位置均可表示为 θ 的函数。可以采用动能定理求解，并注意到杆 AC 的角加速度就是参变量 θ 的二阶导数。同时计算各物体的动能时，注意物体的运动形式，题中杆 AC 作定轴转动，杆 CB 和圆盘 B 作平面运动。

【解】 以系统为研究对象，受力和坐标如图 3-24(b)所示，杆 AC、杆 CB 和圆盘 B 的质心坐标如下：

$$x_G=\frac{1}{2}l\cos\theta,\quad y_G=\frac{1}{2}l\sin\theta,\quad x_E=\frac{3}{2}l\cos\theta,\quad y_E=\frac{1}{2}l\sin\theta,\quad x_B=2l\cos\theta$$

$$v_E^2=\dot{x}_E^2+\dot{y}_E^2=\frac{1}{4}l^2\dot{\theta}^2(8\sin^2\theta+1),\quad v_B=\dot{x}_B-2l\dot{\theta}\sin\theta$$

D 点为杆 BC 的瞬心，故杆 CB 的角速度：$\omega=\dot{\theta}$，圆盘 B 的角速度：$\omega_B=\frac{v_B}{r}$。

系统中各构件的动能分别为：

$$T_{AC}=\frac{1}{6}ml^2\dot{\theta}^2$$

$$T_{CB}=\frac{1}{2}mv_E^2+\frac{1}{2}J_E\omega^2=\frac{1}{8}ml^2\dot{\theta}^2\left(8\sin^2\theta+\frac{4}{3}\right)$$

$$T_B=\frac{1}{2}2mv_B^2+\frac{1}{2}J_B\omega_B^2=6ml^2\dot{\theta}^2\sin^2\theta$$

$$T=ml^2\dot{\theta}^2\left(\frac{1}{3}+7\sin^2\theta\right)$$

$$\mathrm{d}T=\left(\frac{2}{3}+14\sin^2\theta\right)ml^2\dot{\theta}\,\mathrm{d}\dot{\theta}+7ml^2\dot{\theta}^2\sin2\theta\mathrm{d}\theta$$

$$\Sigma\mathrm{d}W=-mg\dot{y}_G\mathrm{d}t-mg\dot{y}_E\mathrm{d}t=-mgl\dot{\theta}\cos\theta\mathrm{d}t$$

由 $\mathrm{d}T=\Sigma\delta W$ 得：

$$\ddot{\theta}=\frac{-g\cos\theta-7l\dot{\theta}^2\sin2\theta}{\left(\frac{2}{3}+14\sin^2\theta\right)l}$$

初始时刻有：

$$\dot{\theta}=0,\quad \theta=30^\circ$$

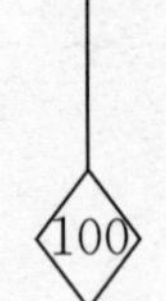

$$\ddot{\theta}=-\frac{3\sqrt{3}}{25}\frac{g}{l}$$

【讨论】 是否可以求出杆 CB 和圆盘 B 的角加速度？

【例 3-25】 系统如图 3-25(a)所示，已知物体 M 和滑轮 A、B 的重量均为 P，且滑轮视为匀质圆盘，弹簧的刚性系数为 k，绳重不计，绳与轮间无相对滑动。当 M 离开地面 h 时，系统处于平衡。现给 M 以向下的初速度 v_0，欲使其恰能到达地面。试问速度 v_0 应为何值？

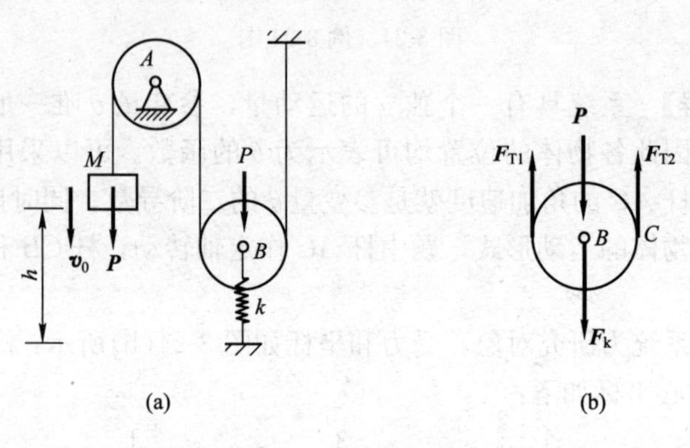

图 3-25 例 3-25 图

【解题指导】 系统具有一个独立的运动量，物块 M 作直线平动，滑轮 A 作定轴转动，滑轮 B 作平面运动，因求物块 M 的初速度 v_0，宜用积分形式的动能定理求解。

【解】 以整个系统为研究对象，v_0 为物体 M 的初速度，ω_A 为滑轮 A 的初角速度；ω_B 为滑轮 B 的初角速度；v_B 为滑轮 B 的质心初速度。根据题意可知：

$$T_2=0$$

$$T_1=\frac{1}{2}\times\frac{P}{g}v_0^2+\frac{1}{2}J_A\omega_A^2+\frac{1}{2}\times\frac{P}{g}v_B^2+\frac{1}{2}J_B\omega_B^2$$

由运动学知识，有：

$$v_B=\frac{v_0}{2},\quad \omega_A=\frac{v_0}{r},\quad \omega_B=\frac{v_0}{2r}$$

代入动能得：
$$T_1=\frac{15}{16}\times\frac{P}{g}v_0^2$$

设 δ_{st} 为系统处于平衡位置时弹簧的静变形，则物块由平衡位置达地面过程中作用于系统上的力的功为：

$$\Sigma W_i=Ph-\frac{1}{2}Ph+\frac{1}{2}k\left[\delta_{st}^2-\left(\delta_{st}+\frac{h}{2}\right)^2\right]$$

为解 δ_{st}，可取滑轮 B 为研究对象，受力如图 3-25(b)所示，根据静力平衡条件：

$$\Sigma M_C(\boldsymbol{F}_i)=0,\quad F_{T1}\cdot 2r-k\delta_{st}r-Pr=0$$

其中：$F_{T1}=P$，得：$\delta_{st}=\dfrac{P}{k}$，代入功的计算公式，得：

$$\Sigma W_i = Ph - \frac{1}{2}Ph + \frac{1}{2}k\left[\left(\frac{P}{k}\right)^2 - \left(\frac{P}{k} + \frac{h}{2}\right)^2\right] = -\frac{1}{2}k\left(\frac{h}{2}\right)^2$$

对系统应用动能定理，即

$$0 - \frac{15}{16} \times \frac{P}{g}v_0^2 = -\frac{1}{2}k\left(\frac{h}{2}\right)^2$$

解得：

$$v_0 = h\sqrt{\frac{2kg}{15P}}$$

【讨论】 计算系统的功是将所有的功仅剩弹性力从平衡位置到一般位置所做的功，而重力功与静变形所做的功已互相抵消，这是在平衡位置时重力与弹性力的静变形具有平衡关系的缘故，这种结果可推广到类似的问题。

【例 3-26】 如图 3-26(a)所示，均质圆柱体 A 和 B 的半径均为 R，重量均为 P，用细绳绕连。若系统无初速开始运动，且设在运动过程中绳子始终张紧而不松弛，求圆柱体 B 下降 h 时轮心的速度。

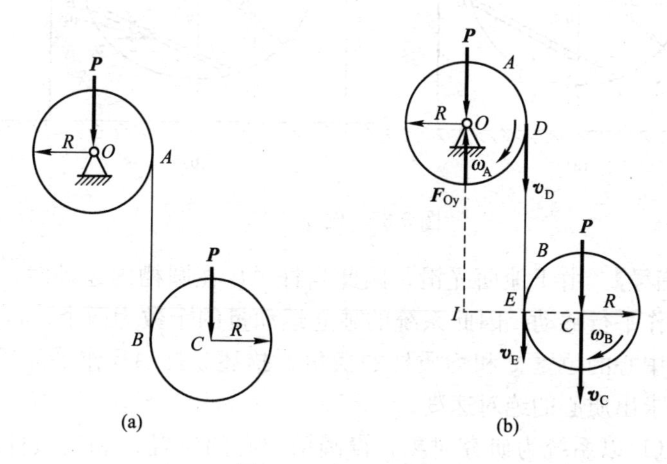

图 3-26 例 3-26 图

【解题指导】 系统的独立运动量只有一个，且做功的力为有势力，可以考虑用机械能守恒定律求解。

【解】 以系统为研究对象，受力和运动分析如图 3-26(b)所示，以初始时圆柱体 B 的质心 C 为重力势能零位置。

$$T_1 = 0, \quad V_1 = 0$$

$$T_2 = \frac{1}{2}J_A\omega_A^2 + \frac{1}{2}\frac{P}{g}v_C^2 + \frac{1}{2}J_C\omega_B^2$$

其中：$J_A = J_C = \frac{1}{2}\frac{P}{g}R^2$，$\omega_A = \omega_B = \omega$

$$v_C = v_E + v_{CE} = v_D + v_{CE} = R\omega_A + R\omega_B = 2R\omega, \quad \omega = \frac{v_C}{2R}$$

$$T_2 = \frac{5P}{8g}v_C^2$$

$$V_2 = -Ph$$

由 $T_1 + V_1 = T_2 + V_2$ 有：

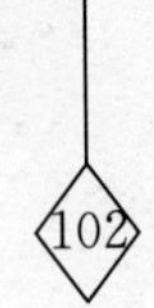

$$\frac{5P}{8g}v_C^2-Ph=0$$

解得：$v_C=\sqrt{\frac{8gh}{5}}$

【讨论】 本题也可考虑采用动能定理求解。

【例 3-27】 如图 3-27(a)所示，匀质杆 AB 质量为 m_1，长度为 $l=\sqrt{2}R$，在半径为 R 的圆槽内运动，圆槽质量为 m_2，放置在光滑的水平面上。(1) 写出系统在任意位置的动能与势能；(2) 列出系统运动微分方程。

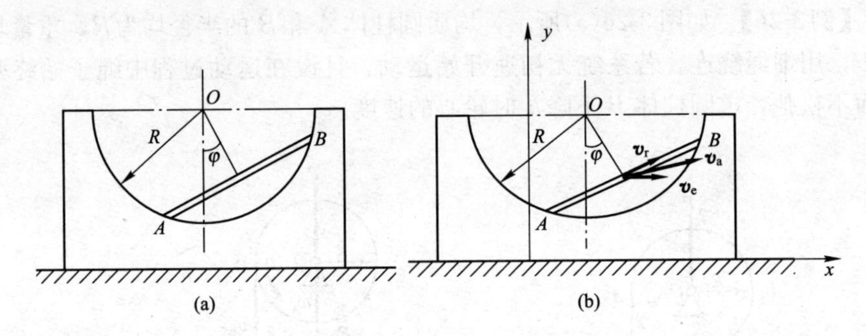

图 3-27 例 3-27 图

【解题指导】 由于地面光滑，因此当杆 AB 在圆槽内运动时，圆槽也会发生运动，作平行移动，因此系统的独立运动量的个数为两个，自由度为 2，可以用圆槽中心的位置 x 和均质杆的摆角 φ 描述。杆 AB 作平面运动，计算动能时要先求出质心的绝对速度。

【解】 (1)以系统为研究对象，设圆槽中心的位置 x 和均质杆的摆角 φ，运动分析如图 3-27(b)所示。系统的动能为：

$$T=\frac{1}{2}m_1v_C^2+\frac{1}{2}J_C\dot{\varphi}^2+\frac{1}{2}m_2\dot{x}^2 \tag{1}$$

其中：杆 AB 质心的速度：

$$\boldsymbol{v}_a=\boldsymbol{v}_C=\boldsymbol{v}_e+\boldsymbol{v}_r=\dot{x}\boldsymbol{i}+\sqrt{R^2-\left(\frac{\sqrt{2}}{2}R\right)^2}\ \dot{\varphi}\boldsymbol{j}=\left(\frac{\sqrt{2}}{2}R\dot{\varphi}\cos\varphi+\dot{x}\right)\boldsymbol{i}+\frac{\sqrt{2}}{2}R\dot{\varphi}\sin\varphi\boldsymbol{j} \tag{2}$$

将式(2)代入式(1)得到系统的动能为：

$$T=\frac{1}{2}(m_1+m_2)\dot{x}^2+\frac{1}{3}m_1R^2\dot{\varphi}^2+\frac{\sqrt{2}}{2}m_1R\dot{\varphi}\dot{x}\cos\varphi \tag{3}$$

以圆槽上表面为势能零点，系统势能为：

$$V=-\frac{\sqrt{2}}{2}m_1gR\cos\varphi \tag{4}$$

(2) 系统只受保守力作用，总机械能守恒，从而有：

$$\frac{\mathrm{d}(T+V)}{\mathrm{d}t}=(m_1+m_2)\ddot{x}\dot{x}+\frac{2}{3}m_1R^2\ddot{\varphi}\dot{\varphi}+$$

$$\frac{\sqrt{2}}{2}m_1R(\ddot{\varphi}\dot{x}\cos\varphi+\dot{\varphi}\ddot{x}\cos\varphi-\dot{\varphi}^2\dot{x}\sin\varphi+g\sin\varphi\dot{\varphi})=0 \tag{5}$$

系统水平方向受力为零，水平动量守恒，v 为均质杆的水平速率，则有：

$$\frac{\mathrm{d}(m_1 v+m_2 \dot{x})}{\mathrm{d}t}=m_1\dot{v}+m_2\ddot{x}=0 \tag{6}$$

其中：

$$v=\frac{\sqrt{2}}{2}R\dot{\varphi}\cos\varphi+\dot{x} \tag{7}$$

将式(6)、式(7)代入式(5)，化简得到：

$$\begin{cases}(m_1+m_2)\ddot{x}+\dfrac{\sqrt{2}}{2}m_1R\ddot{\varphi}\cos\varphi-\dfrac{\sqrt{2}}{2}m_1R\dot{\varphi}^2\sin\varphi=0,\\ \dfrac{2}{3}m_1R^2\ddot{\varphi}+\dfrac{\sqrt{2}}{2}m_1R\ddot{x}\cos\varphi+\dfrac{\sqrt{2}}{2}m_1gR\sin\varphi=0。\end{cases}$$

【讨论】 本题属于两个自由度问题，需要将动能定理结合其他定理一起求解。

【例 3-28】 如图 3-28(a)所示，匀质杆 OA 长 l，质量为 m，弹簧刚度系数为 k，弹簧原长为 l，系统由图示位置无初速释放，求杆运动至水平位置时，(1)杆 OA 的角速度；(2)铰 O 的约束力。

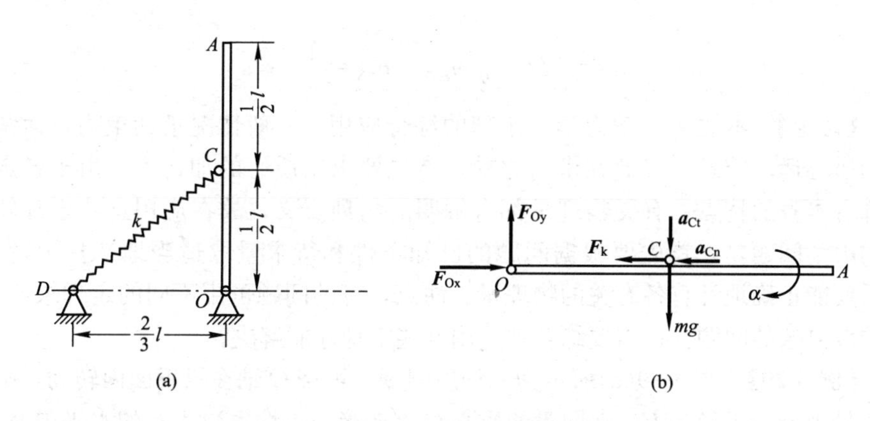

图 3-28　例 3-28 图

【解题指导】 杆 OA 作定轴转动，独立的运动量只有一个，求杆 OA 的角速度可以采用动能定理，同时系统只有有势力做功，也可用机械能守恒定律。如果要求铰 O 的约束力，则需要采用质心运动定理。因杆 OA 作定轴转动，质心加速度有法向和切向加速度两项，需要利用定轴转动微分方程求杆 OA 的角加速度。

【解】 (1) 弹簧以原长为零势能位置，重力以杆 OA 水平为零势能位置，则

$$T_1=0,\quad V_1=mg\,\frac{1}{2}l+\frac{1}{2}k\left(\frac{1}{6}l\right)^2$$

$$T_2=\frac{1}{2}J_z\omega^2,\quad V_2=\frac{1}{2}k\left(\frac{1}{6}l\right)^2$$

由机械能守恒可得：

$$mg\frac{1}{2}l+\frac{1}{2}k\left(\frac{1}{6}l\right)^2=\frac{1}{2}J_z\omega^2+\frac{1}{2}k\left(\frac{1}{6}l\right)^2$$

其中：$J_z=\frac{1}{3}ml^2$，解得：

$$\omega=\sqrt{\frac{3g}{l}}。$$

(2) 杆 OA 受力与运动分析如图 3-28(b)所示，则

由定轴转动微分方程可得：$\frac{1}{3}ml^2\alpha=mg\frac{l}{2}$

可得杆 OA 的角加速度：$\alpha=\frac{3g}{2l}$

质心 C 的加速度：　　$a_{Cn}=\frac{1}{2}\omega^2 l$，　$a_{Ct}=\frac{1}{2}\alpha l$，

质心运动定理：　　$ma_{Cn}=F_k-F_{Ox}$，　$ma_{Ct}=mg-F_{Oy}$

其中：$F_k=\frac{1}{6}kl$，解得：

$$F_{Ox}=\frac{1}{6}kl-\frac{3}{2}mg,\quad F_{Oy}=\frac{1}{4}mg$$

【讨论】 本题属于动力学三定理的综合应用，一般情况求约束力，通常采用质心运动定理，因此在求力之前，首先要求出质心的加速度。由于各定理都有本身的特点，有关物理量都有鲜明的物理意义，故在应用这些定理解决动力学问题是，首先要根据问题的已知条件和待求量取适当地选择定理，然后要能正确地计算各有关的物理量。注意，有的问题可用不同的定理求解；有的较复杂的问题往往需要综合地应用这些定理才能解决。

【例 3-29】 图 3-29(a)所示为一均质圆盘，可绕 O 轴在铅垂面内转动，圆盘质量为 m，半径为 R。在圆盘的质心 C 上连接一刚性系数为 k 的水平弹簧，弹簧的另一端固定在 A 点，$CA=2R$，为弹簧的原长，圆盘在常力偶矩 M 的作用下，由最低的位置无初速地绕 O 轴向上转。试求圆盘到达最高位置时，轴承 O 的约束反力。

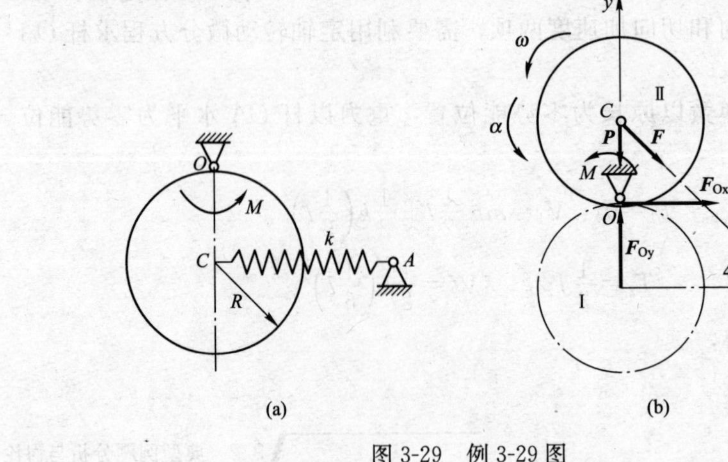

图 3-29　例 3-29 图

【解题指导】 圆盘其在铅垂平面内作定轴转动，质心作圆周运动。当圆盘的质心转到最高位置时，作用在其上的力有重力 P、弹性力 F、矩为 M 的力偶及轴承处的反力 F_{Ox} 与 F_{Oy}，如图 3-29(b)所示。由题意知，欲求圆盘达最高位置时的反力 F_{Ox} 与 F_{Oy}，必须先解出该瞬时圆盘质心的加速度，故本题属于动力学第一类和第二类的综合问题。

【解】 (1) 求圆盘的角速度 ω。因初始处于静止，所以，质心由最低位置运动到最高位置时，具体动能定理可写为：

$$\frac{1}{2}J_O\omega^2-0=M\pi-2PR+\frac{k}{2}\left[0-(2\sqrt{2}R-2R)^2\right]$$

其中：$J_O=J_C+m(OC')^2=\frac{1}{2}mR^2+mR^2=\frac{3}{2}mR^2$

将 $J_O=\frac{3}{2}mR^2$ 代入上式，得圆盘处于图示第Ⅱ位置时的角速度为：

$$\omega=\sqrt{\frac{4}{3mR^2}(M\pi-2Rmg-0.3431kR^2)}$$

(2) 有定轴转动微分方程求 α，列出圆盘处于第Ⅱ位置时的动力学转动方程为：

$$J_O\alpha=M-F\cos45°$$

即

$$\frac{3}{2}mR^2\alpha=M-k(2\sqrt{2}R-2R)R\times\frac{\sqrt{2}}{2}$$

求出角加速度为：

$$\alpha=\frac{2(M-0.5859kR^2)}{3mR^2}$$

(3) 由质心运动定理求约束力 F_{Ox} 与 F_{Oy}。按图 3-29(b)所示坐标系，质心加速度为：

$$a_{Cx}=-R\alpha=-\frac{2(M-0.5859kR^2)}{3mR}$$

$$a_{Cy}=-R\omega^2=-\frac{4}{3mR}(M\pi-2Rmg-0.3431kR^2)$$

由质心运动定理，列方程：

$$ma_{Cx}=F_{Ox}+F\cos45°$$
$$ma_{Cy}=F_{Oy}-P-F\sin45°$$

解得质心处最高位置时轴承 O 处的反力为：

$$F_{Ox}=0.5859kR+ma_{Cx}=-\frac{2}{3R}M-0.1953kR$$

$$F_{Oy}=P+0.5859kR+ma_{Cy}=3.667mg+1.043kR-4.189\frac{M}{R}$$

【讨论】 本题在求得 ω 后，为什么不用 $\frac{d\omega}{dt}$ 求 α 呢？因上面用动能定理求到的角速度是质心处于最高位置时角速度的特定值(常数)，故不能求导。如求一般位置的 ω，计算弹性力的功很繁，因此，不用这种方法，而是用定轴转

动微分方程求 α。所以，用哪个方法、哪个定理和求什么量，要根据题的具体情况而定。

【例 3-30】 图 3-30 所示机构中，物块 A、B 的质量均为 m，两均质圆轮 C、D 的质量均为 $2m$，半径均为 R。C 轮铰接于无重悬臂梁 CK 上，D 为动滑轮，梁的长度为 $3R$，绳与轮间无滑动。系统由静止开始运动。求：(1) 物块 A 上升的加速度；(2) EH 段绳的拉力；(3) 固定端 K 处的约束力。

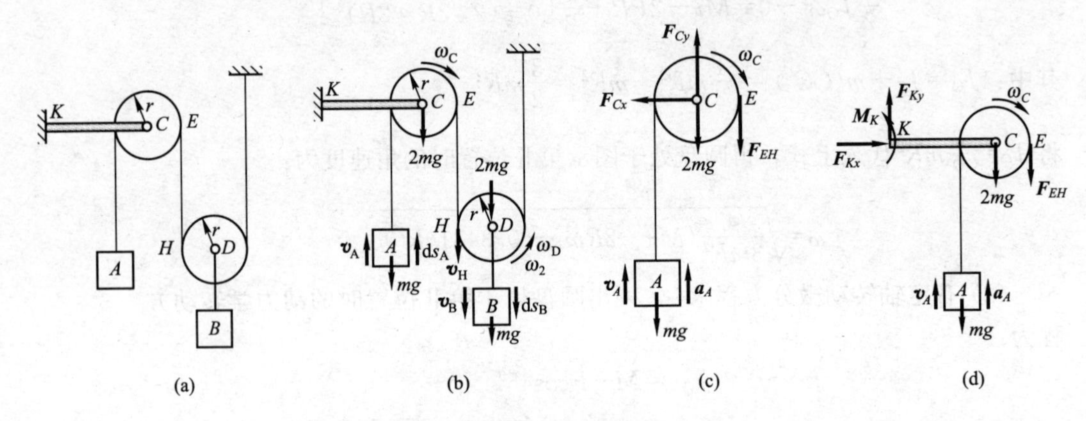

图 3-30 例 3-30 图

【解题指导】 系统中圆盘 C 作定轴转动，圆盘 D 作平面运动，物块 A、B 均作直线运动，但总体独立运动量只有一个，因此求物块 A 上升的加速度可以采用动能定理的微分形式。EH 段绳连接圆盘 C 和 D，对于圆盘 C 运动形式简单，且另一端的物块 A 运动已知，因此可以圆盘 C 和物块 A 为研究对象，应用对固定点 C 的动量矩定理求 EH 段绳的拉力。求固定端 K 处的约束力时，有三个未知量，需结合动量定理和动量矩定理求解，也可采用达朗伯原理。

【解】 (1) 求 A 物块上升的加速度

取整体系统为研究对象，运动分析如图 3-30(b)所示，由运动学关系得：

$\omega_C = v_A/R$，$v_H = v_A$，$\omega_D = v_A/2R$（G 点为轮 D 的瞬心），$v_D = v_A/2$，$v_B = v_A/2$ 力系的元功为：

$$dW = -mgv_A dt + mgv_B dt + 2mgv_D dt = mgv_A dt/2$$

系统的动能为：

$$T = \frac{1}{2}m(v_A^2 + v_B^2) + \frac{1}{2}J_C\omega_C^2 + \frac{1}{2}2mv_D^2 + \frac{1}{2}J_D\omega_D^2 = \frac{3}{2}mv_A^2$$

$$dT = 3mv_A dv_A$$

$$\therefore \quad a_A = \frac{1}{6}g$$

(2) 求 HE 段绳的拉力

取如图 3-30(c)所示的系统为研究对象：

$$L_C = J_C\omega_C + mv_A R = 2mRv_A$$

由对定点 C 的动量矩定理得：

$$\frac{dL_C}{dt}=2mRa=(F_{EH}-mg)R$$

∴
$$F_{EH}=\frac{4}{3}mg$$

(3) 求固定端 K 处的约束反力

取梁 KC、滑轮 C 和物块 A 组成的系统为研究对象，其受力分析和运动分析如图 3-30(d)所示。根据质心运动定理，有：

$$m\times 0=F_{Kx}$$

$$ma_A=F_{Ky}-2mg-mg-F_{EH}$$

根据对固定轴 K 的动量矩定理，有：

$$\frac{dL_K}{dt}=\Sigma M_K(\boldsymbol{F}_i^E)$$

其中：$L_K=2r\cdot mv_A-\frac{1}{2}2mr^2\cdot\frac{v_A}{r}=mrv_A$

$$\Sigma M_K(\boldsymbol{F}_i^E)=M_K-2mgr-2mg\cdot 3r-F_{EH}\cdot 4r=M_K-\frac{40}{3}mg$$

联立解得：

$$F_{Kx}=0,\quad F_{Ky}=\frac{9}{2}mg,\quad M_K=\frac{27}{2}mgR$$

【讨论】 在解题过程中，若先做好缜密思考，并对运动、受力分析后，就可以简化解题步骤。求解物体系统问题时的研究对象选取，同刚体静力学一样，有多种取法，也可以取几个物体的组合来研究。如本题，可取杆 KC 和圆盘 C 作为研究对象，这样就不出现铰 C 处的约束力，减少未知量，可以少列写方程。

4 达朗伯原理和虚位移原理

4.1 理论知识点概要

4.1.1 达朗伯原理知识点

达朗伯原理是将动力学问题从形式上转化为静力学问题。

1. 质点的惯性力

$$\boldsymbol{F}_{\mathrm{I}}=-m\boldsymbol{a}$$

2. 质点的达朗伯原理

作用于质点上的主动力、约束力及惯性力在形式上形成平衡：

$$\boldsymbol{F}+\boldsymbol{F}_{\mathrm{N}}+\boldsymbol{F}_{\mathrm{I}}=0$$

3. 质系的达朗伯原理

作用于质点系的所有的主动力、约束力及惯性力在形式上形成平衡：

$$\sum_{i=1}^{n}\boldsymbol{F}_i+\sum_{i=1}^{n}\boldsymbol{F}_{\mathrm{N}i}+\sum_{i=1}^{n}\boldsymbol{F}_{\mathrm{I}i}=0$$

$$\sum_{i=1}^{n}\boldsymbol{M}_{\mathrm{O}}(\boldsymbol{F}_i)+\sum_{i=1}^{n}\boldsymbol{M}_{\mathrm{O}}(\boldsymbol{F}_{\mathrm{N}i})+\sum_{i=1}^{n}\boldsymbol{M}_{\mathrm{O}}(\boldsymbol{F}_{\mathrm{I}i})=0$$

4. 刚体惯性力系的简化

刚体惯性力系简化后的主矢和相对简化中心的主矩由表 4-1 给出。

运动刚体的惯性力系的简化结果　　表 4-1

运动形式	条件	图例	惯性力系	
			主矢	主矩
移动			$\boldsymbol{F}_{\mathrm{I}}=-m\boldsymbol{a}_{\mathrm{C}}$	向质心简化 $\boldsymbol{M}_{\mathrm{IC}}=0$
定轴转动	刚体具有对称平面，且此平面垂直于转轴			向转动轴简化 $M_{\mathrm{Iz}}=J_z\alpha$

续表

运动形式	条件	图例	惯性力系	
			主矢	主矩
平面运动	刚体具有对称平面，且刚体在此平面中运动	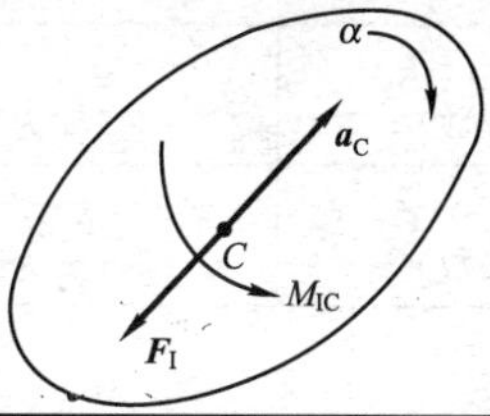	$\boldsymbol{F}_{\mathrm{I}}=-m\boldsymbol{a}_{\mathrm{C}}$	向质心简化 $M_{\mathrm{IC}}=J_{\mathrm{C}}\alpha$

4.1.2 虚位移原理知识点

虚位移原理是用动力学的解题方法来研究静力学的平衡问题。

1. 约束的几何定义及各种形式

(1) 约束是对物体在空间的位置与形状(简称位形)所做的限制。描述这种限制的数学公式称为约束方程。

(2) 典型约束的图形及约束方程见表 4-2。

完整约束中的几个表示方式 **表 4-2**

	约束名称	约束方程的一般形式	图例	几何约束方程
1	几何约束	$f(x_1,y_1,z_1,\cdots,x_n,y_n,z_n)=0$	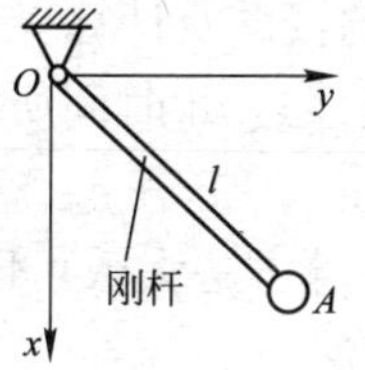	定常、双面约束 $x^2+y^2=l^2$
2	双面约束与单面约束	$f(x_1,y_1,z_1,\cdots,x_n,y_n,z_n)\leqslant 0$ 用等式表示的为双面约束	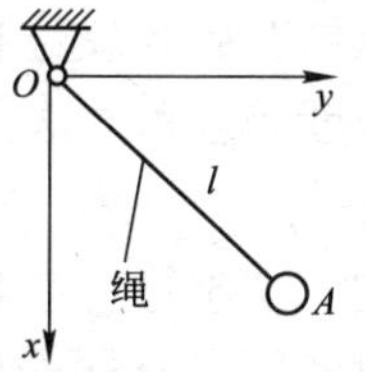	定常、单面约束 $x^2+y^2\leqslant l^2$
3	定常约束与非定常约束	$f(x_1,y_1,z_1,\cdots,x_n,y_n,z_n;t)=0$ 一般不显含时间 t 的为定常约束	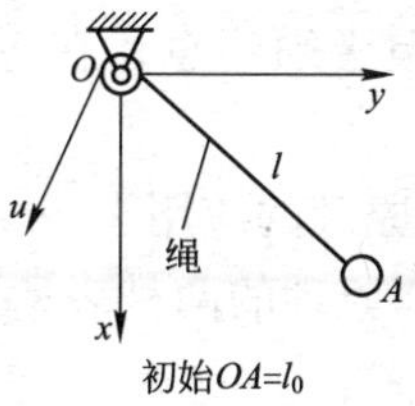 初始$OA=l_0$	非定常、单面约束 $x^2+y^2\leqslant(l_0-ut)$

2. 自由度的确定与广义坐标的选取

(1) 自由度的确定

对完整系统，自由度是质点系在位形空间中的独立运动参变量。自由度的确定，可由计算得到，也可用加锁的直观方法得到。自由度 k 的计算公式见表 4-3。

自由度 k 的计算公式 　　表 4-3

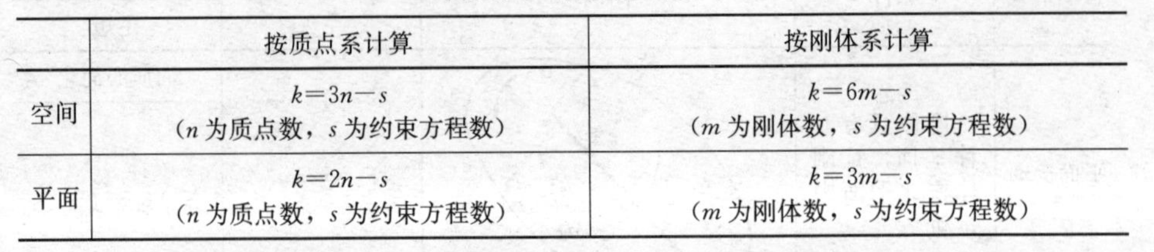

	按质点系计算	按刚体系计算
空间	$k=3n-s$ （n 为质点数，s 为约束方程数）	$k=6m-s$ （m 为刚体数，s 为约束方程数）
平面	$k=2n-s$ （n 为质点数，s 为约束方程数）	$k=3m-s$ （m 为刚体数，s 为约束方程数）

(2) 广义坐标的选取

广义坐标是能给定质点系位置的独立参变量，即广义坐标一旦选定，则质点系的位置就唯一地确定了。但必须指出，广义坐标的选法却不是唯一的。如在平面中运动的一刚杆，其广义坐标的选法可有表 4-4 所列的几种。

广义坐标选法举例 　　表 4-4

图例	选法一	选法二	选法三	选法四
y, B, A, φ, x	$q_1=x_A$ $q_2=y_A$ $q_3=\varphi$	$q_1=x_B$ $q_2=y_B$ $q_3=\varphi$	$q_1=x_A$ $q_2=y_B$ $q_3=\varphi$	$q_1=x_B$ $q_2=y_A$ $q_3=\varphi$

3. 虚位移的概念及计算

虚位移不是经过 dt 时间所发生的真实小位移，而是假想的、约束所允许的微小位移。

虚位移的计算方法大致可以分为以下两种：

(1) 虚速度法

当时间“冻结”后，虚位移与速度具有相同的几何关系，所以可以利用运动学中研究速度的各种方法。

(2) 解析法

当质点系的广义坐标一旦确定，就将各质点的坐标表示为广义坐标的函数，然后通过对各质点坐标的变分，得到各质点的虚位移表示广义坐标的变更的关系式。但必须注意，在应用解析法解题时，质点系中每一个质点都应处于一般位置。

4. 虚位移原理的应用

(1) 虚位移原理的两种表达形式

1) 几何形式：

$$\sum_{i=1}^{n} \boldsymbol{F}_i \cdot \delta \boldsymbol{r}_i = 0$$

几何形式对结构和机构都是适合的，但对机构，用解析法往往比较方便。

2) 解析形式：

$$\sum_{i=1}^{n} (F_{ix}\delta x_i + F_{iy}\delta y_i + F_{iz}\delta z_i) = 0$$

解析形式不能应用于处于特殊位置的机构。

(2) 应用虚位移原理解题

对自由度为零的结构，根据题所要求的未知量，一般每次解除一个约束，使系统只有一个自由度，然后应用虚位移原理的几何形式(虚速度法)求解；对处于一般位置的机构，则可应用虚位移的解析形式求解。

5. 广义坐标形式的虚位移原理

以广义坐标表示的虚位移就是广义虚位移，与广义虚位移乘积后可以构成虚功的主动力就是广义力。由下式表示：

$$\boldsymbol{Q}_j=\sum_{i=1}^{n}\boldsymbol{F}_i\cdot\frac{\partial\boldsymbol{r}_i}{\partial q_j}=0\quad(j=1,\cdots,k)$$

广义力的三种表示方法：

(1) 解析形式：

$$Q_j=\sum_{i=1}^{n}\left(F_{ix}\cdot\frac{\partial x_i}{\partial q_j}+F_{iy}\cdot\frac{\partial y_i}{\partial q_j}+F_{iz}\cdot\frac{\partial z_i}{\partial q_j}\right)=0\quad(j=1,\cdots,k)$$

对处于一般位置的多自由度系统，列写出对应主动力坐标(表达成广义坐标的函数)，代入上式，就求得对应与 q_j 的广义力。

(2) 几何形式：

$$Q_j=\frac{\delta W_j}{\delta q_j}\quad(j=1,\cdots,k)$$

对多自由度系统，只需令除 q_j 一个有虚位移外，其他的虚位移均为零。对应 δq_j 的虚位移，求出虚功，再约去 δq_j，就求得对应与 q_j 的广义力。

(3) 势能函数形式：

$$Q_j=-\frac{\partial V}{\partial q_j}\quad(j=1,\cdots,k)$$

当主动力均为有势力时，列写出系统的势能(表达成广义坐标的函数)，代入上式，就求得对应与 q_j 的广义力。

4.2 典型例题分析与讨论

4.2.1 达朗伯原理范例

【例 4-1】 一质量为 m、长为 $l=l_1+l_2$ 的匀质细杆 OA 以匀角速度 ω 绕铅垂轴转动，杆与轴成 θ 角如图 4-1(a)所示。试求水平向绳的拉力及 O 处的约束力。

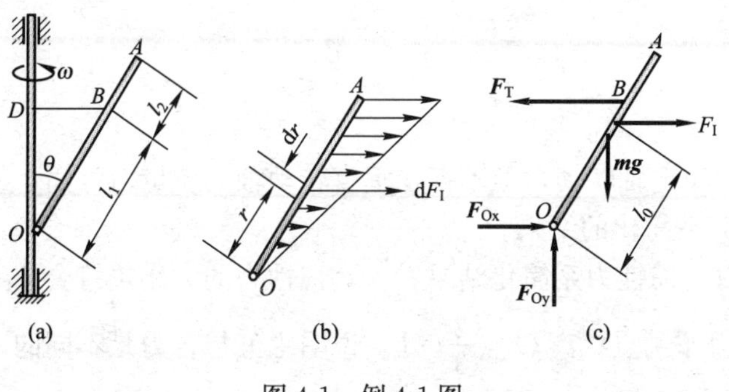

图 4-1 例 4-1 图

【解题指导】 对于杆 OA 来说，水平向绳的拉力及 O 处的约束力共三个未知量，如果能求出杆上的惯性力，则可利用平衡方程求解。已知杆 OA 作定轴转动，以匀角速度 ω 转动，则杆上所有点的加速度已知，但是杆不存在垂直转动轴的质量对称面，故不能套用特定刚体惯性力系简化的结果，因此只能将杆离散成质点，采用积分方式计算惯性力，由于惯性力呈三角形分布，也可用均布惯性力荷载的面积求。

【解】 以细杆 OA 为研究对象，先计算 OA 杆中分布的惯性力，在杆长 r 处，取微小的 $\mathrm{d}r$ 段，其各点法向惯性力如图 4-1(b)所示。

$$\mathrm{d}F_{\mathrm{I}}=\left(\frac{m}{l}\mathrm{d}r\right)\cdot r\sin\theta\cdot\omega^2$$

方向与转轴垂直。可见杆上任一微小段 $\mathrm{d}r$ 的惯性力大小与 r 一次方成正比，组成同向的平行力系，且按三角形分布。其惯性力的合力 $\vec{F}_{\mathrm{I}}$的大小为：

$$F_{\mathrm{I}}=\int_0^l \mathrm{d}F_{\mathrm{I}}=\frac{m}{l}\omega^2\sin\theta\int_0^l r\mathrm{d}r=\frac{1}{2}m\omega^2 l\sin\theta$$

$\vec{F}_{\mathrm{I}}$的作用点位置由合力矩定理求得，即：

$$F_{\mathrm{I}}l_0\cos\theta=\int \mathrm{d}F_{\mathrm{I}}r\cos\theta=\frac{m}{l}\omega^2\sin\theta\cos\theta\int_0^l r^2\mathrm{d}r$$

$$=\frac{1}{3}ml^2\omega^2\sin\theta\cos\theta$$

得：
$$l_0=\frac{2}{3}l$$

在细杆 OA 上画出所有外力(包括重力、约束力)与惯性力，如图 4-1(c)所示，则杆在外力和惯性力系作用下形成“平衡”。由：

$$\Sigma M_{i\mathrm{O}}=0,\quad F_{\mathrm{T}}l_1\cos\theta-mg\,\frac{l}{2}\sin\theta-\left(\frac{1}{2}m\omega^2 l\sin\theta\right)\cdot\frac{2}{3}l\cos\theta=0$$

得：
$$F_{\mathrm{T}}=\frac{ml\sin\theta}{6l_1}\left(2l\omega^2+\frac{3g}{\cos\theta}\right)$$

由：
$$\Sigma F_{i\mathrm{x}}=0,\quad F_{\mathrm{Ox}}+F_{\mathrm{I}}-F_{\mathrm{T}}=0$$

得：
$$F_{\mathrm{Ox}}=F_{\mathrm{T}}-F_{\mathrm{I}}=\frac{ml\sin\theta}{2l_1}\left[\frac{1}{3}(2l-3l_1)\omega^2+\frac{g}{\cos\theta}\right]$$

由：
$$\Sigma F_{i\mathrm{y}}=0,\quad F_{\mathrm{Oy}}-mg=0$$

得：
$$F_{\mathrm{Oy}}=mg$$

【讨论】

(1) 杆虽作定轴转动，但不存在垂直转动轴的质量对称面，故不能套用特定刚体惯性力系简化的结果。

(2) 从以上惯性力系简化结果看，其惯性力的大小仍符合 $\boldsymbol{F}_{\mathrm{I}}=-m\boldsymbol{a}_C$，但惯性力的合力作用点在离 O 点$\frac{2}{3}l$ 处。说明主矢与合力是不同的。

(3) 注意到图示惯性力指向已同加速度指向相反，在列写方程时，只需代入惯性力的大小，而不需要再冠以“负”号了。

【例 4-2】 如图 4-2(a)所示，长 $l=3.05$ m、质量 $m=45.4$ kg 的匀质杆 AB，下端搁在光滑的水平面上，上端用长 $h=1.22$ m 的绳系住。当绳子铅垂时 $\theta=30°$，点 A 以匀速 $v_A=2.44$ m/s 开始向左运动。试求此瞬时：(1)杆的角加速度；(2)需加在 A 端的水平力 F_A；(3)绳的拉力 F_T。

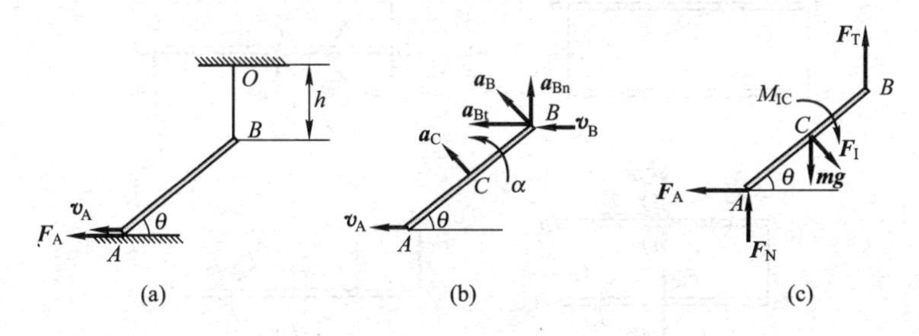

图 4-2 例 4-2 图

【解题指导】 杆 AB 在图示瞬时作平动，作用在杆上未知的力有 F_T、F_N 和 F_A 三个，未知的运动量有角加速度 α 一个，总共四个未知量，而杆在平面内运动，最多只能求解三个未知量，因此在利用达朗贝尔原理求解时，首先需通过运动学关系求出未知的运动量。

【解】 杆 AB 杆在图示瞬时做平动，故有 $v_B=v_A$，$\omega=0$。

因为 A 匀速运动，即 $a_A=0$，故 $a_C=\frac{l}{2}\alpha$，$a_B=l\alpha$，方向如图 4-2(b) 所示。

点 B 受到约束限制，做圆周运动，因此：

$$\vec{a}_B=\vec{a}_{Bt}+\vec{a}_{Bn}$$

$$a_B\cos\theta=a_{Bn}=\frac{v_B^2}{h}$$

$\alpha=\frac{1}{l\cos\theta}\frac{v_B^2}{h}=1.85\ \text{rad/s}^2$，逆时针方向。

杆 AB 上加惯性力系简化结果，受力如图 4-2(c)所示。

$$\Sigma F_x=0,\quad -F_A+F_I\sin\theta=0$$

$$F_A=F_I\sin\theta=64\ \text{N}$$

$$\Sigma M_A=0,\quad mg\frac{l}{2}\cos\theta+F_I\frac{l}{2}+M_{IC}-F_Tl\cos\theta=0$$

$$F_T=321\ \text{N}$$

【讨论】

(1) 对于一个平面物体，只有当未知的力和未知的运动量总数不超过 3 个时，直接采用达朗贝尔原理求解，否则需补充运动学关系。

(2) 试求 A 处的正压力值。

【例 4-3】 长为 l、质量为 m 的匀质杆 AB 和 GD 以软绳 AG 与 BD 相连，并在 AB 的中点用铰链 O 固定如图 4-3(a)所示。试求当 BD 绳被剪断瞬间 B 与 D 两点的加速度。

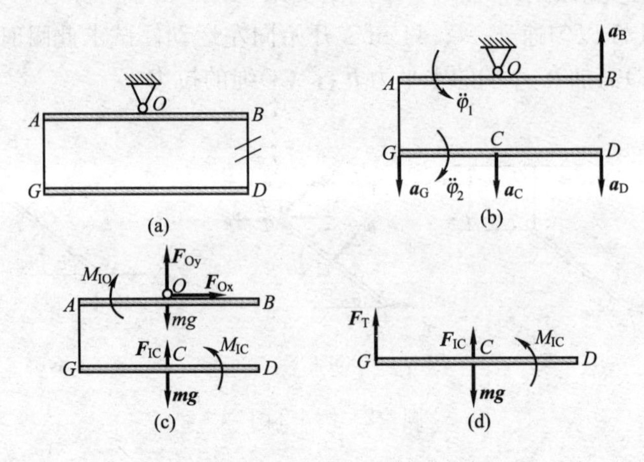

图 4-3 例 4-3 图

【解题指导】 该问题属于瞬时释放问题，当剪断 BD 绳时，杆 AB 作定轴转动，杆 DG 作平面运动，系统需要两个独立的运动量才能描述，未知的约束力有三个，两个物体最多可以列出六个独立的方程，可以采用达朗贝尔原理求解。

【解】 当剪断绳瞬时，系统须用两个运动参变量 φ_1、φ_2 才能描述，运动分析如图 4-3(b)所示，以 G 为基点研究 C 点，有：

$$\boldsymbol{a}_C=\boldsymbol{a}_G+\boldsymbol{a}_{CG}$$

式中 $a_G=a_A=\frac{l}{2}\ddot{\varphi}_1$，$a_{CG}=a_{CGt}=\frac{l}{2}\ddot{\varphi}_2$。

两杆的惯性力系分别向各自质心 O、C 简化，它们和外力(重力、约束力)组成“平衡”力系如图 4-3(c)所示。以系统为研究对象，有：

$$\Sigma M_{iO}=0,\quad -M_{IO}+M_{IC}=0$$

式中 $M_{IO}=J_O\ddot{\varphi}_1=\frac{1}{12}ml^2\ddot{\varphi}_1$，$M_{IC}=J_C\ddot{\varphi}_2=\frac{1}{12}ml^2\ddot{\varphi}_2$。

代入得：
$$\ddot{\varphi}_1=\ddot{\varphi}_2 \tag{1}$$

再以 GD 杆为研究对象，受力如图 4-3(d)所示，则

$$\Sigma M_{iG}=0,\quad M_{IC}+(F_{IC}-mg)\frac{l}{2}=0$$

式中 $F_{IC}=ma_C=m(\ddot{\varphi}_1+\ddot{\varphi}_2)\frac{l}{2}$

代入得：
$$\frac{1}{6}\ddot{\varphi}_2 l+\left[(\ddot{\varphi}_1+\ddot{\varphi}_2)\frac{l}{2}-g\right]=0 \tag{2}$$

联立式(1)、式(2)得：
$$\ddot{\varphi}_1=\ddot{\varphi}_2=\frac{6}{7}\frac{g}{l}$$

则：
$$a_B=\ddot{\varphi}_1\frac{l}{2}=\frac{3}{7}g,\quad a_D=a_G+a_{DG}=\ddot{\varphi}_1\frac{l}{2}+\ddot{\varphi}_2 l=\frac{9}{7}g$$

【讨论】

(1) 原系统受不完全约束，即 AB 杆可转动，GD 杆又可水平摆动。当截

断绳 BD 瞬时可不考虑 C 点的水平运动，则系统需两个运动参变量来描述，在此后的运动中，必须考虑 C 点的水平运动，即除绳 BD 被割断瞬时外，描述系统的运动参变量变成了三个。

(2) 对于需用多个运动学独立参变量描述系统的情况，只取一个研究对象(如系统)是不够的。对系统当然还能建立“平衡”方程，但方程中必然会出现支座约束力(未知量)，因此必须再取其他物体为研究对象才能解出。

【例 4-4】 一质量为 m_2 的楔状物质于光滑水平面上，在该物的斜面上又放一质量为 m_2 的均质圆柱如图 4-4(a)所示。设圆柱与斜面间的摩擦系数为 f_s，求圆柱在斜面上作纯滚动时 f_s 应满足何条件？

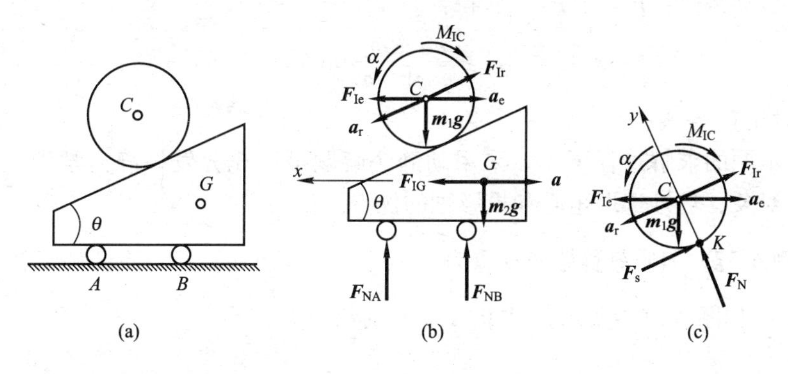

图 4-4　例 4-4 图

【解题指导】 欲使圆柱在斜面上作纯滚动，应满足 $F_s \leqslant f_s F_N$，或 $F_N \geqslant \frac{f_s}{F_s}$。为此，需先求出 F_s 与 F_N，现用达朗贝尔原理求解。

【解】 取整体为研究对象，作受力分析和运动分析，如图 4-4(b)所示。

这是两个自由度问题。设楔状物的加速度为 $\boldsymbol{a}$，圆柱相对于斜面作纯滚动，相对加速度为 $\boldsymbol{a}_r$，则其质心 C 的加速度：

$$\boldsymbol{a}_C = \boldsymbol{a}_e + \boldsymbol{a}_r = \boldsymbol{a}_e + \boldsymbol{a}_r$$

圆柱体的角加速度为 α，则 $a_r = r\alpha$。

根据达朗贝尔原理，列平衡方程：

$$\Sigma F_x = 0, \quad F_{Ie} + F_I - F_{Ir}\cos\theta = 0$$

式中　$F_{Ie} = m_1 a$，　$F_I = m_2 a$，　$F_{Ir} = m_1 a_r = m_1 r\alpha$，则有：

$$(m_2 + m_1)a = m_1 r\alpha\cos\theta \tag{1}$$

取圆柱为研究对象，受力分析和运动分析如图 4-4(c)所示。

$$\Sigma M_C(\boldsymbol{F}) = 0, \quad F_s r - M_{IC} = 0 \tag{2}$$

式中　$M_{IC} = J_C\alpha = \frac{1}{2}m_1 r^2\alpha$

$$\Sigma M_K(\boldsymbol{F}) = 0, \quad F_{Ie}\cos\theta \cdot r + m_1 g\sin\theta \cdot r - M_{IC} - F_{Ir} \cdot r = 0 \tag{3}$$

$$\Sigma F_y = 0, \quad F_N - m_1 g\cos\theta + F_{Ie}\sin\theta = 0 \tag{4}$$

将 F_{Ie}、F_{Ir} 和 M_{IC} 的值代入，联立式(1)、式(3)，解得：

$$a=\frac{2m_1 g\sin\theta\cos\theta}{3(m_1+m_2)-2m_1\cos^2\theta},\quad \alpha=\frac{2(m_1+m_2)g\sin\theta}{r[3(m_1+m_2)-2m_1\cos^2\theta]}$$

将角加速度 α 值代入式(2)，得：

$$F_s=\frac{m_1(m_1+m_2)g\sin\theta}{3(m_1+m_2)-2m_1\cos^2\theta}$$

将角加速度 α 值代入式(4)，得：

$$F_N=\frac{m_1(m_1+3m_2)g\sin\theta}{3(m_1+m_2)-2m_1\cos^2\theta}$$

根据纯滚动条件：$F_s\leqslant f_s F_N$，解得：

$$f_s\geqslant\frac{m_1+m_2}{m_1+3m_2}\tan\theta$$

【讨论】

从本题的求解过程可见，采用动静法解题可以充分发挥静力学中灵活选取研究对象、巧妙选取矩心和投影轴的优点。

【例 4-5】 匀质悬臂梁 AB 重为 $P=\frac{8}{3}mg$，长 $l=3r$，匀质圆柱半径为 r、质量为 m 如图 4-5(a)所示，试求 A 支座的约束力。

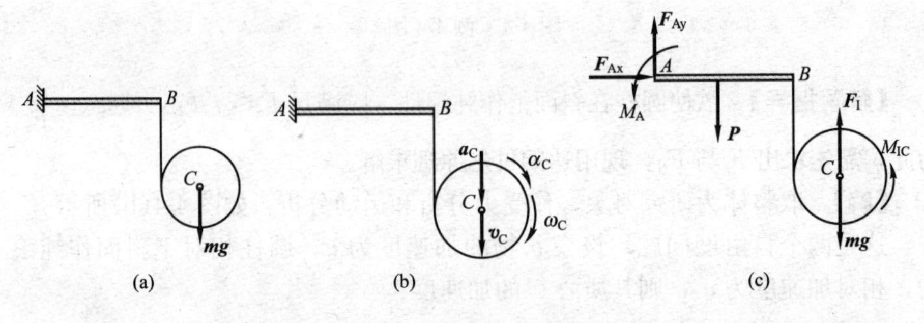

图 4-5　例 4-5 图

【解题指导】 本题中圆柱作平面运动，悬臂梁处于平衡状态，整个系统只有一个独立的运动量，因此可以先用动能定理求出运动量，加惯性力后利用达朗贝尔原理求解支座 A 的约束力。

【解】 取整体作为研究对象，作运动分析，如图 4-5(b)所示。

其中：$v_C=\omega_C r$，$a_C=\alpha_C r$，利用动能定理 $T_2-T_1=\Sigma W_i$，其中 T_1 为初动能，是一个常数。

$$\frac{1}{2}mv_C^2+\frac{1}{2}J_C\omega_C^2-T_1=mgh_C$$

式中　$J_C=\frac{1}{2}mr^2$；

h_C——圆柱质心的竖直向下位移。

代入得：
$$\frac{1}{2}\times\frac{3}{2}mv_C^2-T_1=mgh_C$$

两边对时间 t 求导：
$$\frac{3}{2}mv_C a_C=mgv_C$$

得：$$a_C=\frac{2}{3}g,\quad \alpha_C=\frac{2g}{3r}$$

在圆柱上加上惯性力系，则整体受力如图 4-5(c)所示。

由：$$\Sigma F_{ix}=0\quad F_{Ax}=0$$

$$\Sigma F_{iy}=0\quad F_{Ay}-P+F_I-mg=0$$

式中 $F_I=ma_C$，代入得 $F_{Ay}=\frac{8}{3}mg+mg-\frac{2}{3}mg=3mg$。

由：$$\Sigma M_{iA}=0\quad M_A-P\frac{l}{2}+F_I(l+r)-mg(l+r)+M_{IC}=0$$

式中 $M_{IC}=J_C\alpha_C=\frac{1}{2}mr^2\frac{a_C}{r}=\frac{1}{2}mra_C$

代入得：$M_A=\frac{8}{3}mg\frac{3}{2}r-m\frac{2}{3}g(3r+r)+mg(3r+r)-\frac{1}{2}mr\frac{2}{3}g=5mgr$

【讨论】

对动力学普遍定理综合应用中的动能定理与平面运动微分方程联立求解题型，均可以用动能定理加达朗贝尔原理来求解，如此方法更方便、更灵活。

【例 4-6】 匀质圆柱 O 的重力 $P_1=40$N，沿倾角 $\theta=30°$的斜面作纯滚动，匀质杆长 $l=60$cm，重力 $P_2=20$N，杆 OA 保持水平方位。若不计杆端 A 处的摩擦，系统无初速地进入运动，试求 OA 杆两端的约束力。

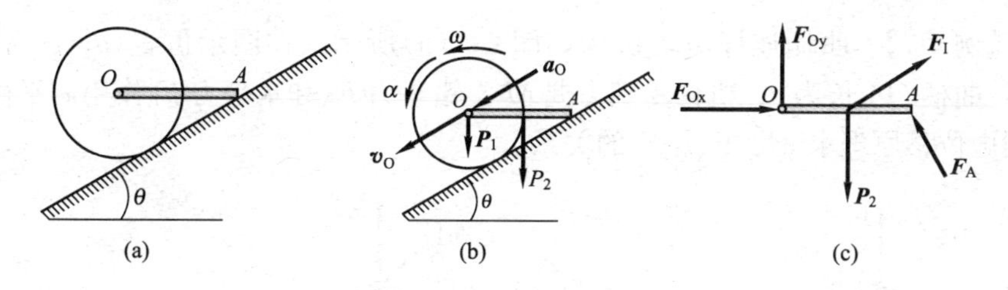

图 4-6 例 4-6 图

【解题指导】 本题中圆柱作平面运动，杆 OA 作平行移动，但是独立的未知运动量只有一个，因此可以用动能定理求解运动量，然后对杆 OA 应用达朗贝尔原理求解约束力。

【解】 (1) 取整体为研究对象，作运动分析，如图 4-6(b)所示。

圆柱体作平面运动，OA 杆作平动。

由动能定理的微分形式：

$$\mathrm{d}\left[\frac{1}{2}\left(\frac{3}{2}\frac{P_1}{g}r^2\right)\left(\frac{v_O}{r}\right)^2+\frac{1}{2}\frac{P_2}{g}v_O^2\right]=(P_1+P_2)\sin\theta\cdot \mathrm{d}s$$

$$\left(\frac{3}{2}\frac{P_1}{g}+\frac{P_2}{g}\right)a_O=(P_1+P_2)\sin\theta$$

$$a_O=\frac{(P_1+P_2)\sin\theta}{\frac{3}{2}\frac{P_1}{g}+\frac{P_2}{g}}=\frac{3}{8}g,\quad a_O=3.675\text{m/s}^2$$

(2) 取杆 OA 为研究对象，受力如图 4-6(c)所示。

由达朗贝尔原理列平衡方程：

$$\Sigma M_O=0,\quad F_A l\cos\theta-P_2\frac{l}{2}+F_I\frac{l\sin\theta}{2}=0$$

其中：$F_I=\frac{P_2}{g}a_O$，解得：

$$F_A=\frac{P_2\frac{l}{2}-F_I\frac{l\sin\theta}{2}}{l\cos\theta},\quad F_A=9.38\text{N}$$

$$\Sigma F_x=0,\quad F_{Ox}+F_I\cos\theta-F_A\sin\theta=0$$

$$F_{Ox}=F_A\sin\theta-F_I\cos\theta,\quad F_{Ox}=-7.8\text{N}$$

$$\Sigma F_y=0,\quad F_{Oy}-P_2+F_I\cos\theta+F_A\cos\theta=0$$

$$F_{Oy}=P_2-F_I\cos\theta-F_A\cos\theta,\quad F_{Oy}=3.127\text{N}$$

【讨论】

通过对圆柱和杆分别加上惯性力、惯性力偶、主动力、约束力，然后建立平衡方程，同样可求得加速度值，但往往需解联立方程，所以可先通过动能定理求得加速度值(角加速度值)，再使用达朗贝尔原理求解约束反力，这样求解会简便些。

4.2.2 虚位移原理范例

【例 4-7】 曲柄连杆滑块机构如图 4-7(a)所示。在图示位置(θ、φ 为已知)，曲柄 OA 长为 r，机构受到力偶 M 、铅垂力 F_A和水平力 F_B作用而平衡。试用虚位移原理求 M、F_A、F_B的关系。

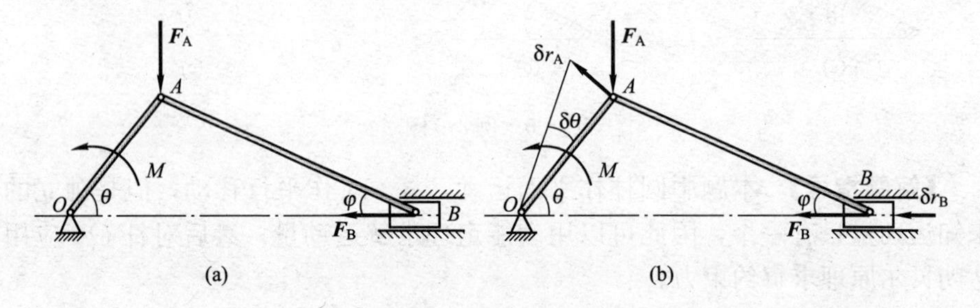

图 4-7 例 4-7 图

【解题指导】 在约束允许的条件下，杆 OA 作定轴转动，杆 AB 作平面运动，系统的自由度为 1，主动力作用点的虚位移可以用几何法求解。

【解】 系统具有 1 个自由度，取广义坐标 θ，并作机构的虚位移图，如图 4-7(b)所示，由 $\Sigma \boldsymbol{F}_i\cdot\delta \boldsymbol{r}_i=0$，有：

$$M\delta\theta-F_A\delta r_A\cos\theta+F_B\delta r_B=0$$

式中 $\delta r_A=r\delta\theta$，又根据速度投影定理$(\delta \boldsymbol{r}_A)_{AB}=(\delta \boldsymbol{r}_B)_{AB}$，有

$$\delta r_A\sin(\theta+\varphi)=\delta r_B\cos\varphi$$

代入得：$M\delta\theta-F_A r\delta\theta\cos\theta+F_B r\delta\theta\frac{\sin(\theta+\varphi)}{\cos\varphi}=0$，即：

$$[M-F_A r\cos\theta+F_B r\frac{\sin(\theta+\varphi)}{\cos\varphi}]\delta\theta=0$$

$$\because \delta\theta \neq 0, \quad \therefore M - F_A r\cos\theta + F_B r\frac{\sin(\theta+\varphi)}{\cos\varphi} = 0$$

【讨论】

(1) 力偶矩作用于系统时，虽机构处于一般位置，一般不使用解析法，常用几何法求解。若采用解析法，则虚位移(转角)的方向必须朝着广义坐标的正向，不能随意假设。

(2) 独立的虚位移数与广义坐标一致，但不一定选用 $\delta\theta$，也可用 $\delta \boldsymbol{r}_A$ 或 $\delta \boldsymbol{r}_B$，对一个自由度系统，三者中只要选定一个，就能找出其他两个与其的运动学关系。

【例 4-8】 升降机构如图 4-8(a)所示，已知各杆长均为 l，物重 mg，平衡位置为 θ。试用虚位移原理求平衡力 F。

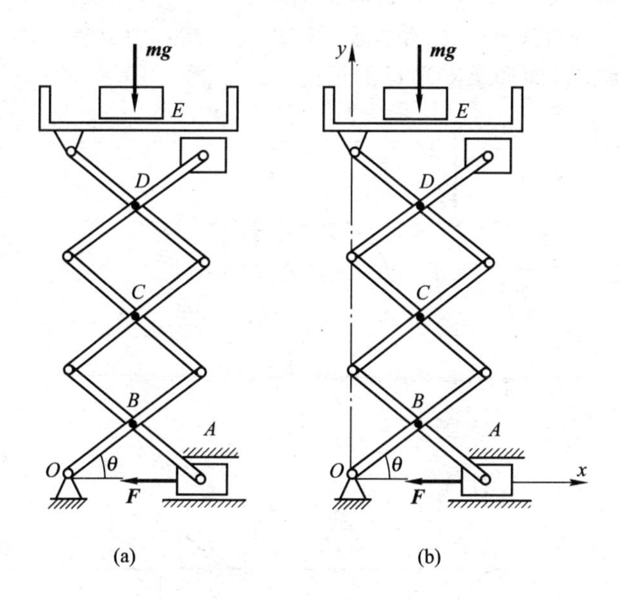

图 4-8　例 4-8 图

【解题指导】 系统所包含的物体比较多，但自由度只有 1 个，本系统为一般位置，可以用解析法求解虚位移。

【解】 系统具有 1 个自由度，取广义坐标为 θ。建立直角坐标 Oxy，如图 4-8(b)所示。

先写出力的投影式：

$$F_{Ax} = -F, \quad F_{Ey} = -mg$$

再写出相应的位置坐标：

$$x_A = l\cos\theta, \quad y_E = 3l\sin\theta$$

然后对坐标变分：

$$\delta x_A = -l\sin\theta\delta\theta, \quad \delta y_E = 3l\cos\theta\delta\theta$$

代入到 $\sum[F_{ix}\delta x_i + F_{iy}\delta y_i] = 0$，有：

$$(-F)(-l\sin\theta\delta\theta) + (-mg)3l\cos\theta\delta\theta = 0$$

即 $[Fl\sin\theta - 3mgl\cos\theta]\delta\theta = 0$

$\delta\theta \neq 0$，得：$F = 3mg\cot\theta$

【讨论】

(1) 采用解析式求虚位移时，直角坐标原点一定要取在固定点上，即为静坐标。主动力作用点位置的直角坐标是不独立的，但可以表示为独立的广义坐标的函数。

(2) 先列写力的投影式，这样只要写出对应的坐标点即可，无外力作用的点就不需写出。

(3) 对本题这样的系统，若用几何法求解，是很麻烦的，所以对于这类由重复的单元组成的系统，采用解析法特别简便。

【例 4-9】 在如图 4-9(a)所示多跨拱中，已知：力 $F_1 = 2\text{kN}$，$F_2 = 1\text{kN}$，尺寸 l。试用虚位移原理求支座 C 的约束力。

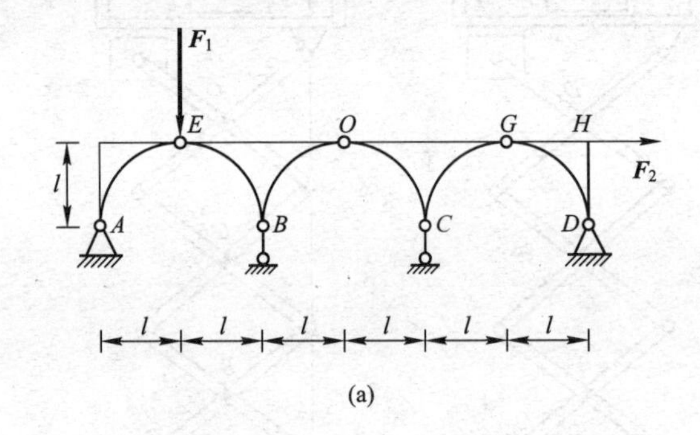

(a)

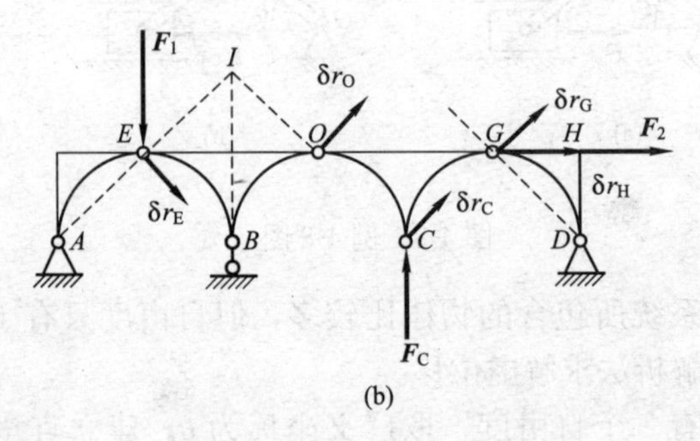

(b)

图 4-9　例 4-9 图

【解题指导】 利用虚位移原理求解支座约束反力，首先解除该处的约束，代之以约束反力，并将该约束力看做作用在结构上的主动力。然后根据约束条件，采用几何法给出各点的虚位移，并利用运动学关系求解各虚位移，代入虚位移原理求解。

【解】 构件 AE 绕 A，构件 BEF 绕瞬心 I，构件 CFG 平移，构件 DGH 绕 D 的各虚位移如图 4-9 所示。

且有：$\delta r_E = \delta r_O = \delta r_C = \delta r_G$，$\dfrac{\delta r_G}{\sqrt{2}} = \delta r_H$

由虚位移原理有：

$$F_1\,\delta r_E\cos45°+F_C\,\delta r_C\cos45°+F_2\,\delta r_H=0$$

得：

$$F_C=-(F_1+F_2)=-3\text{kN}$$

【讨论】

(1) 虚位移求解时研究对象是整个结构，因为结构中对于理想约束，众多的约束力均不会出现。

(2) 对于结构，每次去掉 1 个约束，(平面铰链应看做两个约束，平面固定端应视作三个约束)，使结构只有一个自由度，这样各点间的运动关系最为简单。

【例 4-10】 在如图 4-10(a)所示桁架中，已知：作用力 F，尺寸 $l=3\text{m}$。试用虚位移原理求杆件 1、2 的内力。

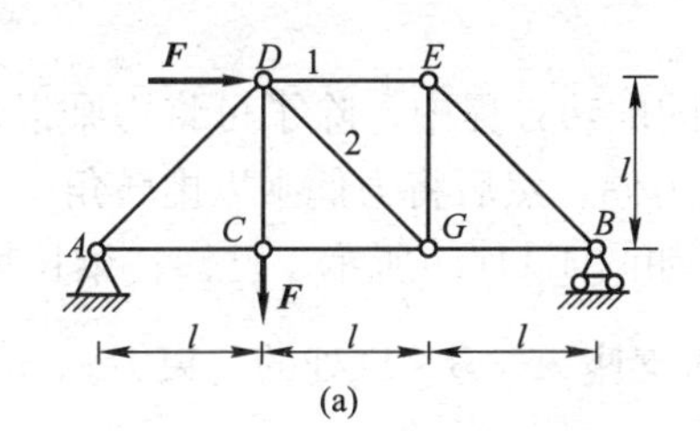

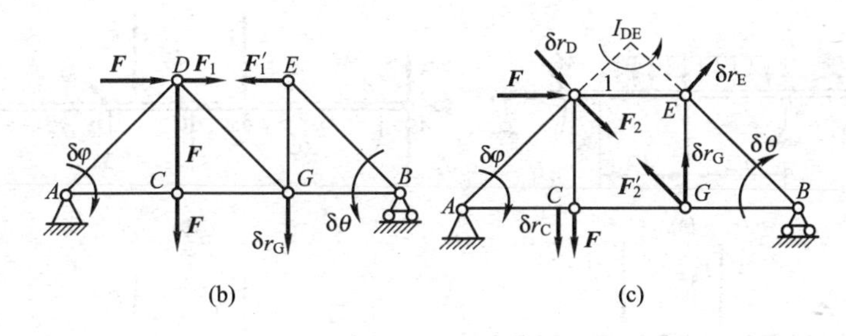

图 4-10 例 4-10 图

【解题指导】 利用虚位移原理求解桁架结构的杆件内力，首先将要求的杆件截断，代之以内力，并将该内力看做作用在结构上的主动力。然后根据约束条件，采用几何法给出各点的虚位移，并利用运动学关系求解各虚位移。

【解】 (1) 去掉杆 1，代以内力 $\boldsymbol{F}_1$ 和 $\boldsymbol{F}_1'$，此时桁架左半部分绕 A 点作定轴转动，右半部分作平面运动，其瞬心在 B 点，虚位移关系如图 4-10(b)所示。

$$\delta r_G=2l\delta\varphi=l\delta\theta,\quad \delta\theta=2\delta\varphi$$

由虚位移原理有：

$$Fl\delta\varphi+Fl\delta\varphi+F_1l\delta\varphi+F_1'l\delta\theta=0$$

得：

$$F_1=-\frac{2F}{3}\quad(\text{压})$$

(2) 去掉杆 2，代以内力 $\boldsymbol{F}_2$ 和 $\boldsymbol{F}_2'$，此时△ACD 部分绕 A 作定轴转动，杆 CG 作平面转动，其瞬心在 CG 线上，DE 杆作平面转动，其瞬心在 I_{DE}，△BEG 部分作平面运动，其瞬心在 B 点。

$$\delta r_D=\delta r_E,\quad \delta\theta=\delta\varphi$$

由虚位移原理有：

$$Fl\delta\varphi+Fl\delta\varphi+F_2\sqrt{2}l\delta\varphi+F_2'\frac{\sqrt{2}}{2}l\delta\theta=0$$

得：
$$F_2=-\frac{2\sqrt{2}}{3}F \quad (\text{压})$$

【讨论】

(1) 在桁架问题中，当截断一根杆件时，自由度只有 1 个，但有时为两个刚体的相互运动，有时为多个刚体的相互运动。

(2) 当杆被截断后，被截断杆件两端受力相同，但两端的虚位移一般不会相同。

(3) 在建立几何法的虚功方程中，除了可将力乘以虚位移表达虚功之外，也可将力乘以力臂形成力偶，然后将力偶乘以虚转角得虚功。

【例 4-11】 两跨梁如图 4-11(a)所示。已知：梁长均为 l，均布荷载为 q，力偶矩 $M=\frac{3}{8}ql^2$。试求支座 A、B、D 处的约束力。

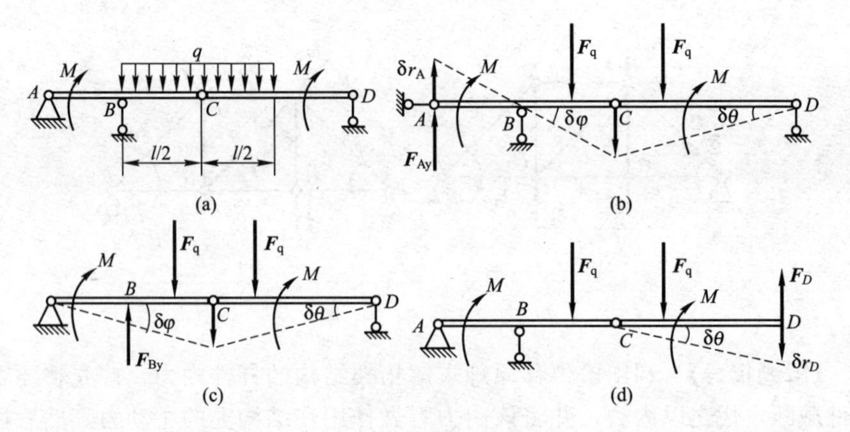

图 4-11 例 4-11 图

【解题指导】 原结构无自由度，要求约束力，必须先解除约束。观察到原力系相当于平面平行力系，即 A 处 $F_{Ax}=0$，所以只要求 A 处竖向约束力 $F_{Ay}(=F_A)$；求 A 处约束力，将铰链支座用两根链杆(水平和铅直链杆)等效替代，这样去除竖直链杆，代之以力 F_A。求 B 处约束力，去除 B 处链杆，代之以力 F_B。求 D 处约束力，去除 D 处链杆，代之以力 F_D。系统就有了一个自由度，代入虚位移原理求解。

【解】 (1) 求 A 处约束力，其虚位移图如图 4-11(b)所示。建立虚功方程有：

$$F_A\cdot\delta r_A+M\delta\varphi+F_q\frac{l}{4}\delta\varphi+F_q\frac{3}{4}l\delta\theta-M\delta\theta=0$$

式中
$$\delta r_A=\frac{l}{2}\delta\varphi,\quad F_q=q\,\frac{l}{2},\quad \delta\theta=\frac{\delta r_C}{l}=\frac{\delta\varphi\,\frac{l}{2}}{l}=\frac{1}{2}\delta\varphi$$

代入得：$\left(F_A\frac{l}{2}+M+\frac{1}{4}F_q l+\frac{3}{8}F_q l-\frac{1}{2}M\right)\delta\varphi=0$

即 $F_A=-\frac{M}{l}-\frac{5}{4}F_q=-ql$

(2) 求 B 处约束力，去除 B 处链杆，代之以力 $\boldsymbol{F}_B$，虚位移图如图 4-11(c)所示。建立虚功方程有：

$$-F_B\frac{l}{2}\delta\varphi+M\delta\varphi+F_q\frac{3}{4}l\delta\varphi+F_q\frac{3}{4}l\delta\theta-M\delta\theta=0$$

式中：$\delta\varphi=\frac{\delta r_C}{r}=\delta\theta$

代入得：$\left(-F_B\frac{l}{2}+M+\frac{3}{4}F_q l+\frac{3}{4}F_q l-M\right)\delta\varphi=0$

即 $F_B=3F_q=\frac{3}{2}ql$

(3) 求 D 处约束力，去除 D 处链杆，代之以力 F_D，其虚位移如图 4-11(d)所示。建立虚功方程有：

$$-F_D l\delta\theta+F_q\frac{l}{4}\delta\theta+M\delta\theta=0$$

即：$\left(-F_D l+\frac{1}{4}F_q l+M\right)\delta\theta=0$

得：
$$F_D=\frac{M}{l}+\frac{1}{4}F_q=\frac{1}{2}ql$$

【讨论】

(1) 虚位移求解时研究对象是整个结构(机构)，因为结构中对于理想约束，众多的约束力均不会出现。

(2) 对于结构，每次去掉 1 个约束，(平面铰链应看做两个约束，平面固定端应视做三个约束)，使结构只有一个自由度，这样各点间的运动关系最为简单。

(3) 对于分布荷载在求解中要分刚体简化，并等效为两个集中力，不能将所有分布力合成后作用在 C 点。如求 F_B时，若将 $2F_q$ 集中到 C 点，则此部分虚功为 $2F_q\delta r_C=2F_q l\delta\varphi$，显然是错误的。

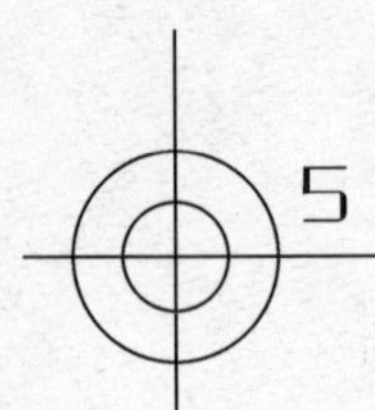

5 单自由度系统的振动

5.1 理论知识点概要

单自由度系统在恢复力(或恢复力矩)、黏性阻尼和干扰力作用下的线性振动，主要包括自由振动、有阻尼振动和强迫振动。它们的数学模型为二阶常系数线性齐次或非齐次微分方程式。

通过学习，使我们初步掌握了振动的基本特性和解决振动问题的基本方法，为解决工程中振动问题及进一步学习振动理论打下了基础。

(1) 单自由度系统的自由振动特性表示在表 5-1、表 5-2 中。

单自由度的自由振动特性 表 5-1

	无阻尼振动	有阻尼衰减振动(小阻尼 $n<\omega_n$)
运动微分方程	$\ddot{x}+\omega_n^2x=0$	$\ddot{x}+2n\dot{x}+\omega_n^2x=0$
振动方程通解	$x=c_1\cos\omega_nt+c_2\sin\omega_nt$ 或 $x=A\sin(\omega_nt+\theta)$	$x=Ae^{-nt}\sin(\sqrt{\omega_n^2-n^2}t+\theta)$
积分常数	$c_1=x_0$，$c_2=\dot{x}_0$或振幅：$A=\sqrt{x_0^2+\frac{\dot{x}_0^2}{\omega_n^2}}$	$A=\sqrt{x_0^2+\frac{(nx_0+\dot{x}_0)^2}{\omega_n^2-n^2}}$
	初相位：$\theta=\arctan\frac{\omega_nx_0}{\dot{x}_0}$	$\theta=\arctan\frac{x_0\sqrt{\omega_n^2-n^2}}{nx_0+\dot{x}_0}$
周期	$T=\frac{2\pi}{\omega_n}$	$T_d=\frac{2\pi}{\sqrt{\omega_n^2-n^2}}=\frac{T}{\sqrt{1-\xi^2}}\approx T$
频率	$f=\frac{1}{T}=\frac{\omega_n}{2\pi}$	$f_d=\frac{1}{T_d}$
圆频率(固有频率)	$\omega_n=2\pi f$	$\omega_d=\sqrt{\omega_n^2-n^2}$
减幅系数		$\delta=nT_d$

有阻尼单自由度的自由振动特性 表 5-2

	衰减振动(临界阻尼 $n=\omega_n$)	衰减振动(大阻尼 $n>\omega_n$)
运动微分方程	$\ddot{x}+2n\dot{x}+\omega_n^2x=0$	$\ddot{x}+2n\dot{x}+\omega_n^2x=0$
振动方程通解	$x=e^{-nt}[x_0+(\dot{x}_0+nx_0)t]$	$x=e^{-nt}\left(c_1e^{\sqrt{n^2-\omega_n^2}t}+c_2e^{-\sqrt{n^2-\omega_n^2}t}\right)$

表 5-1 和表 5-2 中：ω_n、f、T 仅与系统的惯性和弹性有关，通常称 ω_n、f 为固有频率、频率；自由振动的振幅 A、初位相 θ 与系统的初始条件有关；n 称为阻尼系数，$\xi=n/\omega_n$ 称为阻尼比。对于大阻尼($n<\omega_n$)和临界阻尼($n=\omega_n$。)两

种情况，系统的运动已无振动特性了故一般不予讨论。

（2）单自由度的强迫振动特性表示在表 5-3 中。

单自由度的强迫振动特性　　　　　　表 5-3

		无阻尼强迫振动($n=0$)	有阻尼强迫振动(小阻尼 $n<\omega_n$)
运动微分方程		$\ddot{x}+\omega_n^2 x=h\sin(\omega t+\varphi)$	$\ddot{x}+2n\dot{x}+\omega_n^2 x=h\sin(\omega t+\varphi)$
振动方程全解		(1) $\omega\neq\omega_n$ $x=x_1+x_2$ $=A\sin(\omega_n t+\theta)+b\sin(\omega t+\varphi)$ (2) $\omega=\omega_n$ $x_2=-\frac{b_0}{2}\omega_n t\cos(\omega_n t+\varphi)$ (共振方程) $b_0=\frac{h}{\omega_n^2}$ 为最大静偏移	$x=x_1+x_2$ $=Ae^{-nt}\sin\left(\sqrt{\omega_n^2-n^2}\,t+\theta\right)$ $+b\sin(\omega t+\varphi-\varepsilon)$ 式中　x_1——衰减振动(瞬态解)； x_2——强迫振动(稳态解)
强迫振动	振幅	$b=\frac{h}{\omega_n^2-\omega^2}$	$b=\frac{h}{\sqrt{(\omega_n^2-\omega^2)^2+4n^2\omega^2}}$
	频率	ω	ω
	相位差	$\frac{\omega}{\omega_n}$为<1，=1，>1， 相位差为 0，$\frac{\pi}{2}$，π	$\varepsilon=\arctan\frac{2n\omega}{\omega_n^2-\omega^2}$
放大系数		$\beta=\left\lvert\frac{b}{b_0}\right\rvert=\left\lvert\frac{\omega^2}{\omega^2-\omega_n^2}\right\rvert=\left\lvert\frac{1}{1-\lambda^2}\right\rvert$ 其中：$\lambda=\frac{\omega}{\omega_n}$为频率比	$\beta=\left\lvert\frac{b}{b_0}\right\rvert=\frac{1}{\sqrt{(1-\lambda^2)^2+4\xi^2\lambda^2}}$ 当 $\lambda=\sqrt{1-2\xi^2}$ 时， $b_{max}=\frac{b_0}{2\xi\sqrt{1-\xi^2}}$

（3）串、并联弹簧组的当量弹簧刚性系数计算公式在表 5-4 中表示。

串、并联弹簧组的当量弹簧刚性系数　　　　　　表 5-4

并联弹簧组	$k=k_1+k_2+\cdots+k_n=\sum_{i=1}^{n}k_i$
串联弹簧组	$\frac{1}{k}=\frac{1}{k_1}+\frac{1}{k_2}+\cdots+\frac{1}{k_n}=\sum_{i=1}^{n}\frac{1}{k_i}$

（4）能量法计算固有频率的公式。

当振动系统为保守系统时，可利用机械能守恒定律求固有频率，由 $T_{max}=V_{max}$，可求得：

$$\omega_n=\frac{\dot{x}_{max}}{x_{max}}$$

5.2　典型例题分析与讨论

【例 5-1】 在图 5-1 所示质量-弹簧系统中，已知：弹簧的刚度系数均为 k，物块质量为 m。试求系统的固有频率，并写出其自由振动微分方程。

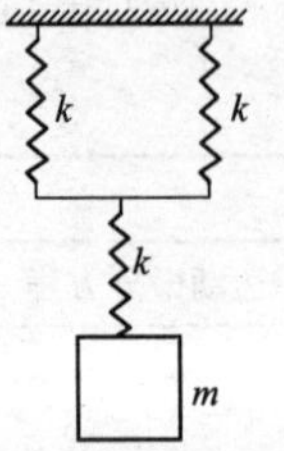

【解题指导】 系统包含一个物体，在力的作用下可以沿垂直方向运动，因此可以简化成单自由度振动系统。

【解】 以物块的位移 y 作为系统的广义坐标，在静平衡位置时 $y=0$。

系统的等效刚度系数：

$$k_{\mathrm{eq}}=\frac{2k\cdot k}{2k+k}=\frac{2}{3}k$$

图 5-1 例 5-1 图

固有频率为：

$$\omega_0=\sqrt{\frac{k_{\mathrm{eq}}}{m}}=\sqrt{\frac{2k}{3m}}$$

运动微分方程为：

$$m\ddot{y}+\frac{2}{3}ky=0$$

即：

$$\ddot{y}+\frac{2k}{3m}y=0$$

【讨论】 当系统中存在弹簧的串联和并联时，需首先根据弹簧的串、并联公式求解出等效刚度，然后计算系统的固有频率。

【例 5-2】 质量为 m 的物块 A 连在刚度系数为 k 的弹簧上处于静止状态。现有质量亦为 m 的物块 B 无初速度地突然放置在物块 A 上，如图 5-2(a)所示。试求：

(1) 物块 B 放置前以及放置后系统自由振动的频率；

(2) 物块 B 放置后系统振动的振幅。

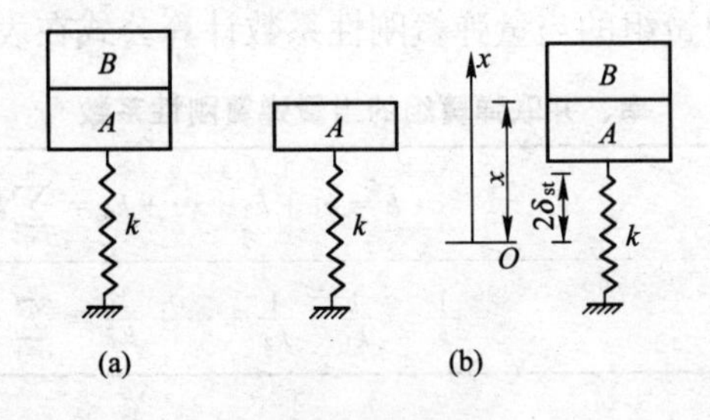

图 5-2 例 5-2 图

【解题指导】 在物块 B 放置前后，系统都可以简化成单自由度振动系统，物块 B 放置前系统的质量为 m，物块 B 放置后系统的质量为 $2m$。

【解】 以物块 A 的位移 x 作为系统的广义坐标，如图 5-2(b)所示，在静平衡位置时 $x=0$。

(1) 放置前动力学方程为：

$$m\ddot{x}+kx=0$$

系统自由振动的固有频率为：

$$\omega_{\mathrm{n1}}=\sqrt{\frac{k}{m}}$$

频率为：

$$f_1=\frac{1}{2\pi}\sqrt{\frac{k}{m}}$$

放置后动力学方程为：

$$2m\ddot{x}=-k(x-2\delta_{st})-2mg=-kx$$

$$2m\ddot{x}+kx=0$$

系统自由振动的固有频率为：

$$\omega_{n2}=\sqrt{\frac{k}{2m}}$$

频率为：

$$f_2=\frac{1}{2\pi}\sqrt{\frac{k}{2m}}$$

(2) 物块 B 放置后系统运动的初始条件为：

$$x_0=\delta_{st}=\frac{mg}{k},\quad \dot{x}_0=0$$

物块 B 放置后系统振动的振幅：

$$A=\sqrt{x_0^2+\frac{\dot{x}_0^2}{\omega_{n2}^2}}=\delta_{st}=\frac{mg}{k}$$

【讨论】 系统的固有频率仅与系统的质量和刚度有关，与初始条件无关，而系统振动的振幅与初始条件有关。

【例 5-3】 均质刚杆 AB 的长为 l，质量为 m_1，在 A 端固结一质量为$m_2=m_1/2$的小球，B 端悬挂在刚度系数为 k 的弹簧上，在水平位置时处于平衡。当初瞬时，将杆 AB 绕 O 轴转过 φ_0 角，然后无初速度自由释放，系统将绕 O 轴作微幅振动。试求：

(1) 系统的运动方程；

(2) 振动周期 T 与振幅 A。

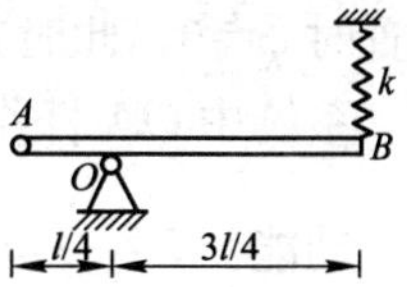

图 5-3 例 5-3 图

【解题指导】 系统包含两个物体，但整体作定轴转动，可以简化成单自由度振动系统，且在振动过程中能量守恒，因此可以用能量法求系统的固有频率，从而得到振动周期和运动方程，再利用初始条件求解振幅。

【解】 以刚杆 AB 的角位移 φ 作为系统的广义坐标，在静平衡位置时 $\varphi=0$，此时系统的势能为零。

动能：$T=\frac{1}{2}\left[\frac{1}{12}m_1l^2+m_1\left(\frac{l}{4}\right)^2+\frac{m_1}{2}\left(\frac{l}{4}\right)^2\right]\dot{\varphi}^2$

等效质量：$m_{eq}=\frac{17l^2}{96m_1}$

势能：$V=\frac{1}{2}k\left(\frac{3}{4}l\theta\right)^2$，$k_{eq}=\frac{9}{16}kl^2$

系统的固有频率：$\omega_n^2=\frac{k_{eq}}{m_{eq}}=\frac{54k}{17m_1}$

振动周期：$T=\frac{2\pi}{\omega_n}=2\pi\sqrt{\frac{17m_1}{54k}}$

振动微分方程：$\ddot{\varphi}+\frac{54k}{17m_1}\varphi=0$

解得：$\varphi=\varphi_0\sin\left(\omega_0 t+\frac{\pi}{2}\right)$

振幅：$A=\varphi_0$

【讨论】 当系统所受的力只有有势力做功时，就可以用能量法求解系统的固有频率。当系统所包含的物体比较多时，首先要根据约束和运动形式确定系统的自由度，取定广义坐标，将动能和势能都写成广义坐标和广义坐标导数的函数。

【例 5-4】 匀质杆 OA 长为 l，在 A 点铰接一半径为 $l/3$ 的匀质圆盘，杆与圆盘的质量均为 m。该系统自小角 φ_0 位置无初速释放，开始作微幅摆动。试求杆摆动的周期。

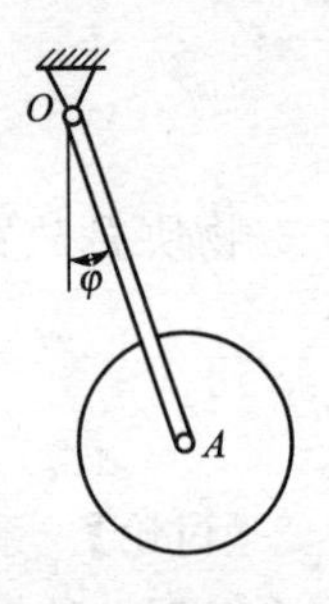

图 5-4 例 5-4 图

【解题指导】 系统包含两个物体，杆 OA 作定轴转动，圆盘从约束的角度可以绕点 A 转动，但是由于受力都集中在点 A 处，因此圆盘没有绕点 A 的转动，只有跟随 A 的平行移动，整体可以简化成单自由度振动系统，用能量法求系统的等效刚度和等效质量，从而得到振动周期。

【解】 以杆的角位移 φ 作为系统的广义坐标，在静平衡位置时 $\varphi=0$，此时系统的势能为零。

系统中 OA 杆作定轴转动，圆盘作平动。

动能：$T=\frac{1}{6}ml^2\dot{\varphi}^2+\frac{1}{2}ml^2\dot{\varphi}^2=\frac{2}{3}ml^2\dot{\varphi}^2$

等效质量：$m_{eq}=\frac{4}{3}mL^2$

势能：$V=\frac{mgl}{2}(1-\cos\varphi)+mgl(1-\cos\varphi)=\frac{3}{2}mgl(1-\cos\varphi)$

取 $1-\cos\varphi\approx\frac{\varphi^2}{2}$

势能：$V=\frac{3}{4}mgl\varphi^2$

等效刚度：$k_{eq}=\frac{3}{2}mgl$

振动周期：$T=2\pi\sqrt{\frac{m_{eq}}{k_{eq}}}=\frac{4\pi}{3}\sqrt{\frac{2l}{g}}$

【讨论】 根据系统所受的约束和力正确判断出物体的运动形式是本题的关键。

【例 5-5】 在图示振动系统中，已知：匀质杆 AB 长为 l，质量为 m_1；匀质圆柱体半径为 r，质量为 m_2；在半径为 $r+l$ 的圆槽内作纯滚动。试用能量法求此系统的微幅振动的周期。

【解题指导】 系统包含两个物体，杆 AB 作定轴转动，圆盘作纯滚动，是平面运动，整体独立的运动量只有一个，可以简化成单自由度振动系统，用能量法求系统的振动周期。

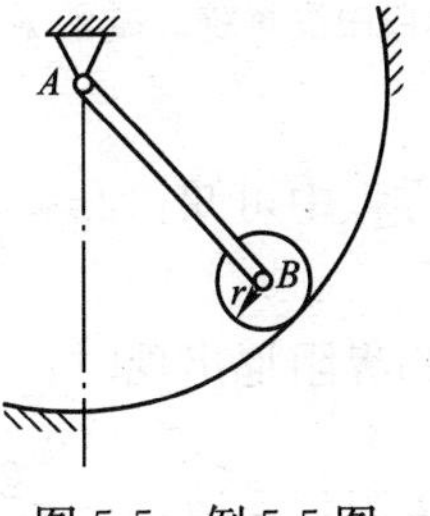

图 5-5　例 5-5 图

【解】 以匀质杆 AB 的角位移 φ 为系统的广义坐标，在静平衡位置时 $\varphi=0$，此时系统的势能为零。

动能：$T=\frac{1}{2}\times\frac{1}{3}m_1l^2\dot{\varphi}^2+\frac{1}{2}m_2(l\dot{\varphi})^2+\frac{1}{2}\times\frac{1}{2}m_2r^2\left(\frac{\dot{\varphi}l}{r}\right)^2$

势能：$V=\frac{1}{2}m_1gl(1-\cos\varphi)+m_2gl(1-\cos\varphi)$

$$T+V=\frac{1}{2}\left(\frac{1}{3}m_1l^2+\frac{3}{2}m_2l^2\right)\dot{\varphi}^2+\left(\frac{1}{2}m_1+m_2\right)gl(1-\cos\varphi)=E$$

上式两边对 t 求导，得：

$$\left(\frac{1}{3}m_1+\frac{3}{2}m_2\right)l\ddot{\varphi}+\left(\frac{1}{2}m_1+m_2\right)g\sin\varphi=0$$

微幅振动：$\sin\varphi\approx\varphi$，得：

$$\ddot{\varphi}+\frac{3g(m_1+2m_2)}{l(2m_1+9m_2)}\varphi=0$$

系统的固有频率：$\omega_n=\sqrt{\frac{3g(m_1+2m_2)}{l(2m_1+9m_2)}}$

振动周期：$T=\frac{2\pi}{\omega_n}=2\pi\sqrt{\frac{l(2m_1+9m_2)}{3g(m_1+2m_2)}}$

【讨论】 本题中的约束为理想约束，作用在系统上的主动力为有势力，系统的机械能守恒，因此可以采用能量法建立系统的振动微分方程，从而求得振动周期。

【例 5-6】 在图 5-6 所示振动系统中，已知：质点的质量为 m，弹簧的刚度系数为 k，阻尼器的阻尼系数为 c，刚杆的质量忽略不计。试求：

(1) 系统的运动微分方程；

(2) 临界阻尼系数 c_c；

(3) 有阻尼时的固有频率。

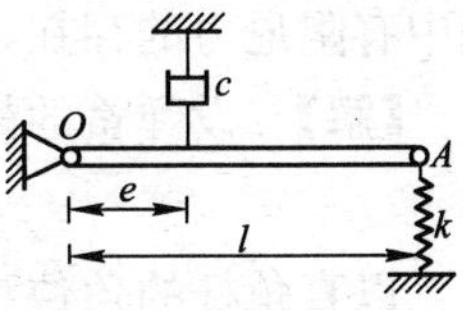

图 5-6　例 5-6 图

【解题指导】 系统中杆 OA 作定轴转动，质点作圆周运动，整体独立的运动量只有一个，可以简化成单自由度振动系统，题中有阻尼力的存在，因此不能采用能量法建立微分方程，可以考虑用动量矩定理建立微分方程。

【解】 以杆 OA 的角位移 θ 为系统的广义坐标，用对点 O 的动量矩定理建立系统的运动微分方程：

$$ml^2\ddot{\theta}=-kl^2\theta-ce^2\dot{\theta}$$

即：
$$\ddot{\theta}+\frac{ce^2\dot{\theta}}{ml^2}+\frac{kl^2\theta}{ml^2}=0$$

从方程中可知：$2n=\dfrac{ce^2}{ml^2}$，$\omega_n=\sqrt{\dfrac{k}{m}}$

当临界阻尼出现时：$n_c=\omega_n$，所以：$\dfrac{c_c e^2}{2ml^2}=\sqrt{\dfrac{k}{m}}$

临界阻尼系数：$c_c=\dfrac{2l^2}{e^2}\sqrt{mk}$

有阻尼时的固有频率：$\omega_d=\sqrt{\omega_n^2-n^2}=\sqrt{\dfrac{k}{m}-\dfrac{c^2e^4}{4m^2l^4}}$

【讨论】 当系统中存在阻尼器时，阻尼力属于非有势力，因此不能采用能量法建立系统的振动微分方程，需要通过受力分析选择合适的方法。

【例 5-7】 在图 5-7 所示振动系统中，假定直角杆是刚性的，其质量忽略不计，在杆的两端刚性连接两个小球，质量分别为 m_1 和 m_2，弹簧的刚度系数为 k，阻尼器的黏性阻尼系数为 c，图 5-7(a)所示位置为系统的平衡位置。试建立微幅运动微分方程，说明发生振动的条件，并求衰减振动的固有频率。

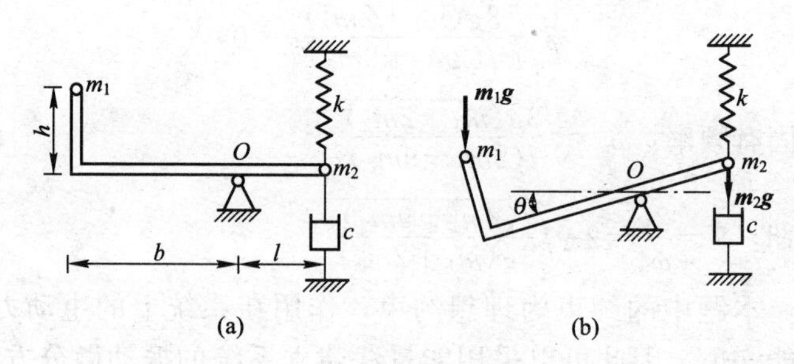

图 5-7　例 5-7 图

【解题指导】 系统中整体作定轴转动，可以简化成单自由度振动系统，题中有阻尼力的存在，可以考虑用动量矩定理建立微分方程。

【解】 设弹簧的静变形为 δ，则平衡时有：

$$k\delta l=m_1gb-m_2gl \tag{1}$$

以直角杆的角位移 θ 为系统的广义坐标，如图 5-7(b)所示，用对点 O 的动量矩定理建立系统的运动微分方程：

$$J_O\ddot{\theta}=-k(\delta+l\theta)l-cl^2\dot{\theta}-m_2gl\cos\theta+m_1g(h\sin\theta+b\cos\theta)$$

其中：$J_O=m_1(b^2+h^2)+m_2l^2$，作微幅振动时：$\sin\theta\approx\theta$，$\cos\theta\approx1$

$$J_O\ddot{\theta}=-k\delta l-kl^2\theta-cl^2\dot{\theta}-m_2gl+m_1gb+m_1gh\theta \tag{2}$$

将式(1)代入式(2)得系统的运动微分方程：

$$J_O\ddot{\theta}+cl^2\dot{\theta}+(kl^2-m_1gh)\theta=0 \tag{3}$$

要使系统发生振动需满足的条件：$kl^2-m_1gh>0$

解得：$$k>\frac{m_1gh}{l^2}$$

从方程式(3)中可知：$n=\dfrac{cl^2}{2J_O}$，$\omega_n^2=\dfrac{kl^2-m_1gh}{J_O}$

衰减振动的固有频率：$\omega_d=\sqrt{\omega_n^2-n^2}=\sqrt{\left(\dfrac{kl^2-m_1gh}{J_O}\right)^2-\left(\dfrac{cl^2}{2J_O}\right)^2}$

【讨论】 注意在平衡位置时，弹簧已有一定的变形，此时受力满足平衡方程。系统要发生振动，必须有恢复力的存在，因此刚度系数大于零。

【例 5-8】 在下列振动系统中，已知：刚杆 OA 的质量不计，杆中点的集中质量为 m。图 5-8(a)中在点 A 受激振力 $F_0=H\sin\omega t$。图 5-8(b)中支承位移 $y=d\sin\omega t$。如刚杆质量不计，试求两种情况的稳态强迫振动规律。

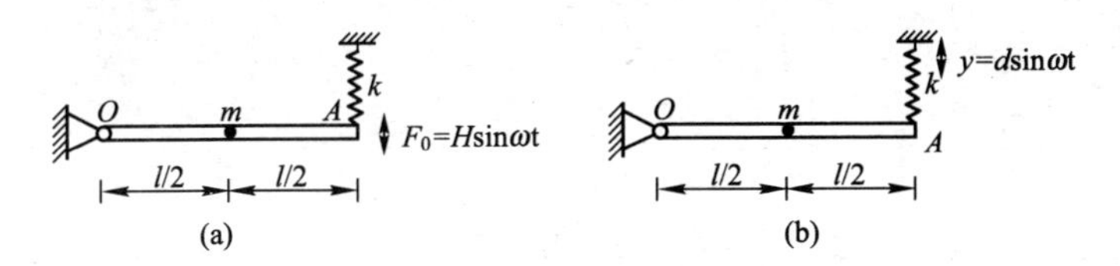

图 5-8 例 5-8 图

【解题指导】 系统中整体作定轴转动，可以简化成单自由度振动系统，题中有外激励和基础位移的存在，可以考虑用动量矩定理建立微分方程。

【解】 以 OA 杆的位移 φ 为系统的广义坐标，应用对 O 点的动量矩定理建立系统的运动微分方程。

(a) 点 A 受激振力 $F_0=H\sin\omega t$ 的情况：

$$m\left(\frac{1}{2}l\right)^2\ddot{\varphi}=-kl^2\varphi+H\sin\omega t\cdot l$$

化简为标准形式：$\ddot{\varphi}+\dfrac{4k}{m}\varphi=\dfrac{4H}{ml}\sin\omega t$

解上述方程可得稳态响应：

$$\varphi=\frac{h}{\omega_n^2-\omega^2}\sin\omega t=\frac{\dfrac{4H}{ml}}{\dfrac{4k}{m}-\omega^2}\sin\omega t=\frac{4H}{4kl-ml\omega^2}\sin\omega t$$

(b) 作用有支承位移 $y=d\sin\omega t$ 的情况：

$$m\left(\frac{1}{2}l\right)^2\ddot{\varphi}=-k(l\varphi-y)\cdot l$$

将支承位移 $y=d\sin\omega t$ 代入上式：

$$m\frac{l^2}{4}\ddot{\varphi}+kl^2\varphi=kld\sin\omega t$$

化简为标准形式：$\ddot{\varphi}+\dfrac{4k}{m}\varphi=\dfrac{4kd}{ml}\sin\omega t$

解上述方程可得稳态响应：

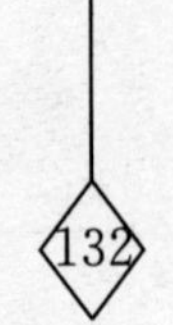

$$\varphi=\frac{h}{\omega_{\mathrm{n}}^{2}-\omega^{2}}\sin\omega t=\frac{\frac{4kd}{ml}}{\frac{4k}{m}-\omega^{2}}\sin\omega t=\frac{4kd}{4kl-ml\omega^{2}}\sin\omega t$$

【讨论】

(1) 系统振动的固有频率与外激励无关。

(2) 支承处作用有位移相当于提供了一个外激励。

(3) 若 $kd=H$，则支持位移的作用结果和外激励的作用结果相同。

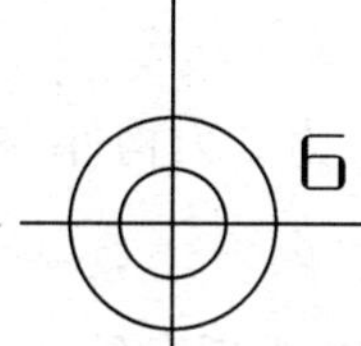

6 阶段测验题(解答)

6.1 第一阶段测验题(静力学基本知识、平面任意力学、平面桁架)

【测验题 1-1】 如图 6-1(a)所示，系统在力偶矩分别为 M_1、M_2 的力偶作用下平衡，不计滑轮和杆件的重量。若 $r=0.5$ m，$M_1=50$ kN·m，则支座 A 约束力的大小 $F_A=$______，方向________。

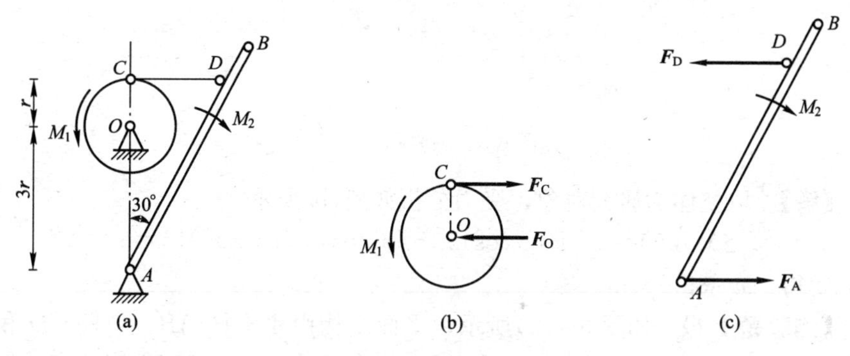

图 6-1 测验题 1-1 图

【解】 (1) 以轮 O 为研究对象，受力分析如图 6-1(b)所示，则

$$\Sigma M=0,\quad M_1-F_C r=0,\quad F_C=100\ \text{kN}$$

(2) 以杆 AB 为研究对象，受力分析如图(c)所示，则

$$F_D=F_C=100\ \text{kN},$$

由于力偶只能用力偶平衡，因此，$F_A=F_D=100$ kN。

【测验题 1-2】 直角杆 CDA 和 T 字形杆 BDE 在 D 处铰接，并支承如图 6-2(a)所示。若系统受力偶矩为 M 的力偶作用，不计各杆自重，则 A 支座约束力的大小为______，方向__________。

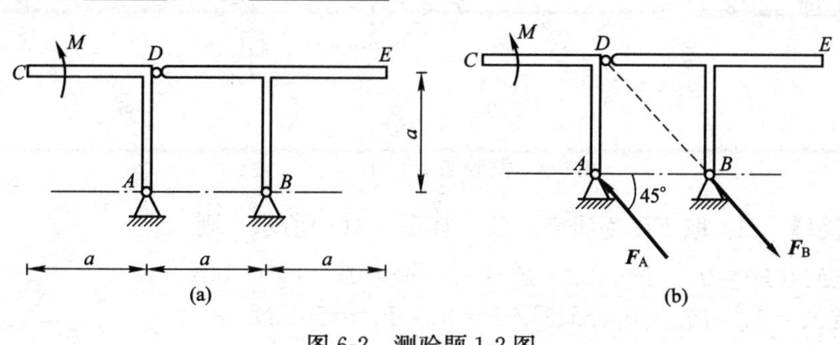

图 6-2 测验题 1-2 图

【解】 以整体为研究对象，T 字形杆 BDE 由于不计杆重，为二力构件，受力如图 6-2(b)所示，则

$$\Sigma M=0,\ M-F_A a\sin45°=0,\ F_A=\frac{\sqrt{2}M}{a}$$，方向如图 6-2 所示，由 A 指向 C。

【测验题 1-3】 如图 6-3(a)所示系统中，轮 A 重 $F_{P1}=20$ N，轮 B 重 $F_{P2}=10$ N，用长 $L=40$ cm 的无重刚杆相铰接，且可在 $\beta=45°$ 的两光滑斜面上滚动。试求平衡时的距离 x 值。

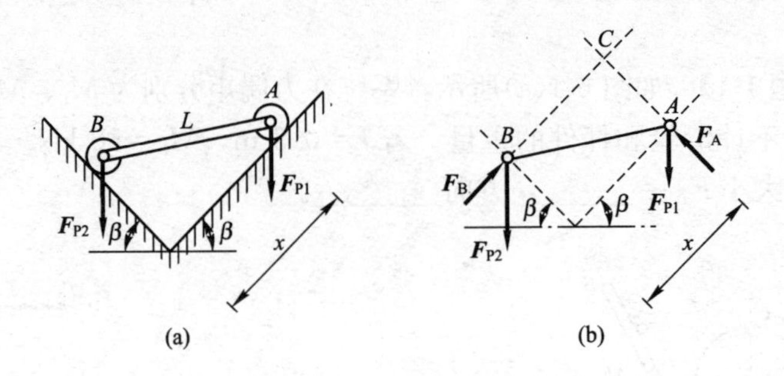

图 6-3 测验题 1-3 图

【解】 取整体为研究对象，受力分析如图(b)所示

$$\Sigma M_C(\boldsymbol{F})=0,\ F_{P2}x\cos45°-F_{P1}\cos45°(L^2-x^2)^{1/2}=0$$

解得：$x=35.78$cm

【测验题 1-4】 如图 6-4(a)所示，平面结构由水平杆 AB、斜杆 CD 和滑轮组成。AB 中点的销钉 E 放置在杆 CD 的光滑槽内，A 为固定端约束，D 为固定铰支座，如图 6-4 所示。细绳一端固定于 C，并跨过定滑轮 B 和动滑轮 F，另一端固连于 B，物重 $F_P=2000$ N，CD 杆上作用一力偶，其矩 $M=200$ N·m，杆与轮的自重不计。试求固定支座 D 和固定端 A 处的约束力。

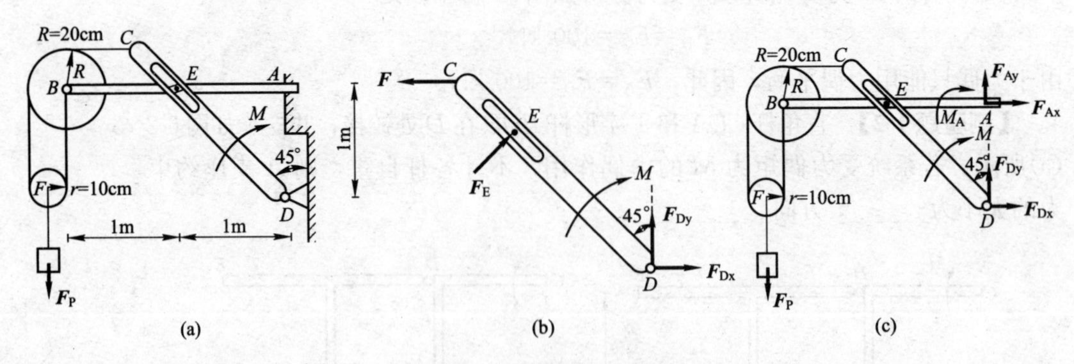

图 6-4 测验题 1-4 图

【解】 (1) 取 ED 为研究对象，如图 6-4(b)所示，则

$\Sigma M_D(\boldsymbol{F})=0,\quad F\times1.2-F_E\cdot\sqrt{2}-M=0,\quad F_E=500\sqrt{2}$ N

$\Sigma F_x=0,\quad F_{Dx}+F_E\cos45°-F=0,\quad F_{Dx}=500$ N

$\Sigma F_y=0,\quad F_{Dy}+F_E\sin45°=0,\quad F_{Dy}=-500$ N

(2) 取整体为研究对象，如图 6-4(c)所示，则

$\Sigma F_x=0$，　$F_{Ax}+F_{Dx}=0$，　$F_{Ax}=-500\ \text{N}$

$\Sigma F_y=0$，　$F_{Ay}+F_{Dy}-F_P=0$，　$F_{Ay}=2500\ \text{N}$

$\Sigma M_A(\boldsymbol{F})=0$，　$F_P\cdot 2.1+F_{Dx}\cdot 1-M-M_A=0$，　$M_A=4500\ \text{N}\cdot\text{m}$

【测验题 1-5】 在如图 6-5(a)所示平面桁架中，已知 $\vec{F}$，$\theta=45°$。试用较简单的步骤求杆 1、2 的内力。

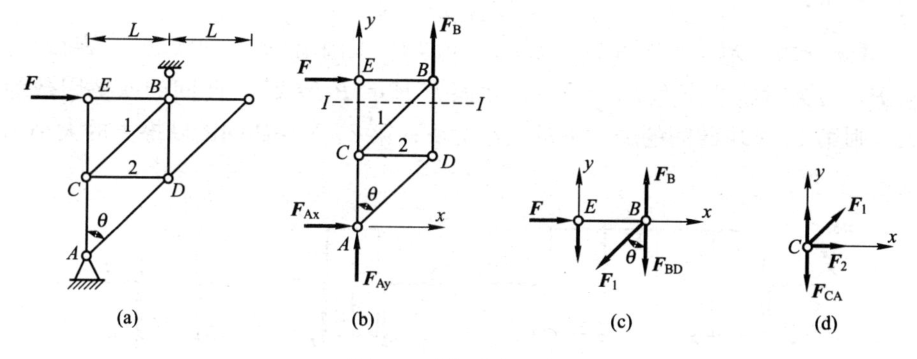

图 6-5　测验题 1-5 图

【解】 (1) 去掉结构中的零力杆及约束，结构如图 6-5(b)所示。

(2) 用截面 I 将结构截开，坐标及受力如图 6-5(c)所示。

$$\Sigma F_x=0,\quad F-F_1\sin\theta=0,\quad 得：F_1=\sqrt{2}F$$

(3) 取节点 C，坐标及受力如图 6-5(d)所示。

$$\Sigma F_x=0,\quad F_2+F_1\sin\theta=0,\quad 得：F_2=-F$$

6.2　第二阶段测验题(空间任意力学、摩擦)

【测验题 2-1】 如图 6-6(a)所示均质梯形薄板 $ABCE$，在 A 处用细绳悬挂。今欲使 AB 边保持水平，则需在正方形 $ABCD$ 的中心挖去一个半径为______的圆形薄板。

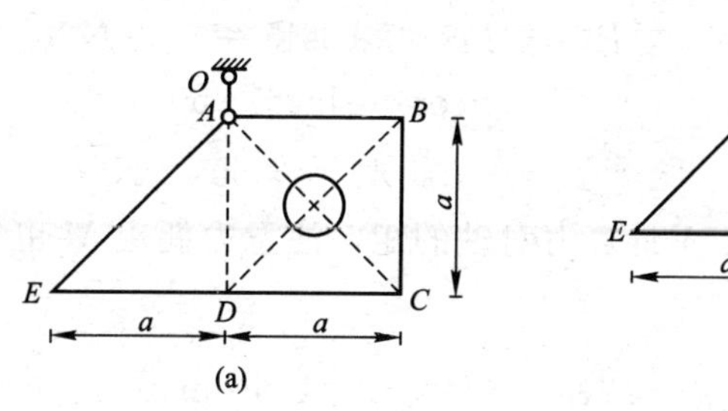

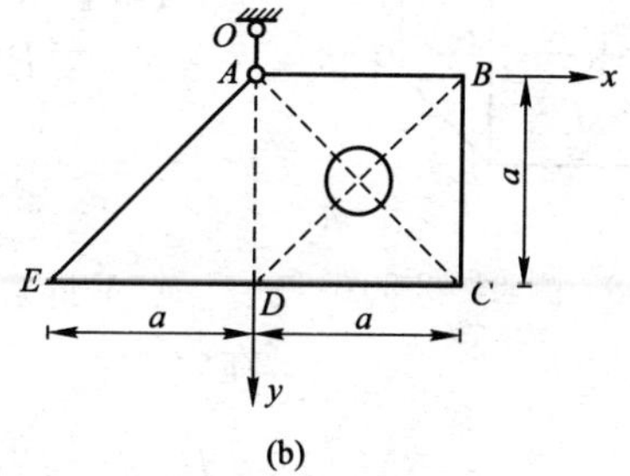

图 6-6　测验题 2-1 图

【解】 欲使 AB 边保持水平，则均质梯形薄板 $ABCE$ 的重心在 AD 连线上，建立如图 6-6(b)所示的坐标系，则：$x_C=0$，设挖去的圆半径为 r，则

$$x_C=\frac{\frac{1}{2}a^2\cdot\left(-\frac{a}{3}\right)+a^2\cdot\frac{a}{2}-\pi r^2\cdot\frac{a}{2}}{\frac{1}{2}a^2+a^2-\pi r^2}=0,$$

解得：
$$r=\sqrt{\frac{2}{3\pi}}a$$

【测验题 2-2】 如图 6-7(a)所示，用砖夹(未画出)夹住四块砖，若每块砖重 P，砖夹对砖的压力 $F_{N1}=F_{N4}$，摩擦力 $F_{f1}=F_{f4}=2P$，砖间的摩擦因数为 f_s。则第 1、2 块砖间的摩擦力的大小为 P；第 2、3 块砖间的摩擦力的大小为________。

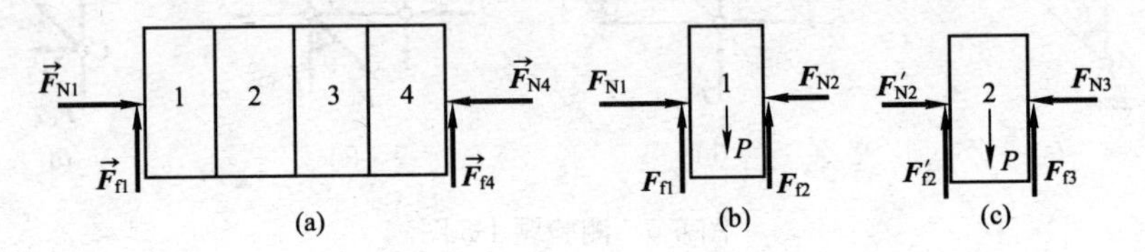

图 6-7 测验题 2-2 图

【解】 (1) 取砖块 1 为研究对象，受力如图 6-7(b)所示，则

$$\Sigma F_y=0\quad F_{f1}+F_{f2}-P=0,\quad F_{f2}=P$$

(2) 取砖块 2 为研究对象，受力如图 6-7(c)所示，则

$$\Sigma F_y=0\quad F'_{f2}+F_{f3}-P=0,\quad F_{f3}=0$$

【测验题 2-3】 如 6-8 图所示，在边长 $L=0.5$ m 的正立方体中，已知力 $F=100$ N，作用于 A_1ACC_1 面内，力偶矩 $M=10$ N·m，作用于 AA_1BB_1 内。试求：

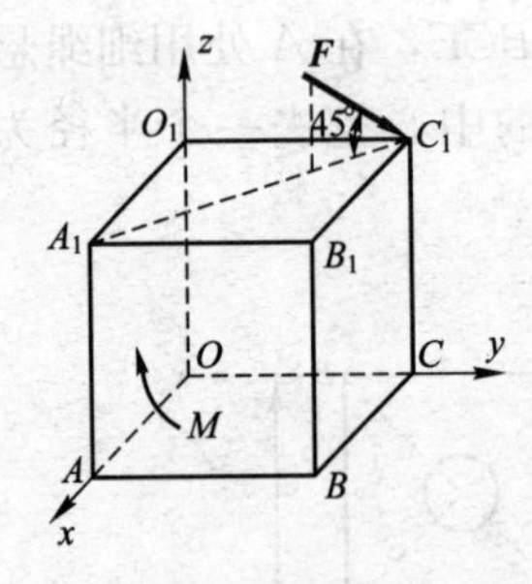

图 6-8 测验题 2-3 图

(1) $\Sigma M_x(\boldsymbol{F})=$________，

(2) $\Sigma M_y(\boldsymbol{F})=$________，

(3) $\Sigma M_z(\boldsymbol{F})=$________。

【解】 (1) 计算力 $\boldsymbol{F}$ 在坐标轴上的投影：

$$F_x=-F\cos45°\cos45°=-50\ \text{N}$$
$$F_y=F\cos45°\sin45°=50\ \text{N}$$
$$F_z=-F\sin45°=-50\sqrt{2}\ \text{N}$$

(2) 计算力对轴的矩，注意力偶矩 M 也要计算在内：

$$\Sigma M_x(\boldsymbol{F})=F_z y_{C_1}-F_y z_{C_1}-M=-70.4\ \text{N}\cdot\text{m}$$
$$\Sigma M_y(\boldsymbol{F})=F_x z_{C_1}-F_z x_{C_1}=-25\ \text{N}\cdot\text{m}$$
$$\Sigma M_z(\boldsymbol{F})=F_y x_{C_1}-F_x y_{C_1}=25\ \text{N}\cdot\text{m}$$

【测验题 2-4】 在如图 6-9(a)所示的均质正方形板中，已知单位面积质量为 $\rho=100\ \text{kg/m}^2$，边长为 L。$A_1D_1=AD=AA_1=D_1D=1$ m，若在板中心挖去一直径为 $\frac{L}{2}$ 的圆孔，试求球铰链 A 的约束力及各连杆的内力。

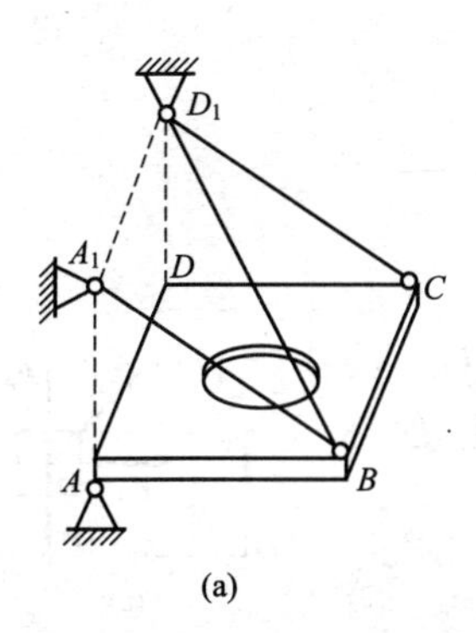

(a)

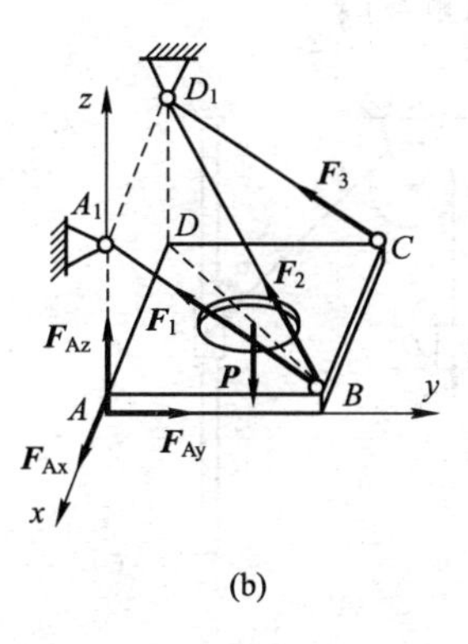

(b)

图 6-9 测验题 2-4 图

【解】 取为研究对象，受力分析如图 6-9(b)所示

板重：$P=100\times9.8\left[L^2-\frac{\pi}{4}\times\left(\frac{L}{2}\right)^2\right]=980\left(1-\frac{\pi}{16}\right)=787.6\text{ N}$

$$\Sigma M_y(\boldsymbol{F})=0,\quad F_3\times\frac{1}{\sqrt{2}}\times1-P\times\frac{1}{2}=0$$

$$\Sigma M_x(\boldsymbol{F})=0,\quad F_3\times\frac{\sqrt{2}}{2}\times1+F_2\times\frac{\sqrt{3}}{3}\times1=0$$

$$\Sigma M_z(\boldsymbol{F})=0,\quad F_3\times\frac{\sqrt{2}}{2}\times1+F_2\times\frac{\sqrt{3}}{3}\times1+F_1\times\frac{\sqrt{2}}{2}\times1-P\times\frac{1}{2}=0$$

$$\Sigma F_x=0,\quad F_{Ax}-F_2\times\frac{\sqrt{2}}{\sqrt{3}}\times\frac{\sqrt{2}}{2}=0$$

$$\Sigma F_y=0,\quad -F_3\times\frac{\sqrt{2}}{2}-F_1\times\frac{\sqrt{2}}{2}-F_2\times\frac{\sqrt{3}}{3}+F_{Ay}=0$$

$$\Sigma F_z=0,\quad F_3\times\frac{\sqrt{2}}{2}+F_2\times\frac{\sqrt{3}}{3}+F_1\times\frac{\sqrt{2}}{2}-P+F_{Az}=0$$

解得：

$$F_{Ax}=-\frac{P}{2}=-393.8\text{N},\quad F_1=\frac{\sqrt{2}}{2}P=556.9\text{N}$$

$$F_{Ay}=\frac{1}{2}P=393.8\text{N},\quad F_2=-\frac{\sqrt{3}}{2}P=-682.1\text{N}$$

$$F_{Az}=\frac{1}{2}P=393.8\text{N},\quad F_z-\frac{\sqrt{2}}{2}P-556.9\text{N}$$

【测验题 2-5】 滑块 A 的重力为 P，套在竖杆上，借助悬挂物块 D 的绳子保持平衡，而绳跨过滑轮 B，如图 6-10 所示。已知：滑块 A 与竖杆之间的静摩擦因数为 f_s，绳与竖杆的夹角为 θ。试求系统平衡时物块 D 的重力 P_D。

【解】 设 D 有向上运动的趋势，此时系统平衡时物块 D 的重力具有最小值，滑块 A 有向下运动趋势，摩擦力向上。以滑块 A 为研究对象，受力分析如图 6-10(b)所示，则

$$\Sigma F_x=0,\quad -F_T\sin\theta+F_N=0$$

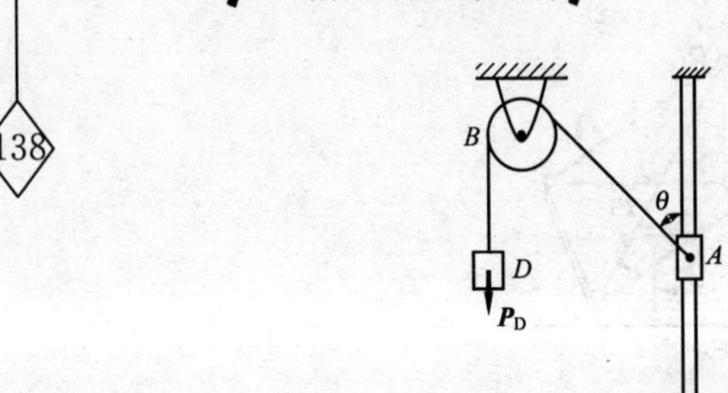

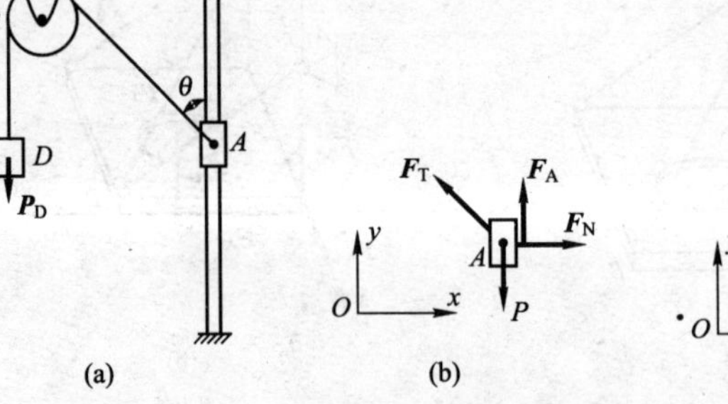

图 6-10　测验题 2-5 图

$$\Sigma F_y=0,\quad F_A-P+F_T\cos\theta=0,\ F_A=f_sF_N$$

$$F_T=\frac{P}{(\cos\theta+f_s\sin\theta)},\quad F_T=P_D$$

$$P_{Dmin}=\frac{P}{(\cos\theta+f_s\sin\theta)}$$

设 D 有向下运动的趋势，此时系统平衡时物块 D 的重力具有最大值，滑块 A 有向上运动趋势，摩擦力向下。以滑块 A 为研究对象，受力分析如图 6-10(c)所示，则

$$\Sigma F_x=0,\quad -F_T\sin\theta+F_N=0$$

$$\Sigma F_y=0,\quad -F_A-P+F_T\cos\theta=0,\ F_A=f_sF_N$$

$$F_T=\frac{P}{(\cos\theta-f_s\sin\theta)},\ F_T=P_D$$

$$P_{Dmax}=\frac{P}{(\cos\theta-f_s\sin\theta)}$$

故系统平衡时物块 D 的重力满足如下条件：

$$P_{Dmin}\leqslant P_D\leqslant P_{Dmax}$$

6.3　第三阶段测验题(点的运动、刚体的基本运动、刚体的平面运动)

【测验题 3-1】　如图 6-11(a)所示，小车 A 自 O 处开始以匀速度 v 向右运动，滑轮直径略去不计，若 h=3 m，v=2 m/s，则 t=2 s时，物 M 的速度为________。

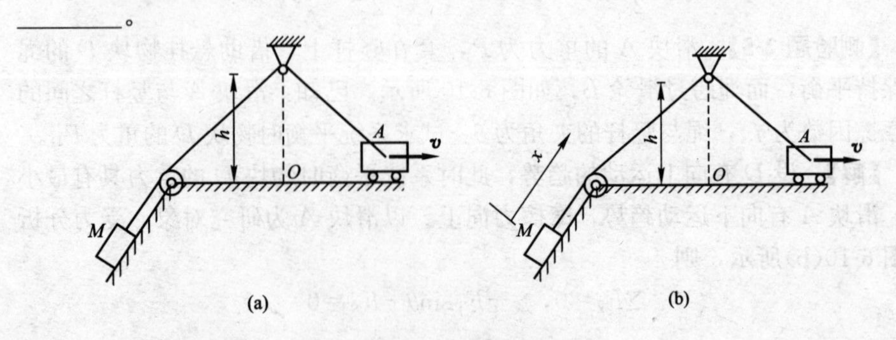

图 6-11　测验题 3-1 图

【解】 如图 6-11(b)所示，建立坐标系，则物块 M 的位置可以表示如下：

$$x=\sqrt{h^2+(vt)^2}-h,\quad v=\frac{\mathrm{d}x}{\mathrm{d}t}=\frac{vt}{\sqrt{h^2+(vt)^2}},\quad v|_{t=2}=\frac{8}{5}\mathrm{m/s^2}$$

【测验题 3-2】 如图 6-12 所示正方形板 $ABCD$ 作定轴转动，转轴垂直于板面，A 点的速度 $v_A=0.1$ m/s，加速度 $a_A=0.1\sqrt{2}$ m/s^2，方向如图。则正方形板转动的角加速度的大小为__________。

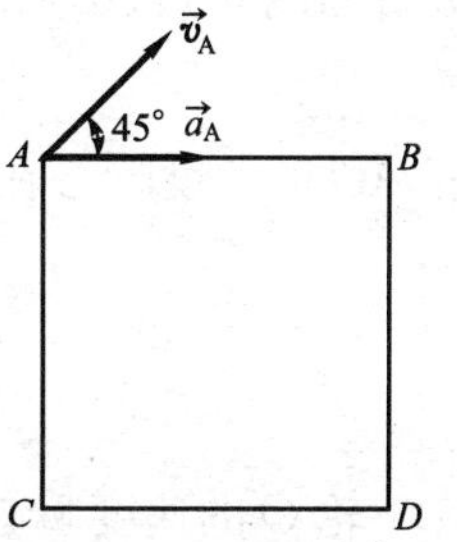

图 6-12 测验题 3-2 图

【解】 $\boldsymbol{a}_A=\boldsymbol{a}_{An}+\boldsymbol{a}_{At}$

$$a_{An}=a_A\sin45°=0.1\ \mathrm{m/s^2},\quad a_{At}=a_A\cos45°=0.1\ \mathrm{m/s^2}$$

$$a_{An}=\frac{v^2}{\rho},\quad \rho=\frac{v^2}{a_{An}}=0.1\ \mathrm{m},\quad a_{At}=\alpha\rho,\ \alpha=\frac{a_{At}}{\rho}=1\ \mathrm{rad/s^2}$$

【测验题 3-3】 指出如图 6-13(a)所示机构中各构件作何种运动，轮 A(只滚不滑)作________；杆 BC 作________；杆 CD 作________；杆 DE 作________。并在图上画出作平面运动的构件在图示瞬时的速度瞬心。

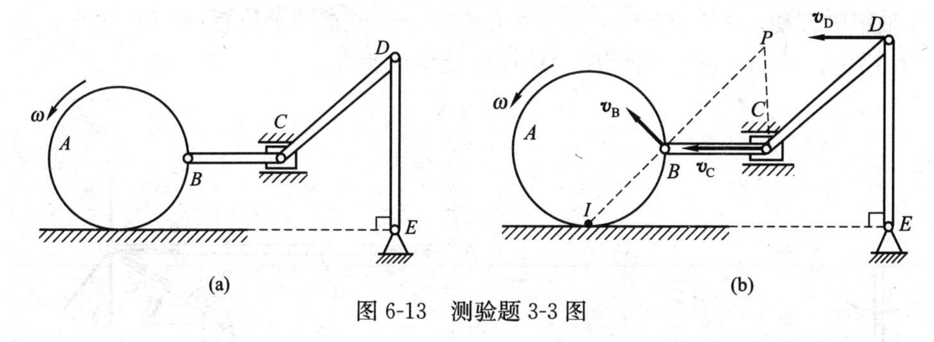

图 6-13 测验题 3-3 图

【解】 如图 6-13(b)所示，点 I 是轮 A 的速度瞬心，点 P 是杆 BC 的速度瞬心，杆 CD 的速度瞬心在无穷远处。轮 A 作平面运动，杆 BC 作平面运动，杆 CD 作瞬时平动。

【测验题 3-4】 如图 6-14(a)所示，曲柄连杆带动圆轮在水平面上作纯滚动。已知：轮的直径 $d=2$ m，连杆长 $AO=L=3$ m。在图示位置时，曲柄的角速度 $\omega=3$ rad/s，O_1O 为铅垂线，$OA\perp O_1A$，$\varphi=60°$。试求该瞬时：(1)连杆 AO 的角速度；(2)轮心 O 的速度；(3)轮的角速度；(4)轮缘上点 M 的速度。

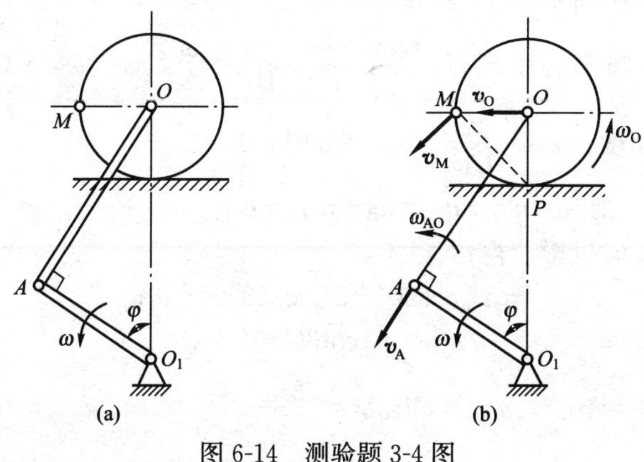

图 6-14 测验题 3-4 图

【解】 杆 O_1A 作定轴转动，杆 OA 作平面运动，轮 O 作平面运动，速度分析如图 6-14(b)所示，则

$$v_A=\omega\cdot\overline{O_1A}=\omega\overline{AO}\cdot\cot\varphi=3\sqrt{3}\ \text{m/s}$$

杆 AO 的速度瞬心在 O_1，故：

$$\omega_{AO}=\frac{v_A}{AO_1}=\omega=3\ \text{rad/s}\quad（逆时针）$$

$$v_O=\omega_{AO}\cdot\overline{OO_1}=6\sqrt{3}\ \text{m/s}\quad（水平向左）$$

轮 O 的速度瞬心在 P 点，故：

$$\omega_O=\frac{v_O}{OP}=6\sqrt{3}\ \text{rad/s}\quad（逆时针）$$

$$v_M=\omega_O\cdot\overline{MP}=6\sqrt{6}\ \text{m/s}\quad（垂直 MP 偏下）$$

【测验题 3-5】 在图 6-15 所示连杆机构中，已知：杆 AB 以匀角速度 ω 绕 A 轴定轴转动，$AB=CD=r$，$BC=L=2\sqrt{3}r$。试求图示位置(杆 BC 水平，杆 AB 铅垂，$\varphi=30°$)时，杆 CD 的角速度及角加速度。

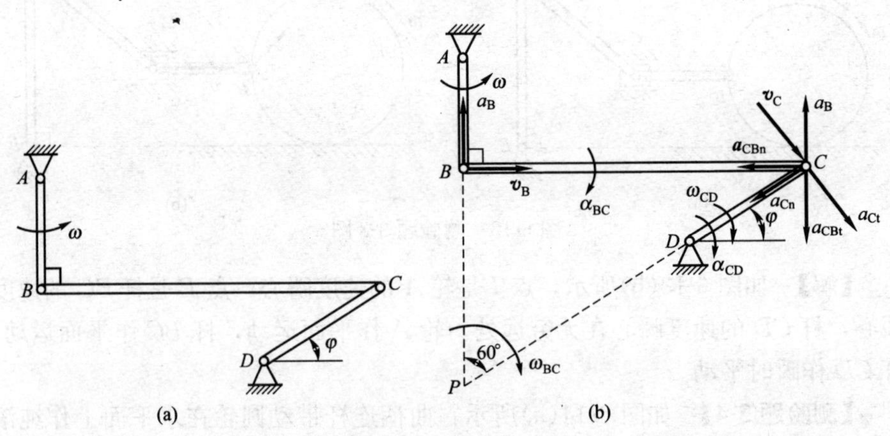

图 6-15 测验题 3-5 图

【解】 杆 AB 和 CD 作定轴转动，杆 BC 作平面运动，速度和加速度分析，如 6-15 图(b)所示。

杆 BC 的速度瞬心在 P 点，则：$\omega_{BC}=\dfrac{v_B}{BP}=\dfrac{\omega}{2}$，$v_C=\omega_{BC}\cdot\overline{CP}=2l\omega$

故 CD 杆的角速度：$\omega_{CD}=\dfrac{v_C}{CD}=2\omega$ （顺时针）

取点 B 为基点，则有：$\boldsymbol{a}_{Cn}+\boldsymbol{a}_{Ct}=\boldsymbol{a}_B+\boldsymbol{a}_{CBn}+\boldsymbol{a}_{CBt}$

将上式向 BC 方向投影，得：

$$-a_{Cn}\cos30°+a_{Ct}\cos60°=-a_{CBn}$$

$$a_{Ct}=a_{Cn}\cot30°-2a_{CBn}$$

其中：$a_{Cn}=\dfrac{v_C^2}{CD}=4r\omega^2$，$a_{CBn}=\overline{CB}\omega_{BC}^2=\dfrac{\sqrt{3}r\omega^2}{2}$

CD 杆的角加速度：$\alpha_{CD}=\dfrac{a_{Ct}}{CD}=3\sqrt{3}\omega^2$ （顺时针）

6.4 第四阶段测验题(点的合成运动、运动学综合应用)

【测验题 4-1】 正方形板 $ABCD$ 作平移，如图 6-16(a)所示，A 点的运动方程为 $x_A=6\cos(2t)$；$y_A=4\sin(2t)$；点 M 沿 AC 以 $s=3t^2$ 的规律运动，其中 x_A、y_A、s 以米计，t 以秒计。若以板为动系，则当 $t=\frac{\pi}{2}$ 秒时，点 M 的相对速度 $v_r=$________，牵连速度 $v_e=$________，方向在图 6-16(b)上画出；点 M 对板的相对加速度大小为________，牵连加速度大小为________，方向如图 6-16(c)表示。

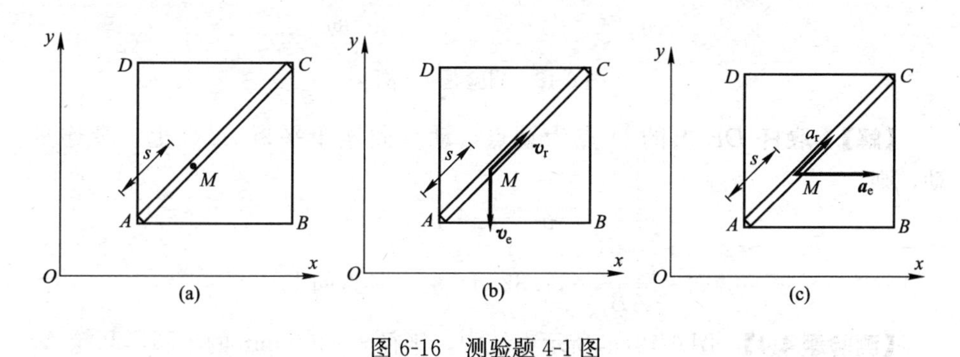

图 6-16 测验题 4-1 图

【解】 $v_r=\frac{ds}{dt}=6t$，$v_r|_{t=\frac{\pi}{2}}=3\pi$ m/s，方向沿 AC。

$\dot{x}_A=\frac{dx_A}{dt}=-12\sin(2t)$，$\dot{y}_A=\frac{dy_A}{dt}=8\cos(2t)$，$\dot{x}_A|_{t=\frac{\pi}{2}}=0$，$\dot{y}_A|_{t=\frac{\pi}{2}}=-8$ m/s，

$v_A=\dot{y}_A|_{t=\frac{\pi}{2}}=-8$ m/s，$v_e=v_A$，方向沿 y 轴负向。

$a_r=\frac{dv_r}{dt}=6$ m/s^2，方向沿 AC。

$\ddot{x}_A=\frac{d\dot{x}_A}{dt}=-24\cos(2t)$，$\ddot{y}_A=\frac{d\dot{y}_A}{dt}=-16\sin(2t)$，$\ddot{x}_A|_{t=\frac{\pi}{2}}=-24$ m/s^2，$\ddot{y}_A|_{t=\frac{\pi}{2}}=0$，

$a_A=\ddot{x}_A|_{t=\frac{\pi}{2}}=24$ m/s^2，$a_e=a_A$，方向沿 x 轴正向。

【测验题 4-2】 小车以速度 v 沿直线运动，车上一轮以角速度 ω 绕 O 转绕动，若以轮缘上一点 M 为动点，车厢为动坐标系，则 M 点的科氏加速度的大小为______。

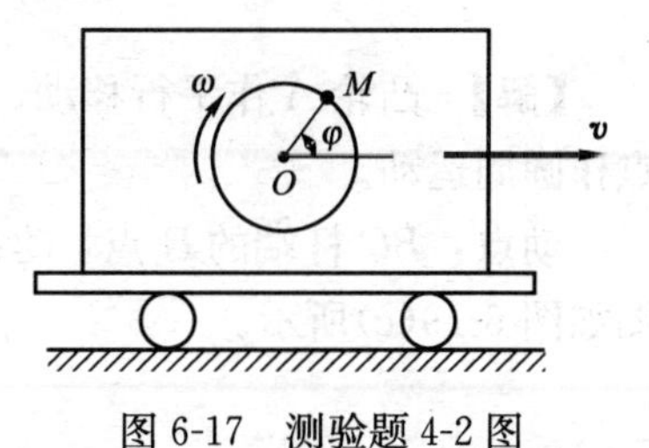

图 6-17 测验题 4-2 图

【解】 动系作平动，科氏加速度的大小为 0

【测验题 4-3】 图 6-18(a)所示平面凸轮机构，$OA=O_1B=15$ cm，$AB=OO_1=10\sqrt{3}$ cm，$AC=10$ cm，角速度 $\omega=2$ rad/s。试求在图示位置，即 OA 为铅垂时，杆 DE 的速度。

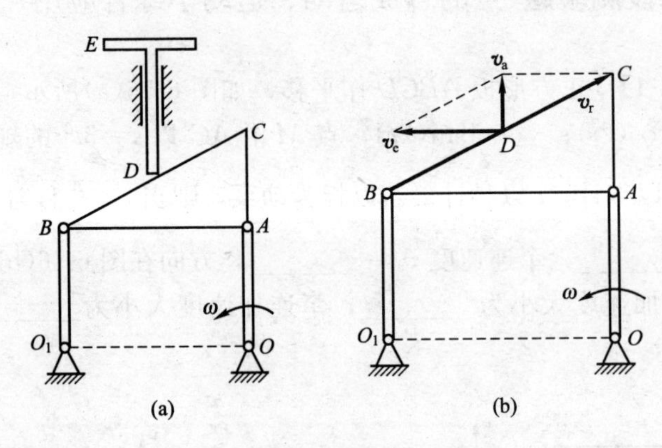

图 6-18　测验题 4-3 图

【解】 取杆 DE 上的 D 点为动点，动系固连于平板 ABC 上，牵连平动，则

$$\boldsymbol{v}_a=\boldsymbol{v}_e+\boldsymbol{v}_r$$

$$v_a=\frac{v_e\overline{AC}}{\overline{AB}}=17.32\ \text{cm/s}\quad （竖直向上）$$

【测验题 4-4】 图 6-19(a)所示系统中，半径 $r=400$ mm 的半圆形凸轮 A，水平向右作匀加速运动，$a_A=100\ \text{mm/s}^2$，推动杆 BC 沿 $\varphi=30°$ 的导槽运动。在图示位置时，$\theta=60°$，$v_A=200$ mm/s。试求该瞬时杆 BC 的加速度。

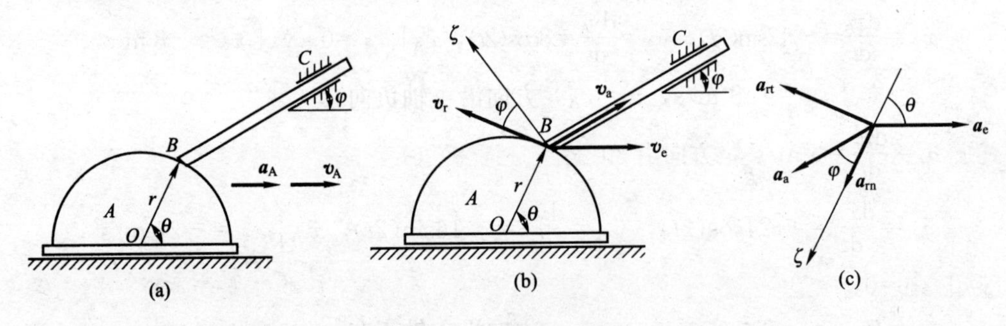

图 6-19　测验题 4-4 图

【解】 凸轮 A 作平行移动，杆 BC 作平行移动，杆 BC 上的 B 点相对于 O 点作圆周运动。

动点：BC 杆端的 B 点，动系：凸轮，速度图如图 6-19(b)所示，加速度图如图 6-19(c)所示。

$$\boldsymbol{v}_a=\boldsymbol{v}_e+\boldsymbol{v}_r$$

在 ζ 方向投影：　$v_r\cos30°-v_e\cos60°=0$

其中：　$v_e=v_A$

解得：　$v_r=11.55\text{cm/s}$

$$\boldsymbol{a}_a=\boldsymbol{a}_e+\boldsymbol{a}_{rn}+\boldsymbol{a}_{rt}$$

向 η 方向投影：　$a_a\cos30°=a_{rn}-a_e\cos60°$

其中：$$a_e = a_A,\quad a_n = \frac{(v_r)^2}{r}$$

解得 $a_a = -1.92\ cm/s^2$，$a_{BC} = a_a = -1.92\ cm/s^2$（与图示相反）

【测验题 4-5】 平面机构如图 6-20(a)所示，设长 $O_1A = 2O_1B = 2L$；当 $\varphi = 30°$时，$\theta = 90°$，且轮子 O 的角速度为 $\omega_O = 2rad/s$。试求该瞬时：(1)杆 AB 的角速度；(2)滑块 C 的速度。

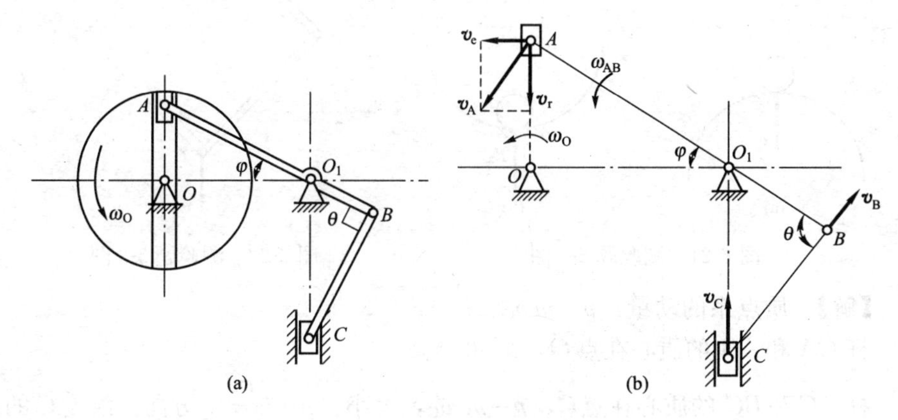

图 6-20 测验题 4-5 图

【解】 轮 O、杆 AB 作定轴转动，杆 BC 作平面运动，滑块相对于轮 O 作直线运动。

动点：滑块 A，动系：轮 O，速度图如图 6-20(b)所示。

$$\boldsymbol{v}_A = \boldsymbol{v}_e + \boldsymbol{v}_r$$

其中：$v_e = \omega_O \cdot \overline{OA} = 2L$，解得：$v_A = 2v_e = 4L$

$\omega_{AB} = \frac{v_A}{2L} = 2\ rad/s$（逆时针），$v_B = \omega_{AB} \cdot \overline{O_1B} = 2L$

杆 BC 作平面运动，$v_C \cos 30° = v_B$

$$v_C = \frac{v_B}{\cos 30°} = \frac{4\sqrt{3}L}{3}\quad \text{（指向如图示）}$$

6.5 第五阶段测验题(动力学基本方程、动量定理、动量矩定理)

【测验题 5-1】 质量相同的两个质点，在半径相同的两圆弧上运动，设质点在图 6-21(a)、(b)所示位置时具有相同的速度 v，则此时约束力 $F_1 =$ ________，$F_2 =$ ________。

【解】 对于图 6-21(a)：$ma = mg - F_1$，$a = \frac{v^2}{R}$，$F_1 = mg - \frac{mv^2}{R}$

对于图 6-21(b)：$ma = F_1 - mg$，$a = \frac{v^2}{R}$，$F_1 = mg + \frac{mv^2}{R}$

【测验题 5-2】 由四根均质细杆铰接而成的机构如图 6-22 所示，各杆重 P，长 L。当各杆相互垂直瞬时 C 点的速度为 v，则该瞬时系统的动量的大小

为________，方向为__________。

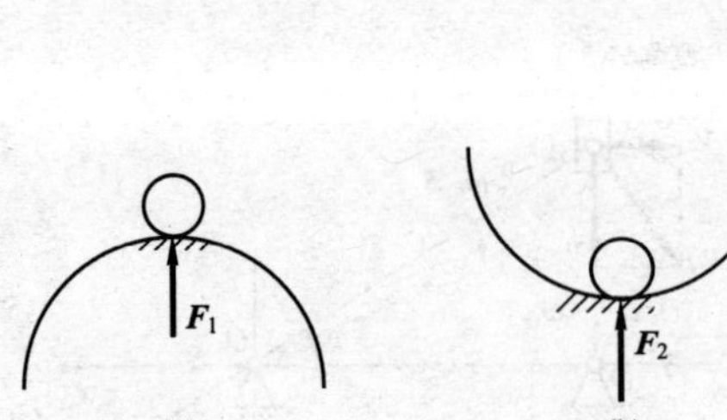

图 6-21　测验题 5-1 图

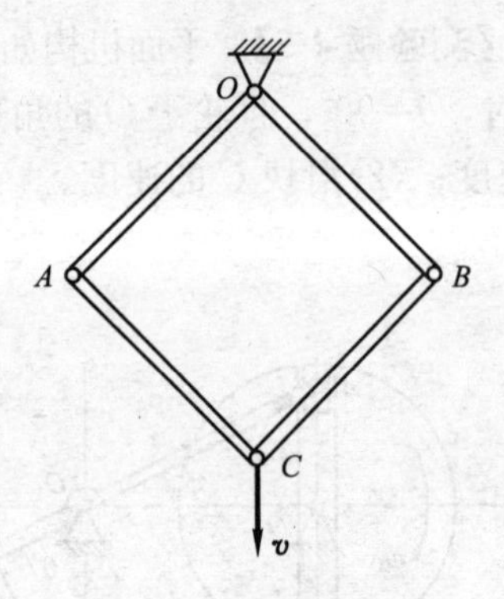

图 6-22　测验题 5-2 图

【解】 质点系的动量：$\boldsymbol{p}=m\boldsymbol{v}_{\mathrm{C}}$

杆 OA 和 AB 的质心在点 O：$p=0$

杆 AC 和 BC 的质心在点 C，$\boldsymbol{p}=m\ \boldsymbol{v}_{\mathrm{C}}$，大小：$p=\dfrac{2P}{g}v$，方向：沿点 C 的速度方向，铅垂向下。

【测验题 5-3】 当质量为 5kg 的物块在光滑水平面上以图 6-23 所示方向，大小 $v_2=10$ m/s 的速度滑动时，一质量为 50g 的枪弹以铅直速度大小 $v_1=60$ m/s 射入其中心。试求此后枪弹与物块一起运动的速度大小 v 和方向 θ。

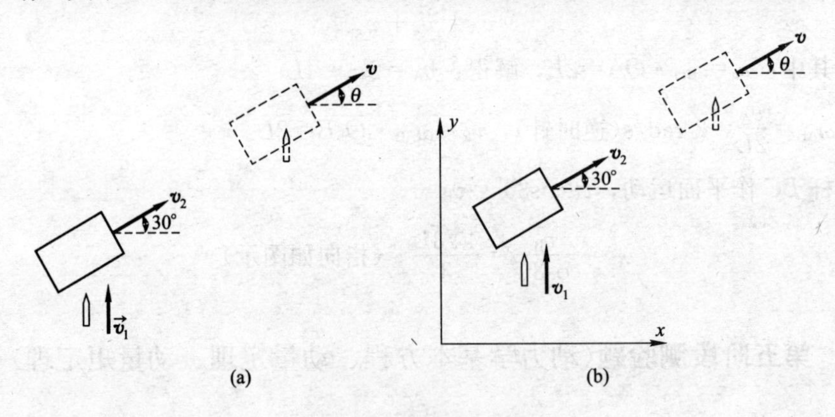

图 6-23　测验题 5-3 图

【解】 以枪弹和物块系统为研究对象，

因 $\Sigma F_{ix}^{(e)}\equiv 0$，$\Sigma F_{iy}^{(e)}\equiv 0$，有

$$p_{\mathrm{x}}=p_{\mathrm{xO}},\quad p_{\mathrm{y}}=p_{\mathrm{yO}}$$

即

$$(m_1+m_2)v\cos\theta=m_2v_2\cos 30^\circ \tag{1}$$

$$(m_1+m_2)v\sin\theta=m_1v_1+m_2v_2\sin 30^\circ \tag{2}$$

由式(2)÷式(1)，有：

$$\tan\theta=\frac{m_1v_1+m_2v_2\sin 30^\circ}{m_2v_2\cos 30^\circ}=0.6467$$

$$\theta=32.89^\circ$$

代入式(1)得：$v=10.21\ \mathrm{m/s}$

【测验题 5-4】 图 6-24 所示两匀质细杆 O_1A 及 O_2B 的质量均为 $m=1.5\ \mathrm{kg}$，$O_1A=O_2B=l=30\ \mathrm{cm}$，杆端均铰接在转台 D 上。转台质量为 $m_0=4\ \mathrm{kg}$，对 z 轴的回转半径 $\rho=40\ \mathrm{cm}$。初始时转台以转速 $n=300\ \mathrm{r/min}$ 绕铅垂对称轴 Oz 转动，并在两杆间用连线使两杆处于铅垂位置。后来连线断开，两杆分别绕 O_1、O_2 转下，试求当两杆转到水平位置时转台的转速。

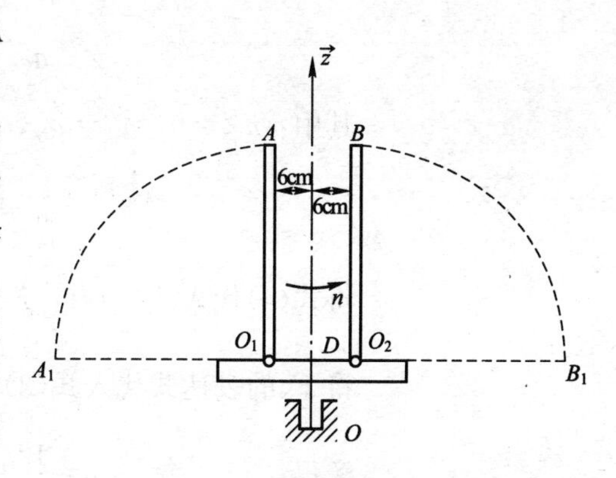

图 6-24　测验题 5-4 图

【解】 以整体为研究对象，设当两杆转到水平位置时转台的转速为 n'，因 $\Sigma M_z(\boldsymbol{F}^e)\equiv 0$，由动量矩守恒，有：

$$L_{z1}=(m\times 6^2\times 2+m_0\rho^2)\times\frac{2\pi n}{60}$$

$$L_{z2}=\left[2\left(\frac{m}{12}\times l^2+m\times 21^2\right)+m_0\rho^2\right]\times\frac{2\pi n'}{60}$$

由 $L_{z1}=L_{z2}$，解得：　　　$n'=245.6\ \mathrm{r/min}$

【测验题 5-5】 匀质细杆 AB 的质量 $m=2\mathrm{kg}$，长 $l=0.5\mathrm{m}$，其上端借小滚轮支承在光滑水平导槽内，若杆在它与水平线呈 60°角的图 6-25 所示位置从静止释放，不计滚轮质量，求该瞬时杆的角加速度，质心的加速度和 A 处的约束反力。

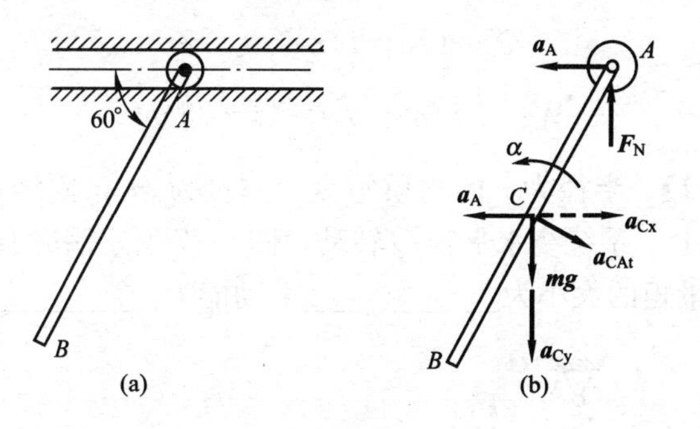

图 6-25　测验题 5-5 图

【解】 以杆 AB 为研究对象，杆 AB 在释放瞬时作平面运动，受力及运动分析如图 6-25(b)所示。

设杆 AB 在释放瞬时质心 C 的加速度为 a_{Cx}、a_{Cy}，杆角加速度为 α。由刚体平面运动微分方程有：

$$ma_{Cx}=0,\quad a_{Cx}=0 \tag{1}$$

$$ma_{Cy}=mg-F_N \tag{2}$$

$$J_C\alpha=F_N\frac{l}{2}\cos 60°,\ \left(J_C=\frac{1}{12}ml^2\right) \tag{3}$$

以 A 为基点，质心 C 加速度为：

$$\boldsymbol{a}_{Cx}+\boldsymbol{a}_{Cy}=\boldsymbol{a}_{A}+\boldsymbol{a}_{CAt}+\boldsymbol{a}_{CAn}$$

其中：$a_{Cx}=0$，$a_C=a_{Cy}$，$\omega=0$，$a_{CAn}=0$，$a_{CAt}=\frac{1}{2}l\alpha$

$$a_C=a_{Cy}=a_{CAt}\cos60°=\frac{1}{4}l\alpha \tag{4}$$

将式(4)代入式(2)有：$F_N=mg-\frac{1}{4}ml\alpha$

将 F_N 的表达式代入式(3)得：$\frac{1}{12}ml^2\alpha=\left(mg-\frac{1}{4}ml\alpha\right)\frac{1}{2}l\cos60°$

解得：

$$\alpha=\frac{12g}{7l}=33.6\text{rad/s}^2 \quad (逆时针)$$

$$a_C=\frac{1}{4}l\alpha=4.2\text{m/s}^2 \quad (向下)$$

$$F_N=\frac{4}{7}mg=11.2\text{N} \quad (向上)$$

6.6 第六阶段测验题(动能定理、动力学三定理综合应用)

【测验题 6-1】 如图 6-26 所示，重 P 的小球 M，用一弹簧系数为 k，原长为 r 的弹簧系住，并可在半径为 r 的固定圆槽内运动。当球 M 由位置 M_1 运动到 M_2 的过程中弹性力所做的功为__________。

【解】

$$\delta_1=(\sqrt{5}-1)r,\quad \delta_2=2r$$

$$W=\frac{1}{2}k(\delta_1^2-\delta_2^2)=(1-\sqrt{5})kr^2$$

【测验题 6-2】 半径为 r 的均质圆盘，质量为 m_1，固结在长 $4r$，质量为 m_2 的均质直杆上。系统绕水平轴 O 转动，图 6-27 所示瞬时有角速度 ω，则系统对 O 点的动量矩的大小为____________；动能为____________。

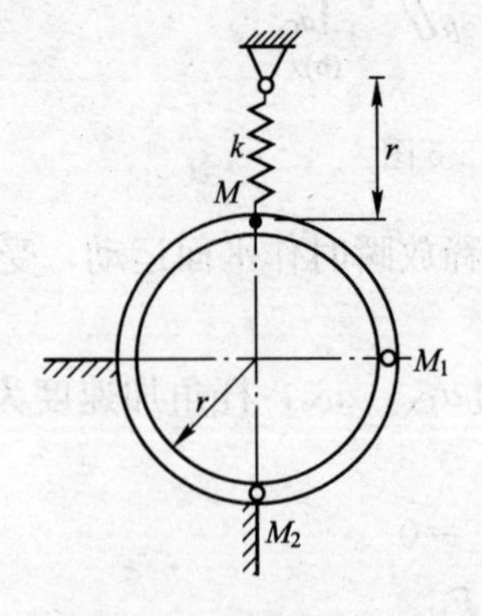

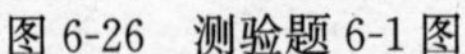

图 6-26 测验题 6-1 图

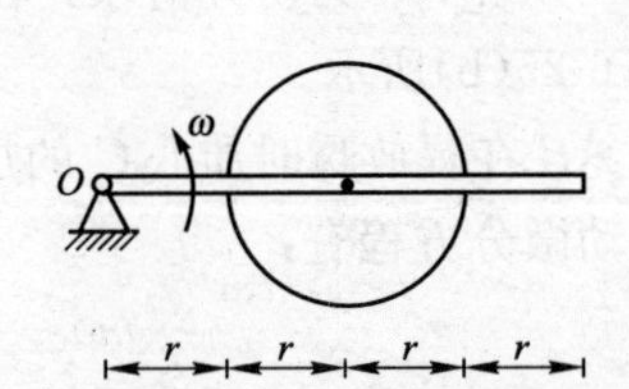

图 6-27 测验题 6-2 图

【解】 $L_O=J_O\omega=\left[\frac{1}{2}m_1r^2+m_1\cdot(2r)^2+\frac{1}{3}m_2(4r)^2\right]\omega=\left(\frac{9m_1}{2}+\frac{16m_2}{3}\right)r^2\omega$

$$T=\frac{1}{2}J_O\omega^2=\frac{1}{2}\left[\frac{1}{2}m_1r^2+m_1\cdot(2r)^2+\frac{1}{3}m_2(4r)^2\right]\omega^2=\frac{1}{2}\left(\frac{9m_1}{2}+\frac{16m_2}{3}\right)r^2\omega^2$$

【测验题 6-3】 如图 6-28(a)所示系统中，轮 A 和轮 B 可视为均质圆盘，半径都为 R，重量皆为 G。绕在两轮上的绳索中间连着重为 P 的物块 C，物块放在粗糙的水平面上，其动摩擦系数为 f。今在 A 轮上作用一不变的力矩 M，求轮 A 的角加速度。绳子的重量不计。

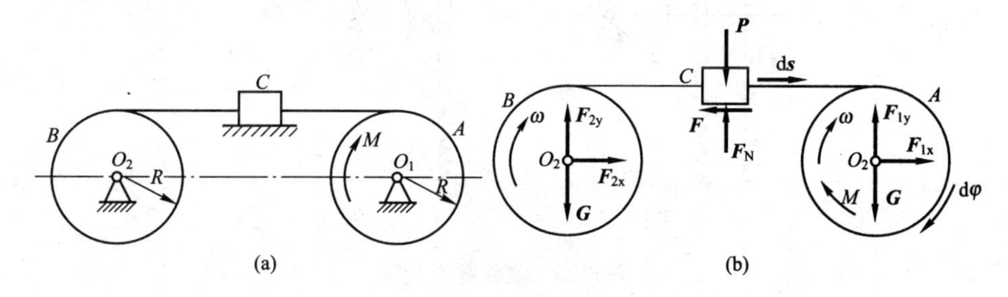

图 6-28 测验题 6-3 图

【解】 系统中轮 A 和轮 B 均作定轴转动，物块 C 作平行移动，系统的独立未知运动量只有一个，可以采用动能定理求解。以系统为研究对象，受力和运动分析如图 6-28(b)所示。

设轮 A 和轮 B 的角速度为 ω，物块 C 的速度为 v，则

$$v=\omega R$$

系统在任一瞬时的动能：

$$T=\frac{1}{2}J_{O_1}\omega^2+\frac{1}{2}J_{O_2}\omega^2+\frac{1}{2}\frac{P}{g}v^2=2\times\frac{1}{2}\left(\frac{1}{2}\frac{G}{g}R^2\right)\omega^2+\frac{1}{2}\frac{P}{g}R^2\omega^2=\frac{G+P}{2g}R^2\omega^2$$

力的元功之和为：

$$\Sigma \mathrm{d}W=M\mathrm{d}\varphi-fPR\mathrm{d}\varphi=(M-fPR)\mathrm{d}\varphi$$

由 $\mathrm{d}T=\Sigma \mathrm{d}W$ 有：

$$\frac{G+P}{g}R^2\omega\mathrm{d}\omega=(M-fPR)\mathrm{d}\varphi$$

上式两边同除以 $\mathrm{d}t$，得轮 A 的角加速度为：

$$\alpha=\frac{(M-fPR)g}{(G+P)R^2}$$

【测验题 6-4】 三角架 ABO 可在其平面内绕固定水平轴 O 转动，如图 6-29(a)所示，AB 为均质杆，重 200 N，杆 AO、BO 的重量不计，作用在 ABO 上的力偶的矩 $M=650$ N · m，弹簧 AD 的刚性系数 $k=30$ N/m。在图 6-29(a)所示位置时弹簧无伸缩。系统由静止开始被释放，求三角架顺时针转过 180°(如图 6-29b)时的角速度。

【解】 三角架 ABO 作定轴转动，系统独立的运动量只有一个，可以用动能定理求解。

以三角架 ABO 为研究对象，则

$$T_1=0,\quad T_2=\frac{1}{2}J_O\omega^2$$

其中：$J_O=\frac{1}{12}m\cdot\overline{AB}^2+m\cdot\overline{OC}^2=\frac{1}{12}\times\frac{200}{9.8}\times4^2+\frac{200}{9.8}\times2^2=108.8\ \mathrm{kg\cdot m^2}$

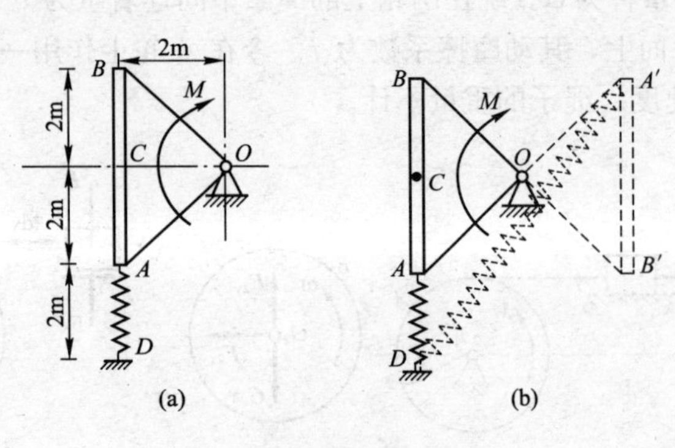

图 6-29 测验题 6-4 图

$$T_2=\frac{1}{2}J_O\omega^2=54.4\omega^2$$

$$\Sigma W=M\varphi+\frac{1}{2}k(\delta_1^2-\delta_2^2)$$

其中： $\varphi=\pi$，$\delta_1=0$，$\delta_2=\sqrt{6^2+4^2}-2=5.2\text{m}$

$$\Sigma W=650\times3.14+\frac{1}{2}\times30\times(0-5.2^2)=1635.4\text{J}$$

由 $T_2-T_1=\Sigma W$，有： $54.4\omega^2-0=1635.4$

解得：$\omega=5.48$ rad/s

【测验题 6-5】 在如图 6-30(a)所示机构中，已知：匀质轮 C 作纯滚动，质量为 m_1，半径为 R，匀质轮 O 质量为 m_2，半径为 r；物 B 质量为 m_3。系统初始静止，绳子 AE 段与水平面平行。试求：(1)轮心 C 加速度 $\vec{a}_C$ 及物块 B 加速度 $\vec{a}_B$；(2)绳 BD 段的张力 F；(3)如不计定滑轮的质量，则此时张力 F 为多少？

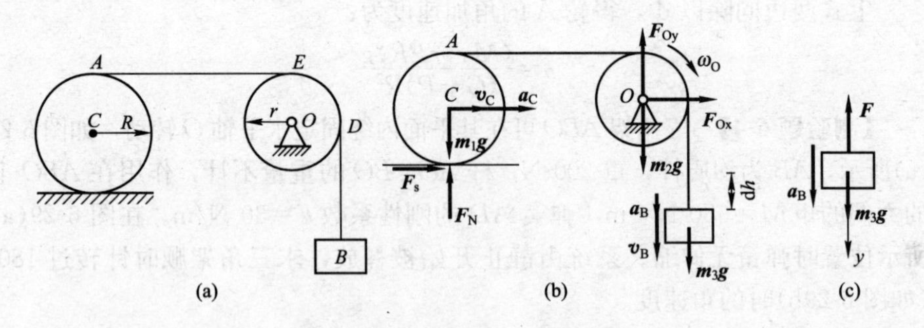

图 6-30 测验题 6-5 图

【解】 系统中轮 O 作定轴转动，轮 C 作平面运动，物块 B 作直线运动，系统独立的未知运动量只有一个，采用动能定理求解。

(1) 以系统为研究对象，受力和运动分析如图 6-30(b)所示，则

$$T=\frac{1}{2}m_1v_C^2+\frac{1}{2}J_C\omega_C^2+\frac{1}{2}J_O\omega_O^2+\frac{1}{2}m_3v_B^2$$

其中 $v_C=\frac{1}{2}v_B$，$\omega_C=\frac{v_C}{R}=\frac{v_B}{2R}$，$\omega_O=\frac{v_B}{r}$

$$\Sigma \mathrm{d}W = m_3 g \cdot \mathrm{d}h$$

代入：$\mathrm{d}T=\Sigma \mathrm{d}W$，并两边同除 $\mathrm{d}t$ 得：

$$a_{\mathrm{B}}=\frac{8m_3 g}{3m_1+4m_2+8m_3},\quad a_{\mathrm{C}}=\frac{1}{2}a_{\mathrm{B}}=\frac{4m_3 g}{3m_1+4m_2+8m_3}$$

（2）以物块 B 为研究对象，受力和运动分析如图 6-30(c)所示，应用质心运动定理：

$$m_3 a_{\mathrm{B}}=m_3 g-F$$

解得：

$$F=\frac{m_3(3m_1+4m_2)g}{3m_1+4m_2+8m_3}$$

（3）如不计滑轮的质量：

$$a_{\mathrm{B}}=\frac{8m_3 g}{3m_1+8m_3},\quad F=F=\frac{3m_1 m_3 g}{3m_1+8m_3}$$

6.7 第七阶段测验题(达朗伯原理、虚位移原理)

【测验题 7-1】 如图 6-31 所示，质量为 m 的物块 A 相对于三棱柱以加速度 $\vec{a}_1$ 沿斜面向上运动，三棱柱又以加速度 $\vec{a}_2$ 相对地面向右运动，已知角 θ，则物块 A 的惯性力的大小为____________。

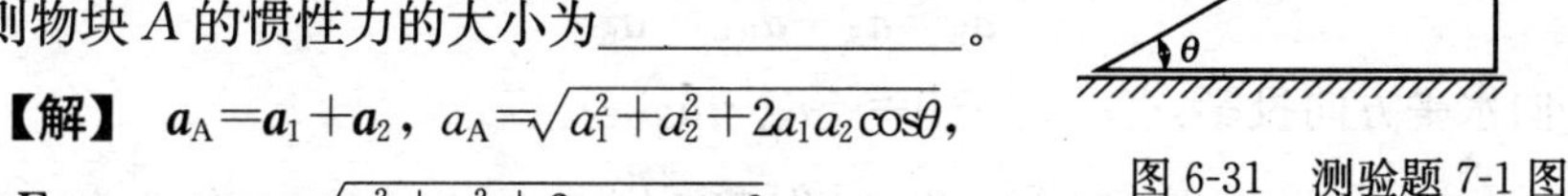

图 6-31 测验题 7-1 图

【解】 $\boldsymbol{a}_{\mathrm{A}}=\boldsymbol{a}_1+\boldsymbol{a}_2$，$a_{\mathrm{A}}=\sqrt{a_1^2+a_2^2+2a_1a_2\cos\theta}$，

$F_{\mathrm{I}}=ma_{\mathrm{A}}=m\sqrt{a_1^2+a_2^2+2a_1a_2\cos\theta}$

【测验题 7-2】 图 6-32(a)中 $ABCD$ 组成一平行四边形，$FE//AB$，且 $AB=EF=L$，E 为 BC 中点，B，C，E 处为铰接。设 B 点虚位移为 $\delta \boldsymbol{r}_{\mathrm{B}}$，则：$C$ 点虚位移 $\delta \boldsymbol{r}_{\mathrm{C}}$ ________，E 点虚位移 $\delta \boldsymbol{r}_{\mathrm{E}}=$____ F 点虚位移 $\delta \boldsymbol{r}_{\mathrm{F}}=$____(应在图上画出各虚位移方向)，方向如图 6-32(b)所示。

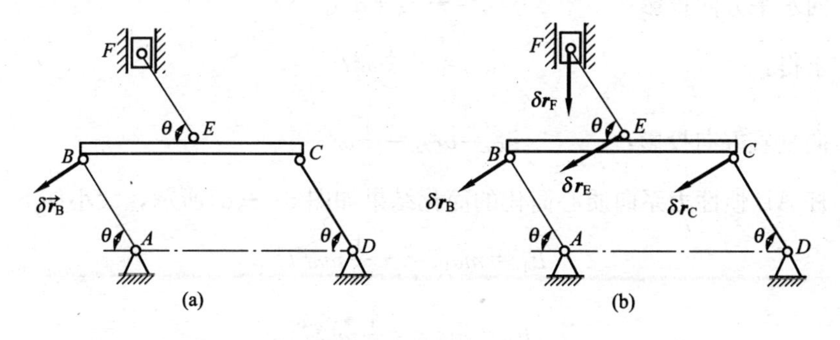

图 6-32 测验题 7-2 图

【解】 杆 BC 在约束允许条件下作平行移动，因此各点的虚位移相等，即：

$$\delta \boldsymbol{r}_{\mathrm{B}}=\delta \boldsymbol{r}_{\mathrm{C}}=\delta \boldsymbol{r}_{\mathrm{E}}$$

杆 EF 在约束允许条件下作平面运动，由虚速度法可得：

$$\delta \boldsymbol{r}_{\mathrm{F}}=0$$

【测验题 7-3】 如图 6-33(a)所示系统由两杆铰接组成。已知：两细杆均长 l，匀质杆 AB 的质量为 m。当 OA 杆水平，AB 杆铅直瞬时，杆 OA 的角速度为 ω、角加速度为零，且杆 AB 的角速度也为 ω，B 点的加速度 a_B 铅直向上。试求此瞬时，杆 AB 惯性力系的简化结果。

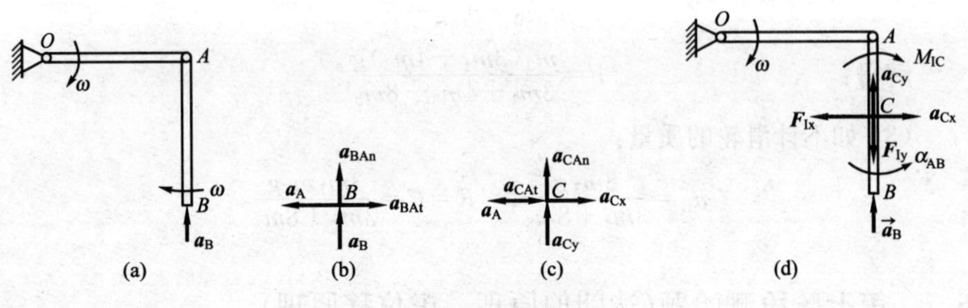

图 6-33 测验题 7-3 图

【解】 杆 OA 作定轴转动，杆 AB 作平面运动，要求杆 AB 惯性力系的简化结果，首先需求得杆 AB 的质心加速度和角加速度。

以 A 为基点，研究点 B，加速度图如图 6-33(b)所示，则

$$\boldsymbol{a}_B=\boldsymbol{a}_A+\boldsymbol{a}_{BAn}+\boldsymbol{a}_{BAt}$$

向水平方向投影： $0=-a_A+a_{BAt}$

即： $a_{BAt}=a_A=\omega^2 l$，

求得： $\alpha_{AB}=\dfrac{a_{BAt}}{AB}=\omega^2$

以 A 为基点，研究 C 点，加速度图如图 6-33(c)所示，则

$$\boldsymbol{a}_{Cx}+\boldsymbol{a}_{Cy}=\boldsymbol{a}_A+\boldsymbol{a}_{BAn}+\boldsymbol{a}_{BAt}$$

向水平方向投影： $a_{Cx}=-a_A+a_{CAt}$

求得： $a_{Cx}=-\dfrac{1}{2}\omega^2 l$

向垂直方向投影： $a_{Cy}=a_{CAn}=\dfrac{1}{2}\omega^2 l$

杆 AB 惯性力系向质心简化的简化结果如图 6-33(d)所示，大小如下：

$$F_{Ix}=ma_{Cx}=-\frac{1}{2}m\omega^2 l$$

$$F_{Iy}=ma_{Cy}=\frac{1}{2}m\omega^2 l$$

$$M_{IC}=J_C\alpha_{AB}=\frac{1}{12}m\omega^2 l^2$$

【测验题 7-4】 在图 6-34(a)所示机构中，已知：尺寸 $AD=DO=OB=20$ cm，$\varphi=30°$，$AB\perp AC$，$F_1=150$ N，弹簧的弹性系数 $k=150$ N/cm，在图示位置已压缩变形 $\lambda_s=2$ cm。试用虚位移原理求机构在图示位置平衡时，F_2 力的大小。

【解】 各点虚位移如图 6-34(a)所示，AC 杆瞬心在 I，由几何关系可得：

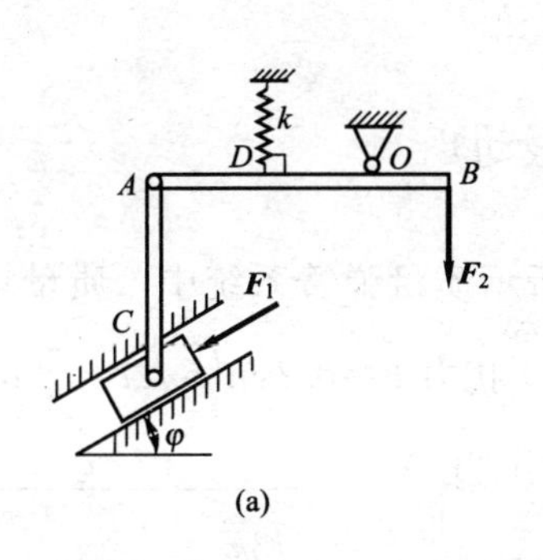

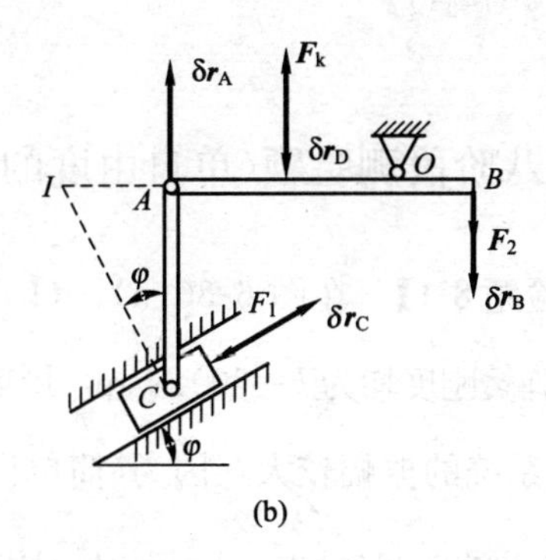

图 6-34　测验题 7-4 图

$$\delta r_{\mathrm{B}}=\delta r_{\mathrm{D}}=\frac{\delta r_{\mathrm{A}}}{2},\quad \frac{\delta r_{\mathrm{A}}}{\overline{IA}}=\frac{\delta r_{\mathrm{C}}}{\overline{IC}},\quad \frac{\overline{IA}}{\overline{IC}}=\sin\varphi$$

由虚位移原理有：

$$-F_1\delta r_{\mathrm{C}}-F_{\mathrm{k}}\delta r_{\mathrm{D}}+F_2\delta r_{\mathrm{B}}=0$$

由 $F_{\mathrm{k}}=k\lambda_{\mathrm{s}}$及上可解得：

$$F_2=F_{\mathrm{k}}+\frac{2F_1}{\sin\varphi}=900(\mathrm{N})$$

【测验题 7-5】 在图 6-35(a)所示机构中，已知：角 θ，杆长 $CA=AD=DB=BC=L$，各杆重不计，重物的重量为 F。试用虚位移原理求杆 AB 的内力。

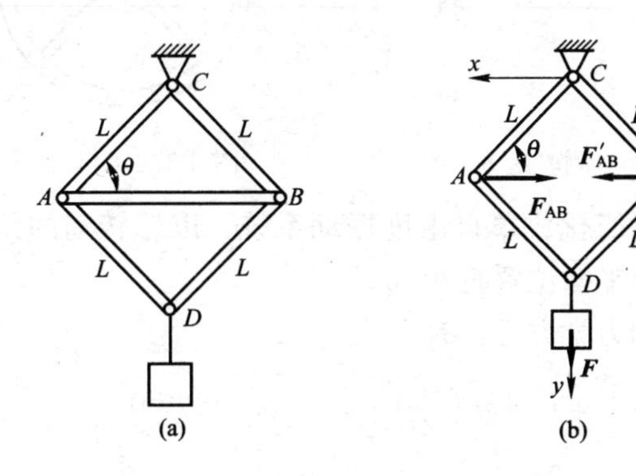

图 6-35　测验题 7-5 图

【解】 要求杆 AB 的内力，首先将杆 AB 去除，代之反力，系统为一般位置的平衡，可以采用解析法求虚位移，建立坐标系，如图 6-35(b)所示。

$$x_{\mathrm{A}}=L\cos\theta,\ \delta x_{\mathrm{A}}=-L\sin\theta\delta\theta$$
$$x_{\mathrm{B}}=-L\cos\theta,\ \delta x_{\mathrm{B}}=L\sin\theta\delta\theta$$
$$y_{\mathrm{D}}=2L\sin\theta,\ \delta y_{\mathrm{D}}=2L\cos\theta\delta\theta$$

由虚位移原理有：

$$-F_{\mathrm{AB}}\delta x_{\mathrm{A}}+F'_{\mathrm{AB}}\delta x_{\mathrm{B}}+F\delta y_{\mathrm{D}}=0$$

解得：

$$F_{\mathrm{AB}}=-F\cot\theta\quad（压力）$$

6.8 第八阶段测验题(单自由度的振动)

【测验题 8-1】 在图 6-36(a)、(b)所示质量弹簧系统中，质量均为 $m=3\text{ kg}$，各弹簧刚度均为 $k=100\text{ N/m}$，周期干扰力 $F=0.2\sin\left(5\sqrt{2}t+\dfrac{\pi}{3}\right)\text{ N}$。则图________系统的振幅较大，因为(简单说明理由)________________________。

【解】 图 6-36(a)中，$k_{\text{eq1}}=3k$，固有频率：$\omega_{\text{n1}}=\sqrt{\dfrac{3k}{m}}=10\text{rad/s}$。

图 6-36(b)中，$k_{\text{eq2}}=\dfrac{3k}{2}$，固有频率：$\omega_{\text{n2}}=\sqrt{\dfrac{3k}{2m}}=5\sqrt{2}\text{rad/s}$。

图 6-36(b)系统的固有频率与外激励频率相等，发生共振，因此振幅较大。

【测验题 8-2】 在图 6-37 所示系统中，一飞轮搁在摩擦力很小的刀刃上。已知：轮的质量为 m，绕支点微小摆动的周期为 T。试求轮绕重心轴 O 的转动惯量。

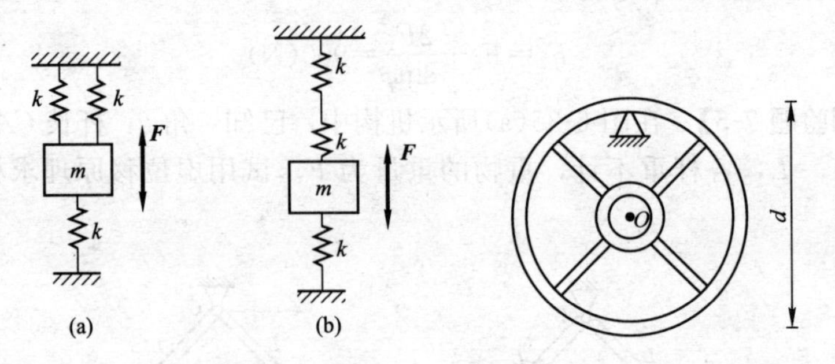

图 6-36 测验题 8-1 图　　图 6-37 测验题 8-2 图

【解】 系统可以简化成单自由度振动系统，以轮转动的角位移 θ 作为系统的广义坐标，在静平衡位置时 $\theta=0$。

根据定轴转动动力学方程，有

$$\left[J_{\text{O}}+m\left(\frac{d}{2}\right)^{2}\right]\ddot{\theta}+\frac{1}{2}mgd\theta=0$$

$$T=\frac{2\pi}{\omega_0},\ \omega_{\text{O}}^{2}=\frac{mgd}{2\left(J_{\text{O}}+\dfrac{1}{4}md^{2}\right)}=\frac{4\pi^{2}}{T^{2}}$$

$$J_{\text{O}}=\frac{1}{2}mgd\left(\frac{T^{2}}{4\pi^{2}}-\frac{d}{2g}\right)$$

【测验题 8-3】 在图 6-38 所示振动系统中，质量为 m，半径为 r 的匀质圆柱在水平面上作纯滚动。其中心 O 处铰接一刚度系数为 $2k$ 的弹簧，外缘则缠绕一刚度系数为 k 的弹簧，并将这两根弹簧分别固定在水平位置上。设图示位置为静平衡位置，且弹簧均为原长。试用能量法求该系统微振动的周期。

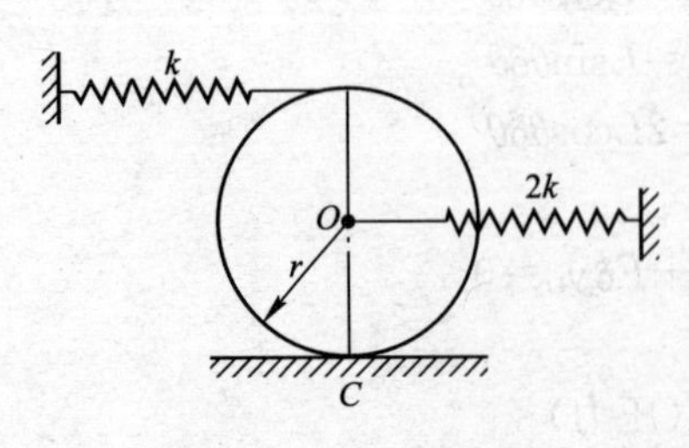

图 6-38 测验题 8-3 图

【解】 系统可以简化成单自由度振动系统。

以轮心的位移 x 为系统的广义坐标，系统静平衡时 $x=0$。则系统的动能和势能为：

$$T=\frac{1}{2}\times\frac{3}{2}mr^2\left(\frac{\dot{x}}{r}\right)^2=\frac{1}{2}\times\frac{3}{2}m\dot{x}^2$$

等效质量：$m_{eq}=\frac{3}{2}m$，则

$$V=\frac{1}{2}2kx^2+\frac{1}{2}k(2x)^2=\frac{1}{2}6kx^2$$

等效刚度系数：$$k_{eq}=6k$$

固有频率：$$\omega_n=\sqrt{\frac{k_{eq}}{m_{eq}}}=2\sqrt{\frac{k}{m}}$$

振动周期：$$T=\frac{2\pi}{\omega_n}=\pi\sqrt{\frac{m}{k}}$$

【测验题 8-4】 如图 6-39 所示，质量为 m_1 木块 A 在光滑水平面上与一刚度系数为 k 的弹簧相连，木块在弹簧原长处静止。今有一质量为 m_2 子弹 B 以速度 v_0 射入木块内，则木块与子弹一起沿水平面作振动。试求：

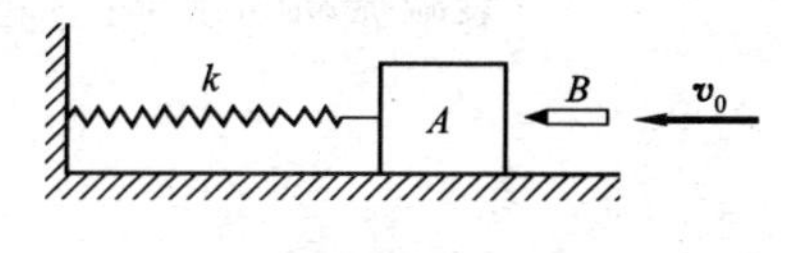

图 6-39 测验题 8-4 图

(1) 系统的运动方程；

(2) 振动的周期与振幅。

【解】 系统可以简化成单自由度振动系统，以木块的位移 x 作为系统的广义坐标，在静平衡位置时 $x=0$。

系统的运动微分方程为：

$$\ddot{x}+\frac{k}{m_1+m_2}x=0$$

系统的固有频率：$$\omega_0=\sqrt{\frac{k}{m_1+m_2}}$$

系统运动的初始条件为：$x_0=0$，$\dot{x}_0=-\frac{m_2}{m_1+m_2}v_0$

则有振幅和相位分别为：$A=\sqrt{x_0^2+\frac{\dot{x}_0^2}{\omega_0^2}}=\frac{m_2v_0}{\sqrt{(m_1+m_2)k}}$，$\varphi=\arctan\frac{x_0\omega}{\dot{x}_0}=0$

振动周期：$$T=\frac{2\pi}{\omega_0}=2\pi\sqrt{\frac{m_1+m_2}{k}}$$

解得系统运动方程为：

$$x=\frac{m_2v_0}{\sqrt{(m_1+m_2)k}}\cdot\sin\left(\sqrt{\frac{k}{m_1+m_2}}\cdot t\right)$$

【测验题 8-5】 在图 6-40 所示振动系统中，已知：重物的质量 $m=1.5$ kg，阻尼器的阻尼系数 $c=20$ N·s/cm，弹簧的刚度系数 $k=100$ N/cm，$L_1=25$ cm，$L_2=50$ cm，$L_3=12$ cm，不计 J 字形刚杆的质量，试求系统微幅自由振动频

率 f_n 和衰减振动的频率 f_d。

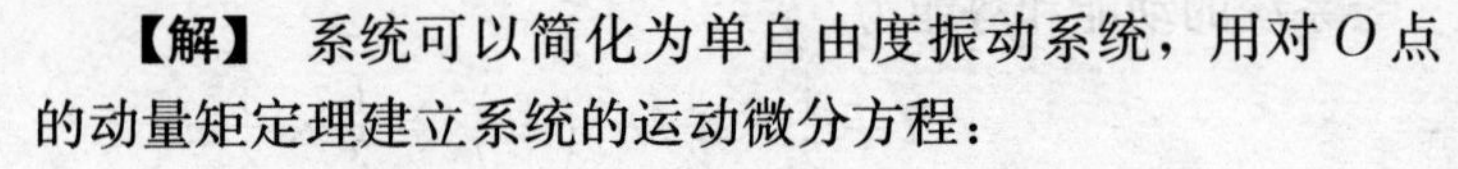

【解】 系统可以简化为单自由度振动系统，用对 O 点的动量矩定理建立系统的运动微分方程：

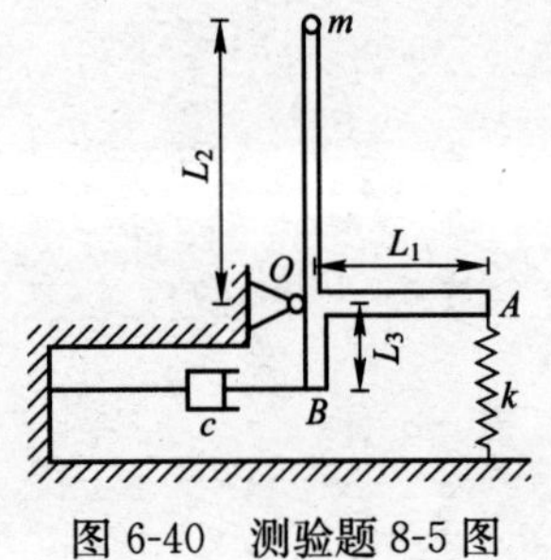

图 6-40 测验题 8-5 图

$$mL_2^2\ddot{\theta}=mgL_2\sin\theta-kL_1^2\theta-cL_3^2\dot{\theta}$$

系统作微振动有： $\sin\theta\approx\theta$

$$\ddot{\theta}+\frac{cL_3^2\dot{\theta}}{mL_2^2}+\frac{kL_1^2-mgL_2}{mL_2^2}\theta=0$$

系统的固有频率：$\omega_n=\sqrt{\dfrac{kL_1^2-mgL_2}{mL_2^2}}=54.6\ \text{rad/s}$

自由振动的频率：$f_n=\dfrac{\omega_n}{2\pi}=\dfrac{54.6}{2\pi}=8.7\text{Hz}$，$n=\dfrac{cL_3^2}{2mL_2^2}=38.4\text{rad/s}$

衰减振动的频率：$f_d=\dfrac{1}{2\pi}\sqrt{\omega_n^2-n^2}=6.2\ \text{Hz}$